高速ワイヤレスアクセス技術

High-speed Wireless Access Technologies

松江英明　守倉正博
佐藤明雄　渡辺和二　共著

一般社団法人 電子情報通信学会編

―― 執筆者 ――

松江英明	NTTアクセスサービスシステム研究所	(1, 3, 4, 6, 8章)
守倉正博	NTT情報流通基盤総合研究所	(7章)
佐藤明雄	NTTアクセスサービスシステム研究所	(2, 5章)
渡辺和二	NTTアクセスサービスシステム研究所	(9章)

まえがき

　国内においてディジタル加入者線（Digital Subscriber Line: DSL）を中心としたブロードバンドサービスは平成15（2003）年10月時点で約800万回線と順調に伸びている．また，ブロードバンドサービスの本命であるFTTH（Fiber To The Home）は2001年ごろから徐々に伸び始め，2003年末時点で約80万回線を超え，今後，急速に伸びるものと想定されている．一方，ユーザ宅まで光ファイバを敷設するには一定の時間がかかる場合や，物理的に敷設が困難な場合，また，設備コストが大きく敷設が進まない場合等のいわゆる「ラストワンホップ」に関する課題が多い．また，家庭内やオフィス内におけるネットワーク構築のための光ファイバ配線も同様な課題を抱えている．
　ワイヤレス通信では光ファイバ通信に比べ伝送帯域には一定の制限があるものの，このような配線問題は基本的には存在しないため，ラストワンホップ問題の解決が可能であり，ユーザと直接結ぶアクセス系においてワイヤレスアクセスがブロードバンドサービスを提供するための有効な手段として注目を集めている．特に，家庭内，オフィス内における無線LANはここ数年で一挙に数千万台にまで普及している．
　配線問題の解決に加え，ワイヤレスアクセスのもう一つの大きな特徴である端末の可搬性を生かして，喫茶店，駅，空港等の公衆スポットにおいてブロードバンドアクセスを可能とする，いわゆる公衆無線LANサービスも開始されている．
　このように，無線LANをはじめ固定ワイヤレスアクセス（Fixed Wireless Access: FWA）がますます重要性を増す中で，これらに関する基礎的技術からシステムに関する応用技術に至るまで体系的にまとめたものが強く望まれていた．

本書では，無線LAN及びFWAを中心に，前半を基礎編として電波伝搬技術，変復調技術，システムの劣化要因とその補償技術，アンテナ技術，アクセス制御技術などの基礎的な要素技術についてその概要を述べている．そして，後半では応用編として実際のシステムとして，IEEE802.11系無線LAN，その他の無線LAN及びFWAについてその技術を詳しく述べている．

基礎編では，実際のシステムで使われている技術との関連性を明確にしつつ，正確な表現には数式は欠かすことができないため多用しているが，技術の本質である物理的な意味を理解頂くことが重要であり，そのために図表を多く取り入れている．

無線LAN，FWAを中心としたシステム側から見て関係する技術についてはその概要をひととおり述べたつもりであるが，本書だけでワイヤレスアクセスに関する技術を詳細に記述することは到底不可能である．基礎技術については，先哲諸氏の書かれた書物を多々参考にしており，関連する技術について更にその詳細を得たい方々には参考文献を参照頂きたい．

本書は，主に大学の学部生，修士課程の学生をはじめ，若手の研究者を主な対象としており，これから通信工学，無線通信工学を勉強する方々，無線LAN，FWA等を研究開発する方々にお勧めするものである．

最後に，本書の応用編に述べた無線LAN及びFWAについては主にNTTアクセスサービスシステム研究所において得られた研究開発の成果をベースにしていることを付記し，研究開発に携わった関係各位に感謝する．

また，私どもに執筆の機会を与えて下さった関係諸氏に厚く御礼申し上げる．

2004年1月

執筆者代表　松江　英明

目　　次

基礎編　ワイヤレスアクセスの基礎技術

第1章　ワイヤレスアクセスの概要

1.1　ワイヤレスアクセスの概要 …………………………………………………2
1.2　ワイヤレスアクセスの適用周波数 …………………………………………4
　1.2.1　国際的規律と周波数の割当…………………………………………4
　1.2.2　国内における周波数の割当状況……………………………………5

第2章　ワイヤレスアクセスの電波伝搬

2.1　概　　説 ………………………………………………………………………8
2.2　電波伝搬の基礎 ………………………………………………………………8
　2.2.1　マクスウェルの方程式………………………………………………8
　2.2.2　電磁波の基本的性質…………………………………………………10
2.3　屋内伝搬特性 …………………………………………………………………21
　2.3.1　静的な伝搬パラメータ………………………………………………22
　2.3.2　動的な伝搬パラメータ………………………………………………29
2.4　屋外伝搬特性 …………………………………………………………………34
　2.4.1　NWA伝搬特性 ………………………………………………………34
　2.4.2　FWA伝搬特性 ………………………………………………………47
2.5　干 渉 特 性 ……………………………………………………………………57
　2.5.1　干渉評価伝搬モデル…………………………………………………57

第3章　ディジタル変復調

- 3.1　通信容量の限界　………………………………………………………… 65
- 3.2　標　本　化 …………………………………………………………………… 66
  - 3.2.1　瞬時標本化 ……………………………………………………………… 66
  - 3.2.2　標本化定理 ……………………………………………………………… 68
- 3.3　ディジタル変調 ……………………………………………………………… 69
  - 3.3.1　振幅変調 ………………………………………………………………… 70
  - 3.3.2　位相変調と周波数変調 ………………………………………………… 71
  - 3.3.3　ASK変調 ………………………………………………………………… 74
  - 3.3.4　PSK変調 ………………………………………………………………… 76
  - 3.3.5　FSK変調 ………………………………………………………………… 78
- 3.4　帯域制限とパルス整形 …………………………………………………… 82
  - 3.4.1　周波数特性と波形応答 ………………………………………………… 82
  - 3.4.2　ナイキストフィルタによる帯域制限 ………………………………… 83
  - 3.4.3　ガウスフィルタによる帯域制限 ……………………………………… 87
- 3.5　復　調　方　式 ……………………………………………………………… 88
  - 3.5.1　復調方式の種類 ………………………………………………………… 88
  - 3.5.2　最適受信系 ……………………………………………………………… 90
  - 3.5.3　符号誤り率特性 ………………………………………………………… 91
  - 3.5.4　同期検波のための搬送波再生 ………………………………………… 96
- 3.6　スペクトル拡散変調 ……………………………………………………… 100
  - 3.6.1　スペクトル拡散変調の種類 …………………………………………… 100
  - 3.6.2　直接拡散変調方式 ……………………………………………………… 101
  - 3.6.3　周波数ホッピング変調方式 …………………………………………… 103
- 3.7　マルチキャリヤ方式 ……………………………………………………… 106
  - 3.7.1　マルチキャリヤ方式の特徴 …………………………………………… 106
  - 3.7.2　OFDM変調方式 ………………………………………………………… 107

目 次　　　　　　　　　　v

第4章　システム劣化要因と補償技術

- 4.1　システム劣化要因 ……………………………………………… 112
- 4.2　電力増幅における非線形ひずみ補償技術 …………………… 113
- 4.3　波形等化技術 …………………………………………………… 115
  - 4.3.1　波形ひずみの概要 ………………………………………… 115
  - 4.3.2　波形等化技術の概要 ……………………………………… 117
  - 4.3.3　線形等化 …………………………………………………… 119
  - 4.3.4　最小二乗誤差法 …………………………………………… 121
  - 4.3.5　適応制御法 ………………………………………………… 122
  - 4.3.6　判定帰還形等化器 ………………………………………… 124
  - 4.3.7　最ゆう系列推定等化器 …………………………………… 125
  - 4.3.8　線形等化器の効果 ………………………………………… 125
- 4.4　ダイバーシチ …………………………………………………… 128
  - 4.4.1　空間ダイバーシチ ………………………………………… 128
  - 4.4.2　周波数ダイバーシチ ……………………………………… 131
  - 4.4.3　時間ダイバーシチ ………………………………………… 131
- 4.5　RAKE合成受信技術 …………………………………………… 132
- 4.6　前方誤り訂正符号化技術 ……………………………………… 133
  - 4.6.1　ブロック符号 ……………………………………………… 133
  - 4.6.2　畳込み符号 ………………………………………………… 137
- 4.7　同一周波数干渉補償技術 ……………………………………… 139
  - 4.7.1　セル設計 …………………………………………………… 139
  - 4.7.2　干渉補償技術 ……………………………………………… 143

第5章　アンテナ

- 5.1　概説 ……………………………………………………………… 147
- 5.2　アンテナの基本的性質 ………………………………………… 147
  - 5.2.1　電磁波の放射 ……………………………………………… 147
  - 5.2.2　アンテナパラメータ ……………………………………… 152

5.3 屋内システム用アンテナ …………………………………………………… 159
  5.3.1 特　　徴 …………………………………………………………… 159
  5.3.2 各種アンテナの実際 ……………………………………………… 160
5.4 屋外システム用アンテナ …………………………………………………… 162
  5.4.1 特　　徴 …………………………………………………………… 162
  5.4.2 各種アンテナの実際 ……………………………………………… 162
5.5 反　射　板 …………………………………………………………………… 164

第6章　アクセス方式

6.1 アクセス方式の種類 ………………………………………………………… 168
6.2 ランダムアクセス方式 ……………………………………………………… 169
  6.2.1 基本モデル ………………………………………………………… 169
  6.2.2 性 能 評 価 ………………………………………………………… 171
6.3 ノンコンテンション方式 …………………………………………………… 179
  6.3.1 ポーリング方式 …………………………………………………… 180
  6.3.2 予 約 方 式 ………………………………………………………… 180
6.4 自動再送方式 ………………………………………………………………… 180
  6.4.1 自動再送方式の概要 ……………………………………………… 180
  6.4.2 Stop and Wait方式 ……………………………………………… 180
  6.4.3 Go Back N方式 …………………………………………………… 181
  6.4.4 Selective Repeat方式 …………………………………………… 182

応用編　ワイヤレスアクセスシステムの技術概要

第7章　無線LANシステム技術

7.1 IEEE802.11系無線LANの概要と標準化動向 …………………………… 186
  7.1.1 IEEE802.11標準の概要 ………………………………………… 186
  7.1.2 PHYレイヤの高速化（IEEE802.11bとIEEE802.11a）……… 187
  7.1.3 ワーキンググループ（WG）の構成と標準化動向 …………… 187

7.2 IEEE802.11の無線アクセス制御（MAC制御） ……………………… 190
 7.2.1 IEEE802.11系無線LANのネットワーク構成 …………………… 190
 7.2.2 MACレイヤの基本機能 ………………………………………… 192
 7.2.3 CSMA/CA制御方式 …………………………………………… 193
 7.2.4 集中制御方式 …………………………………………………… 201
 7.2.5 IEEE802.11系無線LANのスループット評価 ………………… 205
7.3 IEEE802.11の変復調——スペクトル拡散変調方式—— …………… 211
 7.3.1 適用周波数 ……………………………………………………… 212
 7.3.2 IEEE802.11bのフレーム形式 ………………………………… 213
 7.3.3 DSSS方式 ……………………………………………………… 215
 7.3.4 CCK方式 ……………………………………………………… 216
7.4 IEEE802.11変復調：OFDM変調方式 ………………………………… 218
 7.4.1 適用周波数 ……………………………………………………… 218
 7.4.2 OFDM変調方式の基礎 ………………………………………… 220
 7.4.3 IEEE802.11a標準規格の概要 ………………………………… 223
 7.4.4 OFDM変調信号の規定 ………………………………………… 225
 7.4.5 フレーム構成とバースト復調技術 …………………………… 235
 7.4.6 2.4 GHz帯への適用（IEEE802.11g） ………………………… 245
7.5 IEEE802.11系無線LANのセキュリティ ……………………………… 249
 7.5.1 無線LANの認証 ………………………………………………… 251
 7.5.2 暗　　号 ………………………………………………………… 256

第8章　IEEE802.11以外の無線LANシステム技術

8.1 19 GHz帯無線LAN ……………………………………………………… 264
8.2 Bluetooth ………………………………………………………………… 265
8.3 MMACシステムとHiSWANa標準規格 ………………………………… 267

第9章　固定ワイヤレスアクセス（FWA）技術

9.1 FWAシステムと適用周波数 …………………………………………… 272

目次

9.2　FWAシステムの高品質化に向けた技術 …………………………………276
　9.2.1　ルートダイバーシチを適用したメッシュ型ネットワークの例 ………276
　9.2.2　面的展開を図るための干渉軽減策 ………………………………281
　9.2.3　高信頼化システム …………………………………………………284
9.3　回線設計の考え方 ……………………………………………………288
　9.3.1　設計方針 ……………………………………………………………288
　9.3.2　基本設計 ……………………………………………………………289
9.4　FWAシステムの実現例 ………………………………………………293
　9.4.1　システム諸元 ………………………………………………………294
　9.4.2　伝送距離と不稼動率及び伝送容量との関係 ……………………298

付　　録 ………………………………………………………………………304
　1.　多層誘電体の反射・透過特性Ⅰ：漸化式を用いる方法 ………………304
　2.　多層誘電体の反射・透過特性Ⅱ：ABCDマトリックス法 ……………306
　3.　フーリエ変換について ……………………………………………………308
索　　引 ………………………………………………………………………312

| 基 礎 編 |

ワイヤレスアクセスの基礎技術

第1章

ワイヤレスアクセスの概要

1.1 ワイヤレスアクセスの概要

　近年，パーソナルコンピュータの普及に伴ってそれをお互いに接続するインターネットの普及も急速に進展している．また，扱うコンテンツもテキストデータのような比較的小容量のものから次第に静止画像，更には，動画像，高精細画像と情報量は格段に増加している．それに伴って，通信回線の高速化に対する需要も一段と増している．高速アクセス回線としてはADSLの普及が目覚ましくその伸びも一段と加速している．更に，いっそうの高速化を目指して光システムの導入も開始され，今後急激に増加していくものと想定される[1]～[5]．

　光システムを導入するには，新たに光ファイバケーブルを敷設するための工事が必要であり，特に，ユーザまでの最後の部分（これをラストワンホップという）については，コスト面，稼動面で大きなウエイトを占めているのが現状である．

　このラストワンホップ問題の解決策の一つとして高速ワイヤレスアクセスシステムは重要な位置を占めている．ワイヤレスアクセスシステムはインフラ設備を早期かつ低コストに実現可能である．また，ワイヤレスシステムには，ポータブル端末をサポート可能というモビリティ機能を有している．この特徴は有線システムにはなくワイヤレスシステム特有の特徴である．**図1.1**にワイヤレスアクセスシステムの概要をまとめて示す[1]，[2]，[6]～[9]．

第1章 ワイヤレスアクセスの概要 3

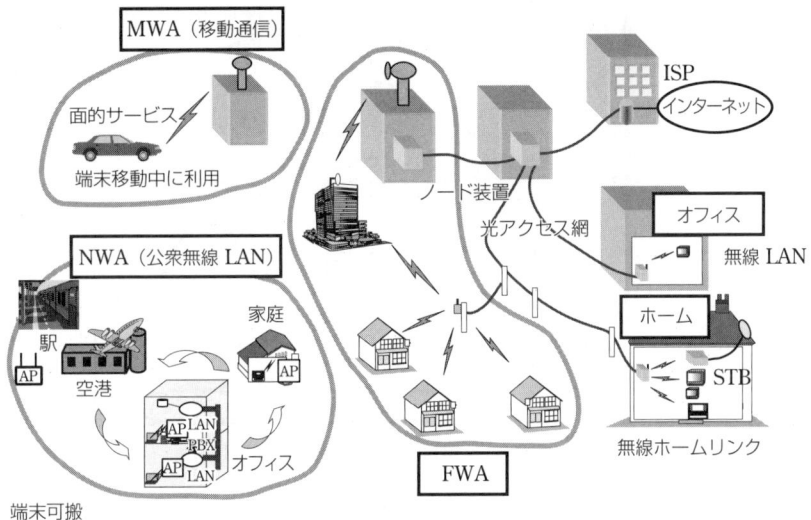

図1.1 ワイヤレスアクセスの概要

　最も普及が著しい(1)移動通信，(2)オフィス及びホームにおける無線LAN，(3)その無線LANと公衆網が接続されたシステムが提供する公衆スポット，ホーム等の間でシームレスなアクセスが可能なノマディックワイヤレスアクセス(Nomadic Wireless Access: NWA)，(4)光システムのような有線システムの代替としてのラストワンホップに適用する固定ワイヤレスアクセス(Fixed Wireless Access: FWA)に大別される．

　図1.2に各種ワイヤレスアクセスをマッピングした．横軸にはシステムの伝送容量を，また，縦軸にはシステムがどれだけ移動して使えるかというモビリティを示している．移動通信システムではシステム伝送容量は数十kbit/s程度，更には最大2 Mbit/sの伝送速度を有する第3世代システムがあり，いずれもユーザ装置が時速数十km/hと高速で移動しても利用可能なシステムである．一方，FWAでは伝送容量は最大100 Mbit/s程度までと非常に高速であるがユーザ装置は固定して利用するものである．更に，無線LAN及び無線LANを適用したNWAは両者の中間的な位置付けであり，伝送容量は最大54 Mbit/s程度，モビリティはゆっくりとした歩行速度程度まで可能

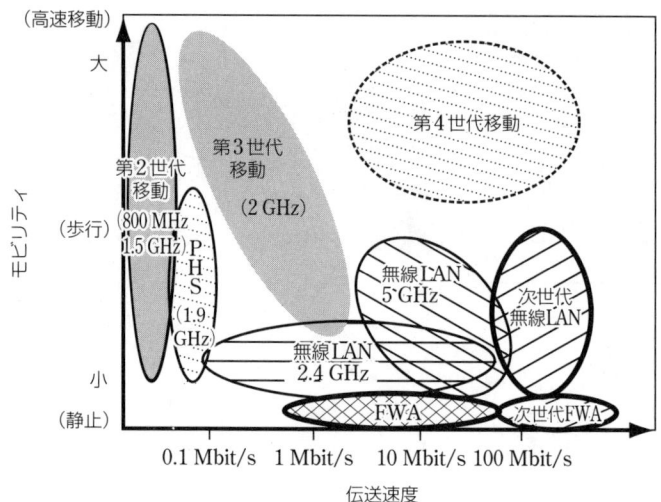

図 1.2　ワイヤレスアクセスシステムの特徴

である．

本書では，無線 LAN 及び FWA を中心に，基礎となる各種技術の概要を基礎編で説明する．次に具体的なシステムの概要を応用編で紹介する．

1.2　ワイヤレスアクセスの適用周波数

1.2.1　国際的規律と周波数の割当

周波数利用の国際的規律の原則事項は国際電気通信条約（1973 年）に定められている．条約の実施に必要な具体的な細目，すなわち，周波数の国際的配分，技術基準，国際的調整，無線局の管理等の事項は同条約に付属の無線通信規則に定められている［10］．規則の改正等は，世界無線通信会議（World Radio Conference: WRC）で行われる．最近では 1979 年のジュネーブ会議で全般的な改定が行われた．ここで改定された無線通信規則は 1982 年から施行され，これまでの電波利用の国際的な規律になっている．

周波数帯の割当は上記無線通信規則の中に分配表で示されている．これによれば，9 kHz〜100 GHz までの周波数帯を移動通信，固定通信及び衛星通信に細分するとともに，世界の三つの地域（欧州，北南米，アジア等）に区

第1章　ワイヤレスアクセスの概要　　5

分してそれぞれの特殊性を加味して配分している．

1.2.2　国内における周波数の割当状況

国内における電波の周波数の割当は総務省が一元的に行っていて，現状の周波数帯別の代表的な用途を**図1.3**に示す[11]．

本書で述べる無線LAN，FWA技術に関しては，**図1.4**に示すように2.4 GHz, 5 GHz, 19 GHz, 22 GHz, 26 GHz帯等が使われている．一般に電波は周波数が高くなるにつれて，直進性が高くなり，かつ回折効果が少なくなるため，送信点から受信点までの通信路には見通しがあること（これを見通し

周波数	波長	名称	代表的な用途
3 kHz–100 km			
30 kHz–10 km		VLF 超長波	オメガ（無線航行）
		LF 長波	気象通報　船舶及び航空機航行用ビーコン　デッカ（無線航行）
300 kHz–1 km			
		MF 中波	中波放送　船舶遭難通信（電信・電話）　ラジオ・ブイ　ロラン（無線航行）　船舶及び航空機の通信　標準電波　海上保安
3 MHz–100 m			
		HF 短波	短波放送　国政通信　公衆通信　警察　海上保安　船舶及び航空機の通信　南極観察の通信　市民ラジオ　アマチュア無線　高周波利用設備標準電波
30 MHz–10 m			
		VHF 超短波	テレビジョン放送　テレビジョン多重放送　FM放送　国際海上無線電話沿岸無線電話　各種事業用の陸上・海上移動業務の通信　孤立化防止無線　防災行政無線等の災害対策の通信　航空機の通信　テレメータ　簡易無線　ポケットベル　アマチュア無線
300 MHz–1 m			
		UHF 極超短波	テレビジョン放送　テレビジョン多重放送　各種事業用の陸上移動業務の通信　公衆通信　防災行政無線　タクシー無線　列車（新幹線）無線　自動車公衆無線電話　気象用ロボット・ゾンデ　航空・気象用レーダテレメータ　簡易無線　電波天文　衛星通信　気象衛星
3 GHz–10 cm			
		SHF	公衆通信用マイクロウェーブ中継　公益　行政通信マイクロウェーブ中継　公衆通信用加入者無線　航空・船舶・気象用レーダ　電波高度計スピードメータ　SHFテレビ（受信障害対策用）　衛星通信　衛星放送　電波天文　宇宙研究
30 GHz–1 cm			
		EHF	各種レーダ　簡易無線　各種衛星通信　電波天文　宇宙研究
300 GHz–1 mm			

図1.3　周波数帯別の主な用途一覧

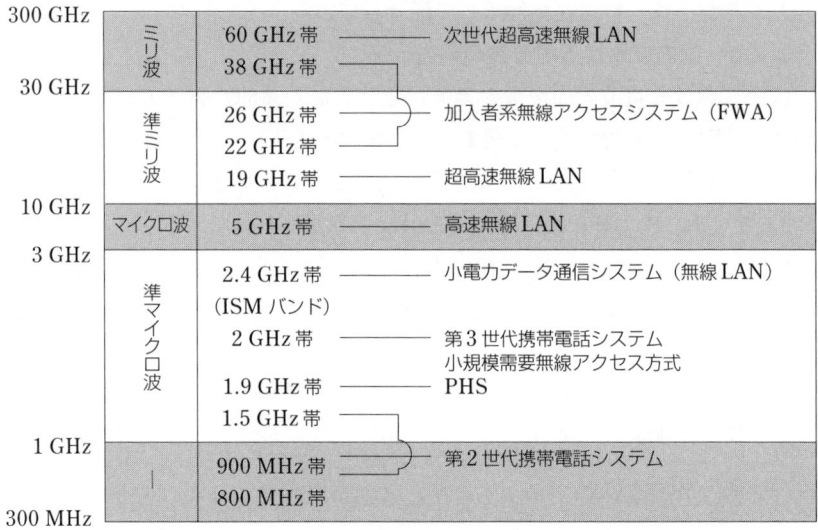

図 1.4 固定ワイヤレスアクセス（FWA）及び無線 LAN 用の周波数帯

内伝搬という）が要求される度合が大きくなる．一方，周波数が高くなると使用可能な帯域もその分広帯域になるため，高速通信には有利な条件となる．すなわち，移動通信のような使い方では，見通し内伝搬状態を常に確保することは困難であり，そのためには，多少の見通しが遮られても通信可能な周波数帯を選定することが前提となる．

以上述べたように，電波資源は有限であり，使用する目的によって適した周波数帯を選定することが大変重要となる．

参　考　文　献

[1] 平成 14 年度版情報通信白書，総務省．
[2] 平成 14 年度 OECD 通信白書．
[3] 宮津純一郎，"HIKARI ビジョンが拓くブロードバンド時代に向けて，" NTT 技術ジャーナル，vol. 14, no. 2, pp.8–11, Feb. 2002.
[4] 和田紀夫，""光"新世代ビジョン―ブロードバンドでレゾナントコミュニケーションの世界へ，" NTT 技術ジャーナル，vol. 15, no. 2, pp. 6–17, Feb. 2003.
[5] 井上友二，""光"新世代ビジョン―レゾナントコミュニケーションを支える NTT の R&D 戦略，" NTT 技術ジャーナル，vol. 15, no. 2, pp. 18–24, Feb. 2003.
[6] 情報通信アウトルック 2003，ブロードバンドユビキタス時代に向けて，情報通信総

合研究所編,NTT 出版,2003.
- [7] 情報通信技術研究会(編),新情報通信概論,電気通信協会,2003.
- [8] H. Matsue, M. Morikura, H. Hojo, K. Watanabe, T. Saito, and S. Aikawa, "Trend of wireless access technologies for Ubiquitous services," IEE 5th European Personal Mobile Communication Conference 2003, pp. 230–236, April 2003.
- [9] 松江英明,守倉正博,北條博史,渡辺和二,斎藤利生,相河 聡,"ユビキタスサービスに向けたワイヤレスアクセス技術,"NTT技術ジャーナル,vol. 14, no. 6, pp. 12–19, 2002.
- [10] 国際電気通信条約,同付属無線通信規則,1973.
- [11] 電波技術審議会(編),電波利用の長期展望,電波振興会,1984.

第2章

ワイヤレスアクセスの電波伝搬

2.1 概　　説

　ワイヤレスアクセスシステムでは従来のインフラ系無線システムに比べて適用される伝搬環境が局所的であり，伝搬特性は個々の状況に対する依存性が高い特徴がある．したがって，伝搬特性の評価ではそれぞれの伝搬環境について確定論的手法と統計論的手法の両方を適宜用いる．本章では電波伝搬特性を評価する上で必要な電磁波の基本的な性質と，ワイヤレスアクセスシステムが主に適用される屋内及び短距離屋外伝搬特性についてその評価手法の実際を述べる．

2.2 電波伝搬の基礎

2.2.1　マクスウェルの方程式 [1]〜[3]

（1）真空中の電磁界　電磁波の基本的な性質はマクスウェルの四つの方程式で表すことができる．

$$\nabla \times \boldsymbol{H} = \frac{\partial \boldsymbol{D}}{\partial t} + \boldsymbol{J} \tag{2.1a}$$

$$\nabla \times \boldsymbol{E} = -\frac{\partial \boldsymbol{B}}{\partial t} \tag{2.1b}$$

$$\nabla \cdot \boldsymbol{D} = \rho \tag{2.1c}$$

$$\nabla \cdot \boldsymbol{B} = 0 \tag{2.1d}$$

式 (2.1a) と (2.1b) は磁界と電界の発生がそれぞれ電束密度と磁束密度の時間変化に基づくことを表す．式 (2.1c) と (2.1d) は，単極電荷は単独で存在するが，単極磁荷は存在しないことを表している．ここで伝導電流 $J = 0$ の場合，上式は電流源を含まない真空中や非導電性媒質中の電磁界を表している．

（2）波動方程式　$J = 0$ の条件において，線形媒質の条件 $B = \mu H$，$D = \varepsilon E$ を式 (2.1a)，(2.1b) に代入して以下を得る．

$$rot\, E = -\mu \frac{\partial H}{\partial t} \tag{2.2a}$$

$$rot\, H = \varepsilon \frac{\partial E}{\partial t} \tag{2.2b}$$

式 (2.2a) の rot と式 (2.2b) の t による偏微分より下記の関係を得る．

$$rot\,(rot\, E) = -\mu \cdot rot\, \frac{\partial H}{\partial t} = -\mu \frac{\partial}{\partial t} rot\, H \tag{2.3}$$

$$\frac{\partial}{\partial t} rot\, H = \varepsilon \cdot \frac{\partial^2 E}{\partial t^2} \tag{2.4}$$

$$rot\,(rot\, E) = -\varepsilon\mu \cdot \frac{\partial^2 E}{\partial t^2} \tag{2.5}$$

これと次のベクトルの公式

$$rot\,(rot\, E) = grad\,(div\, E) - \nabla^2 E \tag{2.6}$$

を用いると，$div\, E = 0$ の条件下で次式を得る．これを電界 E に対する波動方程式という．また，磁界についても同様に次式で表す波動方程式が得られる．

$$\nabla^2 E = \varepsilon\mu \cdot \frac{\partial^2 E}{\partial t^2} \tag{2.7a}$$

$$\nabla^2 H = \varepsilon\mu \cdot \frac{\partial^2 H}{\partial t^2} \tag{2.7b}$$

電磁界が角周波数 ω で時間的に正弦波振動する場合，時間微分は $j\omega$ で置き換えられる．

$$\nabla^2 \boldsymbol{E} + \gamma^2 \boldsymbol{E} = 0 \tag{2.8a}$$

$$\nabla^2 \boldsymbol{H} + \gamma^2 \boldsymbol{H} = 0 \tag{2.8b}$$

ここで γ は伝搬定数と呼ばれ,

$$\gamma^2 = \omega^2 \mu\varepsilon - j\omega\mu\varepsilon \tag{2.9}$$

である. γ は複素数であることから $\gamma = \beta - j\alpha$ とおくと次式を得る.

$$\alpha = \omega\sqrt{\varepsilon\mu}\sqrt{\frac{1}{2}\left\{\sqrt{1+\left(\frac{\sigma}{\omega\varepsilon}\right)^2}-1\right\}} \quad [\mathrm{Np/m}] \tag{2.10}$$

$$\beta = \omega\sqrt{\varepsilon\mu}\sqrt{\frac{1}{2}\left\{\sqrt{1+\left(\frac{\sigma}{\omega\varepsilon}\right)^2}+1\right\}} \quad [\mathrm{rad/m}] \tag{2.11}$$

α は伝搬距離に対する振幅の減衰割合を表すので減衰定数, β は位相が遅れる割合を表すので位相定数と呼ばれる. 媒質の導電率が小さい $(\sigma/\omega\varepsilon)^2 \ll 1$ の場合は次式で近似できる.

$$\alpha = \frac{\sigma}{2}\sqrt{\frac{\mu}{\varepsilon}}, \quad \beta = \omega\sqrt{\mu\varepsilon}\left\{1+\frac{1}{8}\left(\frac{\sigma}{\omega\varepsilon}\right)^2\right\} \tag{2.12}$$

逆に導電率が大きい $(\sigma/\omega\varepsilon)^2 \gg 1$ の場合は次式で近似できる.

$$\alpha \approx \beta \approx \sqrt{\frac{\omega\mu\sigma}{2}} \tag{2.13}$$

2.2.2 電磁波の基本的性質 [1]～[3]

(1) 平面波の伝搬 平面波は進行方向に垂直な平面上で, 電界も磁界も一様な電磁波である. ここでは電界, 磁界とも x 方向と y 方向には一様であるとする. したがって, x あるいは y についての微分はすべて零である. 角周波数 ω で時間的に正弦波振動する電界は進行方向である z 方向成分をもち, 無損失媒質中では次式で表せる.

$$E_x = E(z)\cdot e^{j\omega t} \tag{2.14}$$

式 (2.7a) より,

第2章　ワイヤレスアクセスの電波伝搬

$$\frac{d^2 E(z)}{dz^2} = -\omega^2 \varepsilon \mu E(z) \tag{2.15}$$

となり，解は以下のように書ける．

$$E_z(z) = A_1 e^{-i\omega\sqrt{\varepsilon\mu}\,z} + A_2 e^{i\omega\sqrt{\varepsilon\mu_0}\,z} \tag{2.16}$$

求める電界は，時間についての関数 $e^{i\omega t}$ と合わせ，

$$\boldsymbol{E} = E_z(z)\,e^{i\omega t}\,\boldsymbol{i} = \left(A_1 e^{i\omega t - i\omega\sqrt{\varepsilon\mu}\,z} + A_2 e^{i\omega + i\omega\sqrt{\varepsilon\mu}\,z} \right) \boldsymbol{i} \tag{2.17}$$

である．これより右辺第1項については，電界は実部をとって次式で書ける．

$$A_1 \cos\left(\omega t - \omega\sqrt{\varepsilon\mu}\,z \right) \tag{2.18}$$

ここで，

$$\theta = \omega t - \omega\sqrt{\varepsilon\mu}\,z \tag{2.19}$$

とおいて dz/dt をとると，**図 2.1** のようにこれは θ が一定の点が z 軸上を動く速度 v を表す．

$$\frac{dz}{dt} = \frac{\partial \theta/\partial t}{\partial t/\partial z} = \frac{1}{\sqrt{\varepsilon\mu}} = v \tag{2.20a}$$

v は正の値をもつので第1項の電界は z の正方向へ進むことを表す．第2項についても同様の計算から

$$\frac{dz}{dt} = \frac{\partial \theta/\partial t}{\partial t/\partial z} = -\frac{1}{\sqrt{\varepsilon\mu}} = v \tag{2.20b}$$

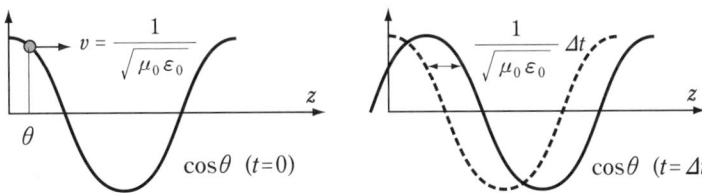

図 2.1　平面波の伝搬

が得られ，第2項の電界はzの負方向へ速度vで進むことを示している．

以上のことから，真空中の電界の移動速度vは真空中の誘電率ε_0と真空中の透磁率μ_0から計算される．

$$\varepsilon_0 = 8.854 \times 10^{-12} \quad [\text{F/m}]$$

$$\mu_0 = 4\pi \times 10^{-7} \quad [\text{H/m}]$$

$$v = \frac{1}{\sqrt{(8.8855 \times 10^{-12}) \times (1.257 \times 10^{-6})}} = 2.998 \times 10^8 \ [\text{m/s}] \qquad (2.21)$$

で光速と等しい．誘電率εと透磁率μが真空中の値と異なる場合，一般的に$\varepsilon > \varepsilon_0$，$\mu > \mu_0$なので速度は真空中の値より小さくなる．

磁界Hについては式(2.1b)より

$$\text{rot } \boldsymbol{E} = -\frac{\partial \boldsymbol{B}}{\partial t} \qquad (2.22)$$

ここで，電界ベクトル$\boldsymbol{E}$はx成分のみで$\partial/\partial x = \partial/\partial y = 0$，時間に対して正弦波状の変動を仮定できることから，$\boldsymbol{B}$はj成分のみであり，

$$\frac{\partial E_x}{\partial z} = -\mu \frac{\partial H_y}{\partial t} \qquad (2.23)$$

となる．

$$E_x = A_1 \cos\left(\omega t - \omega \sqrt{\varepsilon\mu}\ z\right) \qquad (2.24)$$

とおけるので，これを代入して次式を得る．

$$\omega \sqrt{\varepsilon\mu}\ A_1 \sin\left(\omega t - \omega \sqrt{\varepsilon\mu}\ z\right) = -\mu \frac{\partial H_y}{\partial t} \qquad (2.25)$$

したがって，H_yは，

$$H_y = -\omega \sqrt{\frac{\varepsilon}{\mu}}\ A_1 \int \sin\left(\omega t - \omega \sqrt{\varepsilon\mu}\ z\right) dt = \sqrt{\frac{\varepsilon}{\mu}}\ A_1 \cos\left(\omega t - \omega \sqrt{\varepsilon\mu}\ z\right) \qquad (2.26)$$

である．ここで積分定数はゼロとしている．以上をまとめると，

$$E_x = A_1 \cos\left(\omega t - \omega\sqrt{\varepsilon\mu}\,z\right) \tag{2.27a}$$

$$H_y = \sqrt{\frac{\varepsilon}{\mu}}\,A_1 \cos\left(\omega t - \omega\sqrt{\varepsilon\mu}\,z\right) \tag{2.27b}$$

となり，電界と磁界は互いに直交し，同じ位相で進む横波で，その速度は光速であることが分かる．電界と磁界の比

$$\frac{E_x}{H_y} = \sqrt{\frac{\mu}{\varepsilon}} \tag{2.28}$$

はzにもtにも無関係で媒質のみで決まる定数である．この定数の次元はE [V/m]，H [A/m] であることから抵抗と同じ [Ω] の次元をもつ．真空中のμ_0とε_0の値を代入すると，

$$\sqrt{\frac{\mu_0}{\varepsilon_0}} = \sqrt{\frac{1.257 \times 10^{-6}}{8.855 \times 10^{-12}}} = 376.77 \approx 120\pi \ [\Omega] \tag{2.29}$$

が得られ，これを真空の固有インピーダンス（Z_0）という．

（2）偏　　波　z方向に伝搬する電磁波の電界の振動面が，ある一定の平面内にあるような波を直線偏波と呼ぶ．例えば電界の振動面が大地に垂直な場合は垂直偏波，水平な場合は水平偏波と呼ぶ．同一周波数で，x方向とy方向に偏波した二つの直線偏波の和を考える．それぞれの振幅をE_x及びE_y，位相差をϕとする．合成された電界ベクトルは時間的，空間的にz軸に沿って回転しながら伝搬する．進行方向に向かって後ろから電界ベクトルの回転の様子を観察すると，楕円状の軌跡を描くので楕円偏波と呼ぶ．このとき，右回りの回転ならば右旋偏波，左回りならば左旋偏波という．電界強度$|E|$はx，y方向の電界強度を$|E_x|$，$|E_y|$とすると次式で表せる．

$$|E| = \sqrt{|E_x|^2 + |E_y|^2} \tag{2.30}$$

また，次式の最大電界強度と最小電界強度の比rを軸比と呼ぶ．

$$r = \frac{|E|_{\max}}{|E|_{\min}} \tag{2.31}$$

軸比が1の場合は円偏波となる．すなわち，$|E_x| = |E_y|$かつ$|\phi| = \pi/2$の場合，

E は円偏波となり，$|\phi| = n\pi$ （$n = 0, 1, 2, \cdots$）の場合は直線偏波となる．このように，任意の楕円偏波は振幅の異なる左旋，右旋偏波，あるいは振幅の異なる直交する二つの直線偏波に分けて扱うことができる．

（3）ポインティングベクトル　　電界または磁界のような場に存在するエネルギー W は以下のように表せる．

$$W = \frac{\boldsymbol{E} \cdot \boldsymbol{D}}{2}$$
$$W = \frac{\boldsymbol{H} \cdot \boldsymbol{B}}{2} \tag{2.32}$$

エネルギーが単位時間に移動する量はその空間を流れる電力に相当し，電界 E と磁界 H のベクトル積としてポインティングベクトル S で表せる．

$$\boldsymbol{S} = \boldsymbol{E} \times \boldsymbol{H} \tag{2.33}$$

図 2.2 のようにベクトル S をある閉じた曲面について面積分すると，閉曲面への S の力線の出入数は，その閉曲面内に含まれるエネルギーの減少分を表す．エネルギーの単位時間当りの減少分は電力の流出量を表し，ポインティングベクトルはこれに対応している．図 2.3 のように電磁波の電界 E と磁界 H は直交している．進行方向は E と H の方向に直交し，右ねじの方向である．したがって，ポインティングベクトル S は電磁波により運ばれるエネルギーを表している．これから分かるように，$|S|$ は $|E|$ と $|H|$ を 2 辺とする長方形の面積として求められるため，辺の比は媒質の固有インピーダンス Z_0 で決ま

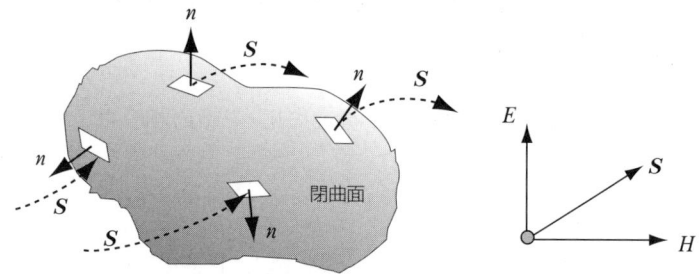

図 2.2　ポインティングベクトル

第2章 ワイヤレスアクセスの電波伝搬　　　15

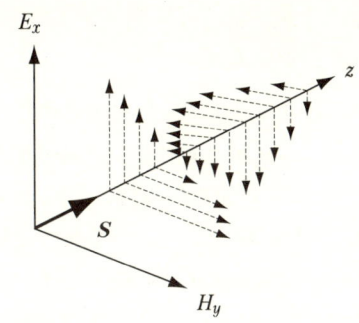

図 2.3　ポインティングベクトルの方向

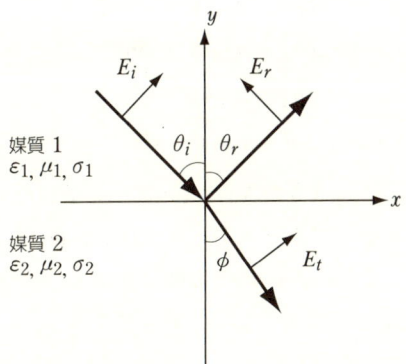

図 2.4　異なる媒質境界面における平面波の反射と透過

る．

（4）反射及び透過　　二つの媒質が滑らかな面で接している場合，その境界面に入射した平面波は入射状況に応じて反射波と透過波に分かれ，それぞれの媒質中を伝搬する．このとき，図 2.4 において以下の Snell の法則を満たす．

$$\theta_i = \theta_r$$
$$\gamma_1 \cdot \sin\theta_i = \gamma_2 \cdot \sin\phi \tag{2.34}$$

ここで，媒質1に対する媒質2の相対屈折率を次式で表す．

$$n = \frac{\gamma_2}{\gamma_1} = \sqrt{\frac{\mu_2}{\mu_1}} \sqrt{\frac{\varepsilon_2 - j\sigma_2/\omega}{\varepsilon_1 - j\sigma_1/\omega}} \qquad (2.35)$$

一般に，平滑な境界面における電磁波の反射・透過特性は入射波の偏波に依存する．以下では入射面（入射波と反射波の方向ベクトルが張る面）に対する入射波電界の方向が平行または垂直の場合について示す．

（a）電界が入射面に平行な場合　この場合は磁界が入射面に垂直であるので，TM波（Transverse Magnetic wave）とも呼ばれる．このときの反射係数 R_1 及び透過係数 T_1 は，$\theta (= \theta_i = \theta_r)$ 及び相対屈折率 n を用いて以下のようにフレネルの反射・透過係数が求まる．

$$R_1 = \frac{E_r}{E_i} = \frac{\mu_1 \cdot n^2 \cdot \cos\theta - \mu_2 \sqrt{n^2 - \sin^2\theta}}{\mu_1 \cdot n^2 \cdot \cos\theta + \mu_2 \sqrt{n^2 - \sin^2\theta}} \qquad (2.36a)$$

$$T_1 = \frac{E_t}{E_i} = \frac{2\mu_2 \cdot n \cdot \cos\theta}{\mu_1 \cdot n^2 \cdot \cos\theta + \mu_2 \sqrt{n^2 - \sin^2\theta}} \qquad (2.36b)$$

ここで，$\mu_1 = \mu_2$, $\sigma_1 = \sigma_2 = 0$ の場合，$\tan\theta = n$ を満たす入射角 θ で $R_1 = 0$ となる．このような角度をブルースター角（Brewster's angle）と呼ぶ．このとき，θ と ϕ の間には $\theta + \phi = \pi/2$ の関係がある．通常は導電率が有限な値をもつので R_1 は完全にゼロではなく，極小値を示す．

（b）電界が入射面に垂直な場合　前述のTM波に対して，電界が入射面に垂直であることからTE波（Transverse Electric wave）とも呼ばれる．TE波についても同様にフレネルの反射・透過係数として次式を得る．

$$R_2 = \frac{E_r}{E_i} = \frac{\mu_2 \cdot \cos\theta - \mu_1 \sqrt{n^2 - \sin^2\theta}}{\mu_2 \cdot \cos\theta + \mu_1 \sqrt{n^2 - \sin^2\theta}} \qquad (2.37a)$$

$$T_2 = \frac{E_t}{E_i} = \frac{2\mu_2 \cdot \cos\theta}{\mu_2 \cdot \cos\theta + \mu_1 \sqrt{n^2 - \sin^2\theta}} \qquad (2.37b)$$

上記（a），（b）において，$n < 1$ で，$\sin\theta > n$ の領域において $|R_1| = |R_2| = 1$ となり，全反射となる．このとき，$\sin\theta = n$ で決まる角度を臨界角（ブルースター角）と呼ぶ．全反射領域においても透過側の媒質に存在する電界は距離とともに指数関数的に減衰する特徴をもち，エバネッセント波と呼ばれ

第2章　ワイヤレスアクセスの電波伝搬　　　　　　　　　　　17

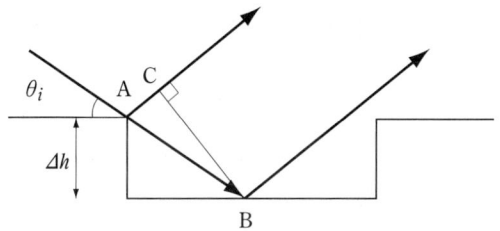

図2.5　凹凸のある面における反射

る．

（c）反射面の凹凸の影響 [4]　　実際の反射面には**図2.5**で示すように様々な凹凸がある．グレージング角 θ_i で凹凸面に入射した波は凸部と凹部でそれぞれ反射され，位相差 $\Delta\phi$ は次式で表せる．ここで，Δh は凹凸の標準偏差，λ は波長である．

$$\Delta\phi = \frac{4\pi \cdot \Delta h \cdot \sin\theta_i}{\lambda} \quad (\text{rad}) \tag{2.38}$$

一般に $\Delta\phi < 0.3$ であれば反射面の凹凸の影響は無視でき，平滑面として扱える．これをレイリーの粗さ規準という．このような面の反射係数は，(a)，(b) で述べた平滑面の反射係数 R に次式の逓減係数 ρ_s を掛けた形で表せる．

$$\rho_s = \exp(-0.5 \cdot \Delta\phi^2) \tag{2.39}$$

非常に粗い面の場合は $\rho_s = 0.35$ がおよその値として使われる．

（5）回　　折

（a）フレネルゾーン　　送信点 T からの電波を点 R で受信する場合，送受信点間に存在する障害物の影響を議論するのにフレネルゾーンの考え方が便利である．すなわち，ホイゲンスの原理によれば受信点の電界は例えば**図2.6** の TR 間の任意の点 Q において，TR に垂直な面 P 上の電磁界分布から一意的に決められる．面 P 上の点を M とすると，m を整数として

$$\overline{TM} + \overline{MR} = \overline{TR} + \frac{m\lambda}{2} \tag{2.40}$$

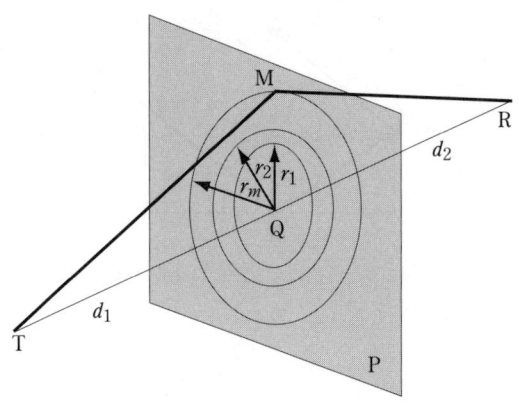

図 2.6 フレネルゾーン

となるようなMの軌跡は，Qを中心とする半径r_mの円となる．

$$r_m = \sqrt{\frac{m\lambda d_1 d_2}{d_1 + d_2}} \quad (2.41)$$

ここで，d_1及びd_2はそれぞれTQ，QR間の距離である．$m = 1$の場合は第1フレネルゾーンのように呼ぶ．第2フレネルゾーン以降は帯状を呈する．隣り合うゾーンでは電界の極性が反対である．

（b）ナイフエッジ回折　　送信点Tと受信点Rの間にあり，TR間の見通しを遮る半無限ナイフエッジによる回折波の自由空間レベルに対する損失増加量$J(\nu)$はフレネル積分を用いて図2.7の実線のように計算される．パラメータνは次式で与えられる．

$$\nu = h\sqrt{\frac{2}{\lambda}\left(\frac{1}{d_1} + \frac{1}{d_2}\right)} = \theta\sqrt{\frac{2d_1 d_2}{\lambda(d_1+d_2)}} = \sqrt{\frac{2h\theta}{\lambda}} = \sqrt{\frac{2d\alpha_1\alpha_2}{\lambda}} \quad (2.42)$$

ここで，λは波長，hは送受信点を結ぶ直線とナイフエッジの頂上との距離，$d = d_1 + d_2$である．また，α_1とα_2は送受信点からエッジ頂上を臨む角度で$\theta = \alpha_1 + \alpha_2$である．$\nu$の正負は$h$と$\theta$の符号に依存し，例えば，$h$と$\theta$は送受信点を結ぶ線がエッジより低い場合に正とし，エッジより高い場合は負とする．$\nu > 0$の影領域では急激に回折損が増加するが，$\nu < 0$ではエッジ回折波と直接波の干渉により，電界強度は場所変化に応じて振動し，$J(\nu) = 0$ dBへ漸近す

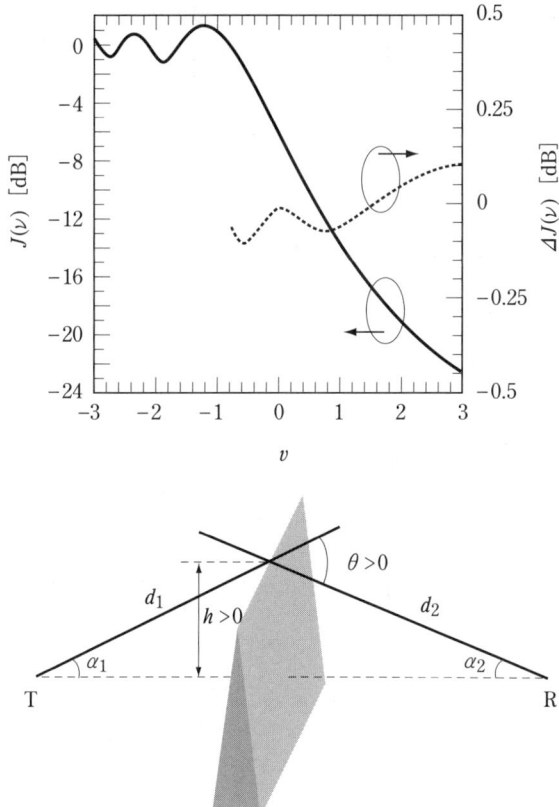

図 2.7 ナイフエッジ近似による回折波レベルの計算

る．$\nu = 0$ は送受信点を結ぶ見通し線がちょうどエッジにかかる状態であり，フレネルゾーンの下半分が隠れていることになる．この場合は自由空間損より 6 dB 低い電界強度になる．

また，$\nu > -0.7$ の範囲で $J(\nu)$ は次式で近似できる．

$$J(\nu) = 6.9 + 20 \cdot \log\left\{\sqrt{(\nu - 0.1)^2 + 1} + \nu - 0.1\right\} \tag{2.43}$$

図 2.7 の破線は式 (2.43) の近似精度で，誤差は ± 0.15 dB 以内である．

（c）二重ナイフエッジ　ナイフエッジが伝搬方向に二つ重なっている

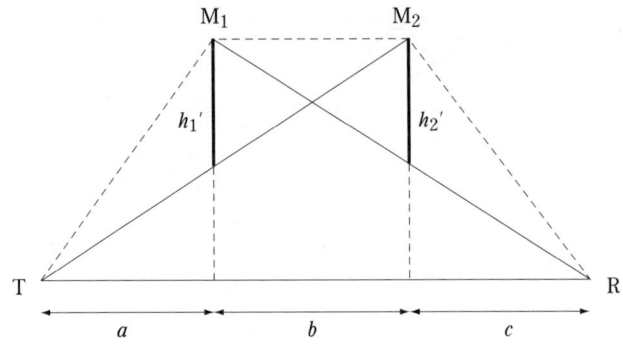

図 2.8 二重ナイフエッジ回折（同等の二つのエッジ）

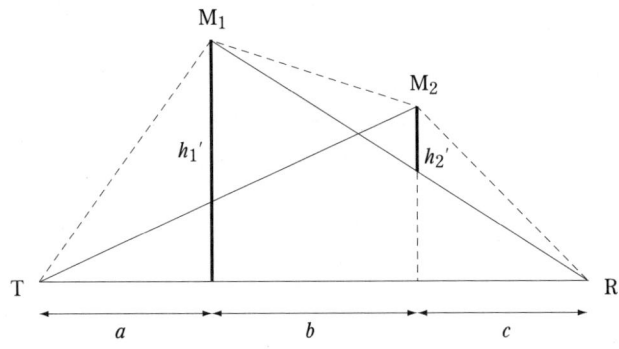

図 2.9 二重ナイフエッジ回折（一方の影響が大きい場合）

場合の回折損計算法について，単一ナイフエッジの場合を拡張した近似的な計算法がある．二つのエッジが同程度に影響する場合と片方の影響が強い場合に分けられる．

前者についてはまず，**図 2.8** において TM_2 間の単一エッジ M_1 による回折損 L_1 をエッジ高 h_1' 及び距離 a, b から計算する．次に，M_1R 間の単一エッジ M_2 による回折損 L_2 を h_2', b, c から計算する．更に補正値 L_C [dB] を次式で計算する．

$$L_C = 10 \cdot \log \frac{(a+b)(b+c)}{b(a+b+c)} \tag{2.44}$$

二重ナイフエッジによる全回折損 L [dB] は次式で計算される.

$$L = L_1 + L_2 + L_C \tag{2.45}$$

上記計算法は，L_1，L_2 が同程度で，かつ 15 dB 以上の領域でよい近似を得る．

図 **2.9** のように片方のエッジの影響が強い場合，エッジ M_1 について高さ h_1 をもつ単一エッジとして TR 間の回折損 L_1' を求め，次に M_2 の影響を M_1R 間でエッジ高 h_2' で計算し，全回折損 $L = L_1' + L_2$ で求める．

2.3 屋内伝搬特性

ワイヤレスアクセスが適用される屋内環境はホールやオフィスから一般住宅まで多岐にわたるが，送受信点間距離としては 100 m 以下がほとんどである．また，周波数帯は無線 LAN 等で盛んに利用されている 2 GHz 帯を含む 1 ～ 60 GHz を想定している．

屋内伝搬路の特徴として以下の三つが挙げられる．
① 周りが壁・天井・床に囲まれた閉空間である．
② 什器やパーティションにより場所によっては定常的な伝搬路遮へいが生じる．
③ 動き回る人により間欠的な伝搬路遮へいが生じる．

四周の壁面が金属のように電波を強く反射する場合，電波が閉空間内に閉じ込められる効果が顕著になる．アンテナ高が比較的高く，送受信点間の見通しがある場合は距離を離しても自由空間のように距離の 2 乗で伝搬損が増加するのではなく，1.5 乗程度に軽減される場合もある．逆に，什器やパーティションで見通しが遮られる場合は距離の 3 乗程度になり，自由空間より厳しい受信状態になる．これらに人の動きが影響し，更に壁面やパーティション，什器等の反射・散乱によるマルチパスの発生が加わる複雑な伝搬環境となる．ここでは，まず，時間的な変動要素をもたない静的な伝搬パラメータとして，屋内環境を形成する壁面の反射特性，什器等の存在する屋内空間における伝搬損と遅延特性を取り上げる．次に，時間的な変動要因である人の動きによる伝搬路遮へいについて述べる．

2.3.1 静的な伝搬パラメータ

（1） 伝搬環境の特徴と区分　　屋内伝搬環境の分類においては，オフィス，住宅，商業スペースの三つが代表的である．**表2.1**にこれらの特徴を示す．駅や空港ビル構内は商業スペースの拡張としてとらえることができる．

一般的に，屋内空間は四方を壁に囲まれた直方体として扱われ，そのサイズや壁面・床・天井材の種類は部屋の種類によって異なる．壁面についても全体が一様な平面といえる場合は少なく，更に壁際や室内各所に置かれた什器や柱，パーティション等も電波伝搬特性に影響し，常に理想的な直方体でモデル化できるわけではないが，概略を把握するためには箱形モデルも有効である．

（2） 建材の透過・反射特性[5]　　屋内伝搬特性に支配的な影響を与える四方の壁面の反射波は多層誘電体板の反射・透過特性を基本とし，表面の凹凸による散乱の効果を併せて評価できる．材質の主要なものは金属，コンクリート，木材，石膏ボード，ガラス等であり，これら以外の様々な装飾材も大なり小なり影響する．

最も簡単な単層誘電体の反射係数は**2.2.2**(4)により以下のように表される．入射波の電界ベクトルが入射面（入射波と反射波で張る面）に垂直な場合の反射係数をR_N，平行な場合をR_Pとすると，誘電体の複素誘電率をηとして次式で計算できる．

$$R_N = \frac{\cos\theta - \sqrt{\eta - \sin^2\theta}}{\cos\theta + \sqrt{\eta - \sin^2\theta}} \quad \text{（電界が入射面に垂直）} \tag{2.46a}$$

表2.1　屋内環境の分類

	住　宅	オフィス	商　業
縦×横	10 m × 10 m	25 m × 25 m	50 m × 50 m
高さ	2.5 m	3 m	3 m
床	木造，コンクリート	コンクリート	コンクリート
壁面	木造，耐火ボード	金属，コンクリート	コンクリート

$$R_P = \frac{\cos\theta - \sqrt{(\eta - \sin^2\theta)/\eta^2}}{\cos\theta + \sqrt{(\eta - \sin^2\theta)/\eta^2}} \quad (\text{電界が入射面に平行}) \qquad (2.46\text{b})$$

ここで，θ は反射平面の法線ベクトルと入射波のなす角度である．特別な場合として，円偏波の場合の反射係数 R_C は R_N と R_P を用いて次式で計算できる．

$$R_C = \frac{R_N + R_P}{2} \quad (\text{円偏波}) \qquad (2.46\text{c})$$

表 2.2 に代表的な壁面材料の複素誘電率を示す．特殊なものを除き，通常の建材として使われている誘電体の電気的定数は UHF 帯からミリ波帯にかけて大きな差はない．

表 2.2　複素誘電率の例 [5]

	1 GHz	57.5 GHz
コンクリート	7.0 − j 0.85	6.50 − j 0.43
ガラス	7.0 − j 0.10	6.81 − j 0.17
天井板（rock wool）	1.2 − j 0.01	1.59 − j 0.01

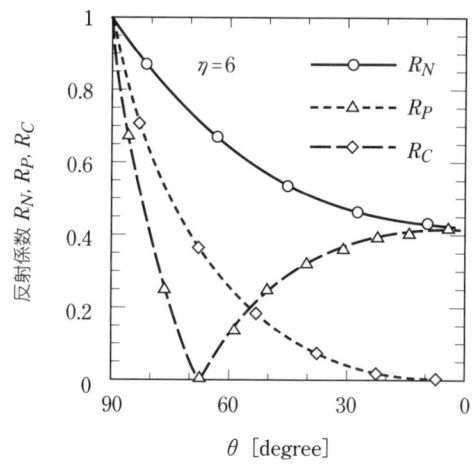

図 2.10　建材の反射特性例

図 2.10 に反射特性の計算例を示す．簡単のため，誘電体の厚みは無限大で反対側の境界面からの反射はないとし，$\eta = 6.0$ を仮定した．θ の減少で反射係数は小さくなる．特に R_P の場合は $\tan^2\theta = \eta$ を満たす角度で反射係数はゼロになり，この角度をブルースター角（Brewster's angle）と呼ぶ．また，円偏波は θ の小さい領域で反射係数が零に近づく特徴をもつ．

上式は例えば透過損が比較的大きな材質に対してはそのまま適用できるが，一般に壁面は有限幅であり，いったん入射した電波が反対側の境界面で反射されて戻ってくるような場合はその影響も考慮する必要がある．このため，壁面を N 層のそれぞれ厚みをもつ板の層（多層誘電体板）と考えて反射係数と透過係数を計算する（詳細は付録1．参照）．特に，波長の短いミリ波帯では壁に塗られた塗装も一つの誘電体層として取り扱う必要がある．

また，床からの正規反射がある場合，例えばコンクリート製の床で，上にカーペット等が敷いてあると表面の凹凸の影響で単純な誘電体面からの反射と異なる様相を呈する．窓の日除けやカーテン等も同様の影響をもたらす．したがって，より詳細には表面凹凸の影響を考慮した散乱パターンを適用する．

（3） 伝搬損距離特性[5]　室内では什器やパーティション，金属ではない壁などにより，送受信点間の見通しが十分確保できない場合が多く，自由空間伝搬よりも損失が増加する．屋内伝搬の基本となる伝搬損距離特性は実験的に得られた次式で推定できる．

$$L_{\text{total}} = 20 \cdot \log_{10} f + N \cdot \log_{10} d + L_f(n) - 28 \qquad (2.47)$$

　　　d：送受信点間距離［m］
　　　N：送受信点間距離に対する減衰係数
　　　f：周波数［MHz］
　　　L_f：床・天井・壁を通過することによる付加損
　　　n：通過する床等の枚数

表 2.3 のパラメータを用いて伝搬損を計算した例を図 2.11 に示す．ここでは $L_f = 0$ dB としているが，これは同一フロアで，什器やパーティション等の遮へいがある環境に相当し，床や天井，部屋間の壁がある場合はそれに相

第2章 ワイヤレスアクセスの電波伝搬

表2.3 パラメータN及びL_fの例

環境	集合住宅内		戸建て住宅内		オフィス内	
周波 [GHz]	2.45	5.2	2.45	5.2	2.45	5.2
N	28	30	28	28	30	31
L_f [dB]	10 [*1]	13 [*1]	5	7 [*2]	14	16

[*1] コンクリート壁1枚当り
[*2] 木造モルタル

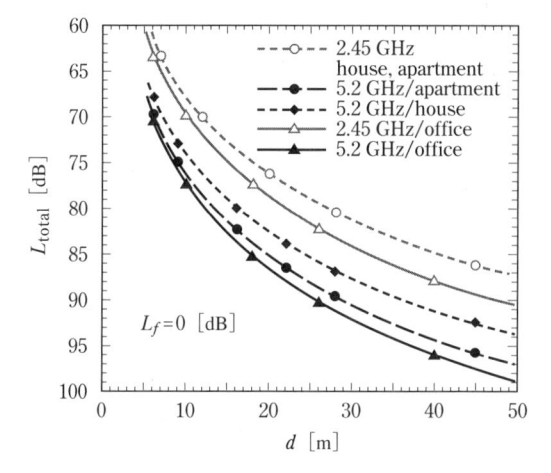

図2.11 伝搬損距離特性推定例

当するL_fを適用する必要がある．図2.12は各部屋が主にコンクリート壁で仕切られた集合住宅における伝搬損測定例で，壁面を通過するごとに伝搬損はL_f分だけシフトしている．

（4） 多重波遅延特性　　一般的な構内伝搬環境では，四周の壁，床，天井に加えて什器等の影響がある．送受信点間の距離としては100 m程度までを想定すればよい．受信点には多数の経路で電波が到達し，様々な振幅・位相関係で相互に干渉する．送受信点間に見通しがあれば信号を伝送する主波は直接波であり，これに壁面等からの多数の反射・散乱波が干渉する．また，什器やパーティション等で見通しが取れない場合は壁面で反射された波が主

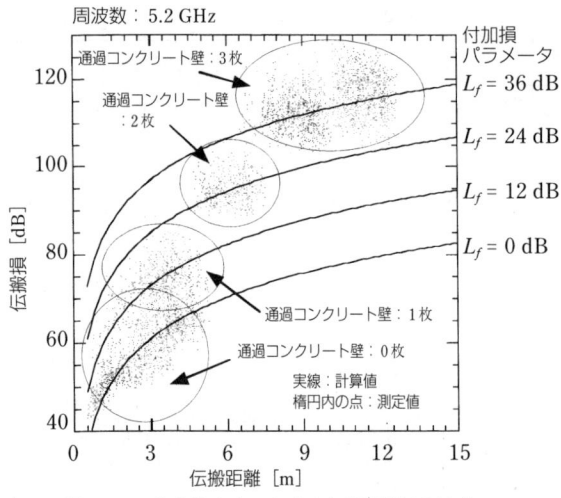

図2.12 集合住宅内における伝搬損測定例 [6]

に到来する．このように，屋内伝搬路においては見通しの有無が場所によって複雑に変化するとともに，四周を囲む壁面の反射がマルチパス特性に大きく影響する．したがって，広帯域通信の伝送品質を左右するマルチパス特性を表す遅延スプレッドも環境で大きく異なる．r.m.s.遅延スプレッドは広範囲にわたって利用されているが，常に遅延プロファイルの特徴を十分に示すわけではない．遅延スプレッドがシンボル長（Symbol duration）を超えるマルチパス的な環境では，位相変調方式の誤り率はr.m.s.遅延スプレッドではなく，受信した非希望波に対する希望波の電力比に依存する [5]．

指数関数的な減衰プロファイルを仮定すると，電力遅延プロファイルの代わりとしてr.m.s.遅延スプレッドを用いてマルチパス特性を扱うことができる．この場合，伝搬路のインパルス応答は以下のように表せる．

$$h(t) = \begin{cases} e^{-\frac{t}{S}} & 0 \leq t < t_{\max} \\ 0 & t_{\max} < t \end{cases} \quad (2.48)$$

ここで

S : r.m.s.遅延スプレッド

$t_{\max}$: 最大遅延時間 （$t_{\max} \gg S$）

表2.4はいくつかの屋内環境におけるr.m.s.遅延スプレッドの値である．Bは中央値，A及びCはそれぞれ小さい値と大きい値の代表値（累積確率の90%値または10%値に相当）である．ここで，店舗とは，デパートやショッピングセンターのような比較的広い売り場をもつ商業建築物の意味である．

（a） 遅延スプレッドと部屋サイズ[5], [7]～[9]　一般に，広い部屋ほどマルチパスの原因となる壁面反射を発生する壁の間隔が広いので遅延スプレッドは大きくなる傾向にある．次式により，床面積 F_s [m^2]からr.m.s.遅延スプレッド $S_{50\%}$ [ns] を推定できる．

$$10 \cdot \log_{10}(S_{50\%}) = 2.3 \cdot \log_{10}(F_s) + 11.0 \tag{2.49}$$

図2.13に上式による計算値と実測値を示す．ホールやロビーのような25×25 m程度の広さになれば100 nsに近い遅延スプレッド値も観測されるが，

表2.4　r.m.s.遅延スプレッド[5]

周波数	環　境	A [ns]	B [ns]	C [ns]
1,900 MHz	住宅，屋内	20	70	150
1,900 MHz	オフィス，屋内	35	100	460
1,900 MHz	店舗，屋内	55	150	500
5.2 GHz	オフィス，屋内	45	75	150

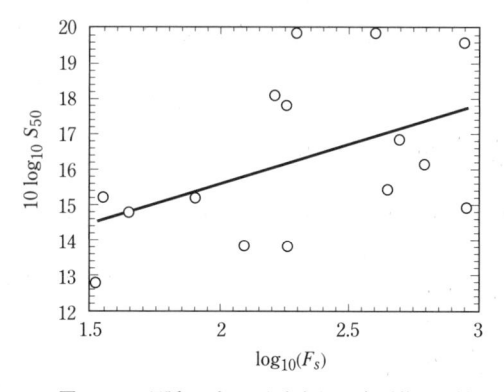

図2.13　遅延スプレッドと部屋の床面積の関係

表 2.5 r.m.s. 遅延スプレッドのアンテナの指向性に対する依存度[5]

周波数 [GHz]	送信アンテナ	受信アンテナ ビーム幅[度]	r.m.s.遅延スプレッド (90%値)[ns]	部屋の大きさ	備考
60	無指向性 アンテナ	無指向性	17	13.5 × 7.8 オフィス ルーム (空き部屋)	ray- tracing
		60	16		
		10	5		
		5	1		

通常の屋内を考えた場合は100 ns以内といえる．

（b）指向性アンテナによる低減効果　マルチパスは到来角度分布をもつ．指向性アンテナを使うことにより遅延スプレッドを減少できる．無指向性の送信アンテナと，4種類の受信アンテナ（無指向性・ワイドビーム・スタンダードホーン・ナロービーム）を用いた60 GHz帯での屋内伝搬における測定及びray-tracingシミュレーションでは，ナロービームが効果的な遅延波の抑制を示した．表2.5は60 GHz帯を用いた空のオフィスにおけるray-tracingシミュレーションによって得られた，90%値を超えないr.m.s.遅延スプレッドに対するアンテナの指向依存性の例である．

（5）角度スプレッド　アレーアンテナを用いてマルチパスに対する到来方向制御を行う場合に問題となる到来波の角度スプレッドは以下のように定義される．θを主波の到来方向を規準とする角度，$P(\theta)$をθ方向からの到来波電力の真値（W）とすると，r.m.s.角度スプレッドσ_θは次式で計算される．

$$\sigma_\theta = \sqrt{\frac{1}{P_0} \int_{-\pi}^{\pi} (\theta - \bar{\theta})^2 P(\theta) d\theta} \tag{2.50}$$

ここでP_0は全周からの到来波電力の総和，$\bar{\theta}$はθの平均値である．

$$P_0 = \int_{-\pi}^{\pi} P(\theta) d\theta \tag{2.51}$$

$$\bar{\theta} = \frac{1}{P_0} \int_{-\pi}^{\pi} \theta P(\theta) d\theta \tag{2.52}$$

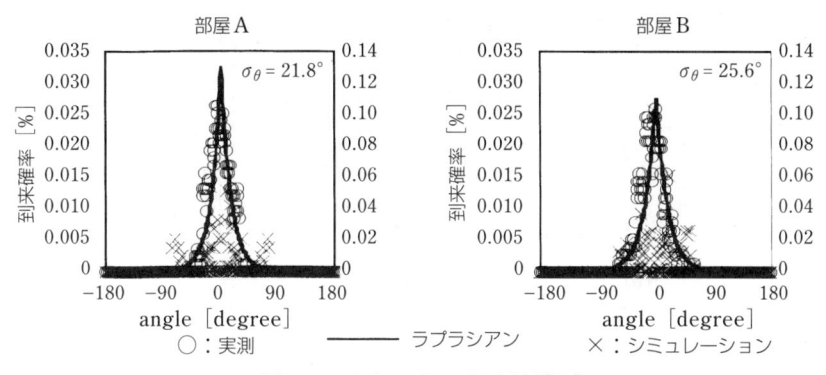

図 2.14 角度スプレッド測定例 [10]

サイズの異なる二つの部屋 A（28 m × 17 m × 6.4 m）及び部屋 B（16 m × 11 m × 2.6 m）において，5 GHz 帯遅延プロファイルの角度特性を取得した例を図 2.14 に示す．送信アンテナは水平面内無指向性，受信アンテナは半値角約 12° である．観測された角度スプレッドは 20° ～ 30° であった．

2.3.2 動的な伝搬パラメータ

屋内環境において人の動きは電波伝搬状態の時間的な変動要因の一つである．特にミリ波帯のような高い周波数帯で，基地局と端末が見通し状態で通信している場合に伝搬路を横切る通行人の影響が顕著である．人や物体が屋内で移動することにより，伝搬特性の一時的な変化が起きるが，この変化はデータ伝送速度と比較して非常に遅いために，実質的には時間に依存しないランダムな現象として扱うことができる．

（1） シャドウイング継続時間 [5], [11]　　アンテナの高さがおよそ 1 m より低い場合（例として一般的なデスクトップノート PC で用いられる場合），LOS 経路は端末の近くにいる人の動きによって遮られる可能性がある．オフィス内のロビー環境で 37 GHz の計測を複数回行った結果，10 ～ 15 dB のフェージングを観測した．各フェージングの持続時間はランダムに LOS 経路上を通過する人々による遮へいによって変化し，次式で示す平均値 $\bar{x}$ と標準偏差 σ_x がフェージングの深さに依存する対数正規分布に従う（**図 2.15**）．

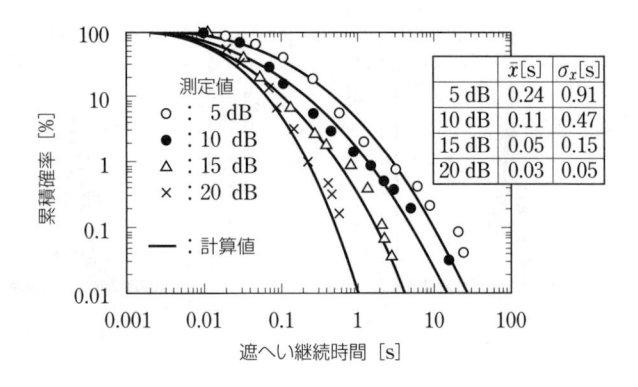

	$\bar{x}$[s]	σ_x[s]
5 dB	0.24	0.91
10 dB	0.11	0.47
15 dB	0.05	0.15
20 dB	0.03	0.05

図2.15 人体による遮へい継続時間の累積分布

$$f(x) = \frac{1}{\sqrt{2\pi} \cdot \sigma_1 \cdot x} \cdot \exp\left\{-\frac{1}{2}\left(\frac{\ln(x) - m_1}{\sigma_1}\right)^2\right\} \quad (2.53)$$

$$\sigma_1 = \sqrt{\ln\left\{\left(\frac{\sigma_x}{\bar{x}}\right)^2 + 1\right\}}, \quad m_1 = \ln(\bar{x}) - \frac{\sigma_1^2}{2} \quad (2.54)$$

$$0 < x < \infty, \quad 0 < \sigma_1.$$

これらの計測で，10 dBの深さのフェージングでは平均持続時間が0.11秒，標準偏差が0.47秒を示した．15 dBの深さのフェージングでは平均持続時間が0.05秒，標準偏差が0.15秒を示した．

（2） 発 生 頻 度[12]　発生頻度はその部屋に存在する人の数に依存する．言い換えれば，平面上を一定の速度でランダムな方向に動き回る酔歩のモデルで表せる（**図2.16**）．ここで以下の①～⑥の仮定をおく．
① エリア内ではランダムな方向に歩行．
② 歩行速度は$v_0 = 1$ [m/s] または0.5 [m/s]．
③ 基地局高$h_b = 4$ [m]，端末高$h_s = 1$ [m]，基地局-端末局間距離がd [m]．
④ 遮へいの発生はポアソン過程に従う．
⑤ 通行人の身長は1.6 [m]．
⑥ エリア内の人の密度は$n = 0.1$，0.04及び0.01 [人/m^2]．

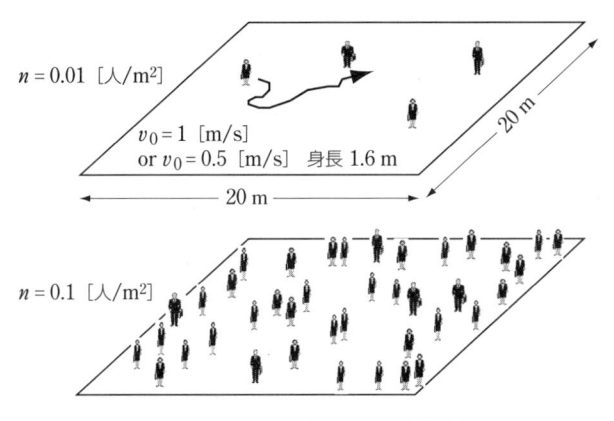

第2章　ワイヤレスアクセスの電波伝搬

図 2.16 動き回る人による遮へい発生確率の検討

　遮へいの発生確率は，動き回る人が平均移動速度 v_a ($= v_0$) と見通し線が身長より低い領域の長さ L ($= d/5$) で囲まれる長方形のエリア S ($= L \cdot v_a$) 内に存在する確率で表される．L は $h_b = 4$ m，$h_s = 1$ m，身長 1.6 m より見通し線の高さ h_z が 1.6 m より低い条件から求まる．N_0 は面積が S_0 のエリア全体に存在する人の総数である．

　N_0 は S 内に存在する人数 N より十分大きいと考えられるので N の平均値 $\langle N \rangle$ はある時間内は一定値であると仮定でき，N はポアソン分布に従う．したがって，N 人が S 内に存在する確率 $p(N)$ は次式で与えられる．

$$p(N) = \frac{\langle N \rangle \cdot N \cdot \exp(-\langle N \rangle)}{N!} = \frac{N_0 \cdot \dfrac{S}{S_0} \cdot N \cdot \exp\left\{-N_0 \cdot \dfrac{S}{S_0}\right\}}{N!} \quad (2.55)$$

遮へいは S 内に 1 人でも人が存在すれば発生するため，$N = 1$ の場合が重要である．

$$p(1) = N_0 \cdot \frac{S}{S_0} \cdot \exp\left(-N_0 \cdot \frac{S}{S_0}\right) \quad (2.56)$$

ここで密度 $n = N_0/S_0$ 及び $S = L \cdot v_a = (d/5) \cdot (v_0/\pi)$ を用いて次式を得る．

$$p(1) = \frac{n \cdot d \cdot v_0}{5\pi} \cdot \exp\left(-\frac{n \cdot d \cdot v_0}{5\pi}\right) \quad (2.57)$$

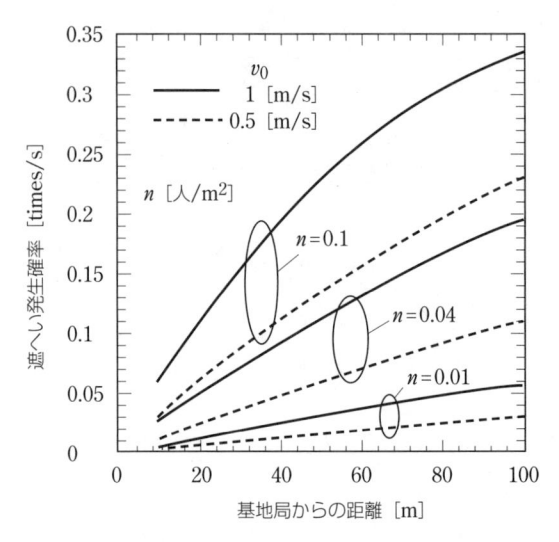

図2.17 遮へいの発生確率推定値

図2.17はn及びv_0をパラメータとし，基地局〜端末間距離に対する遮へい発生確率計算例である．屋内では基地局〜端末間距離はたかだか30 mとみなせるので，3.3 m×3.3 mの範囲に1人存在するn = 0.1の場合でも$p(1)$は約0.15を見込めばよく，6〜7秒に1回の発生が予想される．また，ポアソン過程であるとしていることから遮へい発生間隔の確率密度は以下で与えられる．言い換えれば，見通し状態が継続する時間分布を表し，その平均値mは$m = 5\pi/(n \cdot d \cdot v_0)$で計算される．

$$p_0(t) = \exp\left(-\frac{n \cdot d \cdot v_0 \cdot t}{5\pi}\right) \tag{2.58}$$

（3） **レベル低下量の周波数特性**[13] 　人体の遮へいによる受信レベル変化を，5 GHz，20 GHz及び40 GHzの周波数で測定した例を図2.18に示す．計算値は，金属平板によるナイフエッジ回折モデルで計算した．5 GHzでの計算値を基準として示している．5 GHzでの受信レベル変動は10 dB以内であるのに対し，20 GHzと40 GHzでは20 dB以上の変動が生じる．図2.19は定常値からのレベル低下量の最大値を実測値と計算値について示して

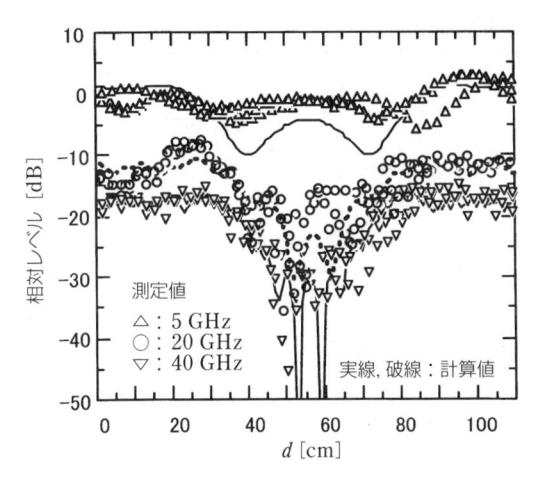

図 2.18　遮へいによるレベル低下量

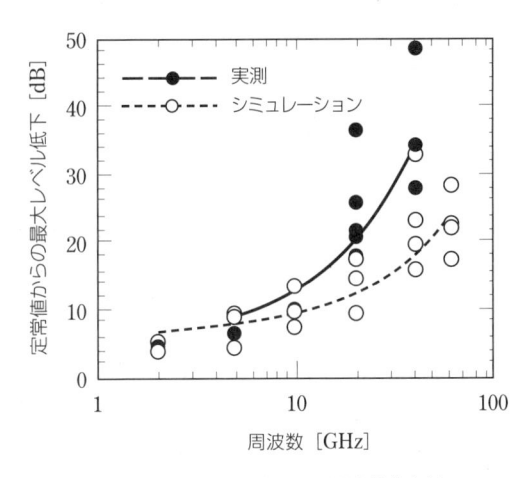

図 2.19　レベル低下量の周波数依存性

いる．計算値は，幅 30 cm の金属平板による回折モデルで計算した．端末からの距離が 1 m，5 m 及び 7 m の場合の計算値は，これらの回折モデルによる計算値に含まれている．実測及び計算値とも周波数に比例して受信レベル低下量が増加するが，5 GHz 以下での低下量は両者とも 10 dB 以下である．

表 2.6 屋外環境と伝搬にかかわる要因 [14]

環　　境	環境の特徴と考慮すべき伝搬パラメータ
都市部/高層建築	4〜5階以上の高さの建物が道路に沿って並ぶ 高層建築物により屋根越えの伝搬はほとんどない 列になった建築物より，マルチパスが発生 多くの車両が移動しているため，反射波によるドップラーシフトが影響
都市部/低層建築	車道が広い 建築物の高さは3階以下で，屋根越えの回折あり 動いている自動車等による，反射や遮へいが時々起こる 長い遅延と小さなドップラーシフト
住宅地	1〜2階建の住居が集まっている 車道は一般的には2車線で，道路沿いには車が停めてある 植生の影響 交通量は一般的には少ない
郊外地	小さな住宅が，大きな庭に囲まれている 地形の高低の影響を受ける 植生の影響 自動車の巡航速度は高い

2.4 屋外伝搬特性

2.4.1 NWA伝搬特性

(1) 伝搬環境の特徴と区分　　ワイヤレスアクセスシステムのサービスが想定される屋外環境を表2.6のように分類する．一つの無線ゾーンがカバーする距離は1km程度と考えられるので，伝搬特性にはエリア内の建物の状況が最も大きく影響し，これに道路や地形の影響が相加する．また，歩道をサービスエリアとする場合は車両の通行も考慮する必要がある．置局設計においては，屋内環境より長い距離を対象とすることから，伝搬損の距離特性評価が中心となる．特に，NWA（Nomadic Wireless Access system）の場合は端末アンテナ利得が小さいことから伝搬損に対する依存性が高い．以下

では，伝搬環境種別に応じた各種伝搬損の評価法を述べるとともに，屋内同様，広帯域通信で問題となる遅延特性についても言及する．

（a）伝搬路の区分[14]　基地局（BS）と端末（MS）の位置関係を，**図2.20**に四つのパターンで示す．BS_1は建築物より上に設置されており，この基地局からの電波は主に建築物上を越えて伝搬する．BS_2は建築物より低い場所に設置してあり，この基地局からの電波は主に建築物間の道路沿いに伝搬する．端末同士の通信では，両者とも建物より低い場所にあると仮定されるため，BS_2のモデルが適応される．

図2.21では屋根越えとなるNLOSの一般的な状態（図2.20における，BS_1–MS_1間通信）を示す．以下この状態をNLOS1と呼ぶ．NLOS1の状況は，住宅地または郊外エリアにおいて高い確率で起こり得る．また都市部や市街地近郊などで低層建築物の多い地域でも頻繁に発生する．

図中のパラメータは以下のとおりである．

h_r ： 建築物の平均高度 [m]

w ： 道路幅 [m]

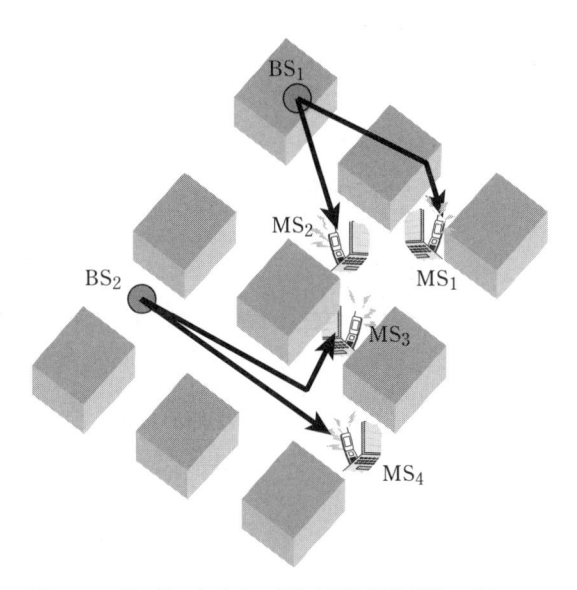

図2.20　都市部における一般的な電波伝搬経路のパターン

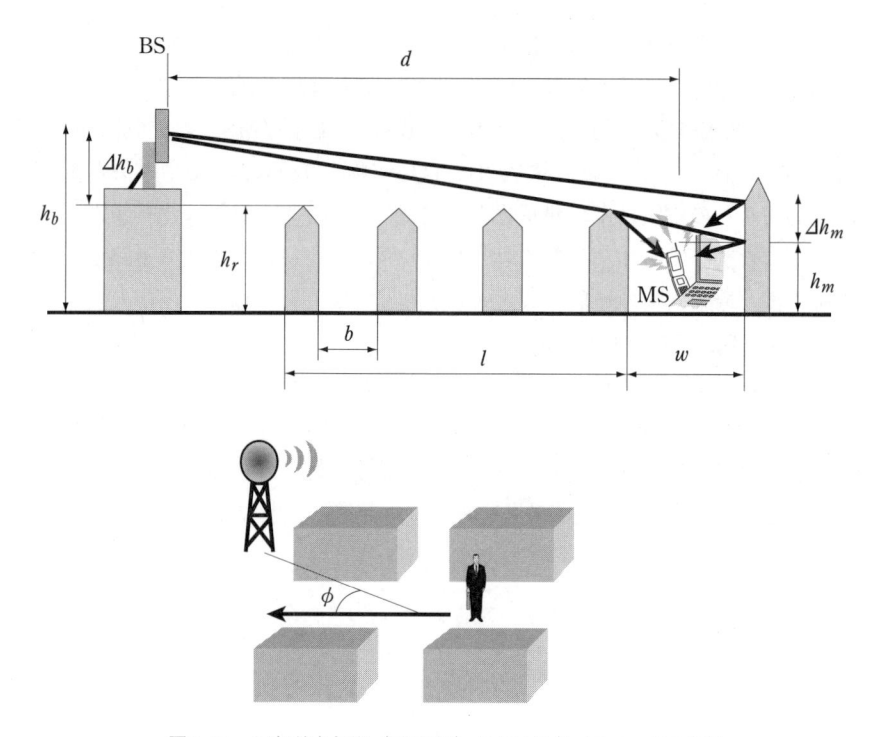

図 2.21 屋根越え伝搬（NLOS1）における各パラメータの定義

b ： 建築物間の平均間隔 [m]
φ ： 道路の向きと入射波のなす角度 [degree]
h_b ： 基地局のアンテナの高さ [m]
h_m ： 端末のアンテナの高さ [m]
l ： 建築物が存在する範囲における端末から基地局方向への距離 [m]
d ： 基地局から端末までの水平距離 [m]

パラメータに関しては，h_r, b, l はアンテナ間の経路上にある建築物のデータから推測できる．しかし w, φ を得るには移動体周囲の建物や道路状況を把握する必要がある．l は建築物の向きに依存しない（必ずしも建物の面に垂直である必要はない）．

道路沿いの伝搬で見通し外の場合を図 2.22 に示す．いわゆるストリート

第2章 ワイヤレスアクセスの電波伝搬

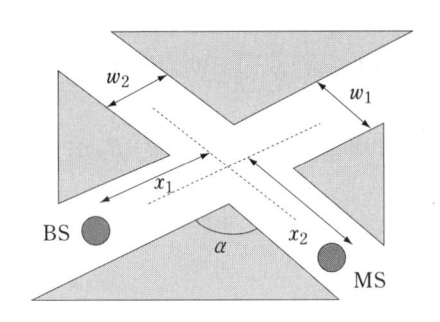

図2.22 ビル街のストリートセルで見通し外の場合（NLOS2）のパラメータの定義

マイクロセルで，交差点を曲がった場合などに相当する（図2.20における，$BS_2 - MS_3$間通信）．以下この状態をNLOS2と呼ぶ．

図中のパラメータは以下のとおりである．

w_1： 基地局のある場所の道路の広さ [m]
w_2： 端末のある場所の道路の広さ [m]
x_1： 基地局のある場所から道路の交点までの距離 [m]
x_2： 端末のある場所から道路の交点までの距離 [m]
α ： BS, MSがはさむ角の角度 [radian]

図2.20において，$BS_1 - MS_2$と$BS_2 - MS_4$は見通し内（LOS）の例を示している．これら二つのケースでは，基地局高は異なるが，同様なモデルが適応できる．

（b） 伝搬損の計算　　UHFとミリ波帯では異なるモデルを適用する必要がある．UHF帯ではLOSとNLOSの状況を考慮する必要があるが，ミリ波帯での伝搬ではLOSのみを考慮すればよい．更に高い周波数帯の場合には，酸素や水蒸気など，大気による減衰も併せて考慮する必要がある．

（2）　**伝搬損距離特性**[14]

（a）　建築物に囲まれた市街地ストリート環境見通し内伝搬

（i） UHF伝搬　　UHF周波数帯における基本的な伝搬損距離特性は，ブレイクポイントの位置とその前後における伝搬損距離特性カーブの距離に対する傾きで特徴づけられる．伝搬損の下限は以下で推定できる．

$$L_{\text{LOS},l} = L_{bp} + \begin{cases} 20\log_{10}\left(\dfrac{d}{R_{bp}}\right) & \text{for } d \le R_{bp} \\ 40\log_{10}\left(\dfrac{d}{R_{bp}}\right) & \text{for } d > R_{bp} \end{cases} \quad (2.59)$$

ここで R_{bp} はブレイクポイント (breakpoint) までの距離を示しており、以下の式で表される．

$$R_{bp} \approx \frac{4h_b h_m}{\lambda} \quad (2.60)$$

ここで λ [m] は波長である．

また，伝搬損上限値は以下で推定できる．

$$L_{\text{LOS},u} = L_{bp} + 20 + \begin{cases} 25\log_{10}\left(\dfrac{d}{R_{bp}}\right) & \text{for } d \le R_{bp} \\ 40\log_{10}\left(\dfrac{d}{R_{bp}}\right) & \text{for } d > R_{bp} \end{cases} \quad (2.61)$$

L_{bp} は，ブレイクポイントにおける基本伝搬損値であり，以下のように定義される．

$$L_{bp} \approx \left| 20\log_{10}\left(\frac{\lambda^2}{8\pi h_b h_m}\right) \right| \quad (2.62)$$

図 2.23 に推定例を示す．周波数は 1 GHz と 3 GHz で，基地局高は 5 m，端末高は 1 m とした．どちらの周波数においても，ブレイクポイント以遠では距離の 4 乗に比例して伝搬損は増加する．

(ii) 15 GHz 帯までの SHF 伝搬　1 km 以上の伝搬距離をもつ SHF では，道路の交通量が等価路面高に影響を与え，これによりブレイクポイントまでの距離が変化する．この距離を R_{bp} とおくと，これは以下で表される．

$$R_{bp} = 4 \cdot \frac{(h_b - h_s) \cdot (h_m - h_s)}{\lambda} \quad (2.63)$$

ここで h_s は車のような道路上の物体や歩道の歩行者により影響を受ける道路高である．したがって h_s は道路上の交通に依存する．**表 2.7** は，日中及び夜間において，交通量別に測定して得られた h_s の値である．交通量の多い時間

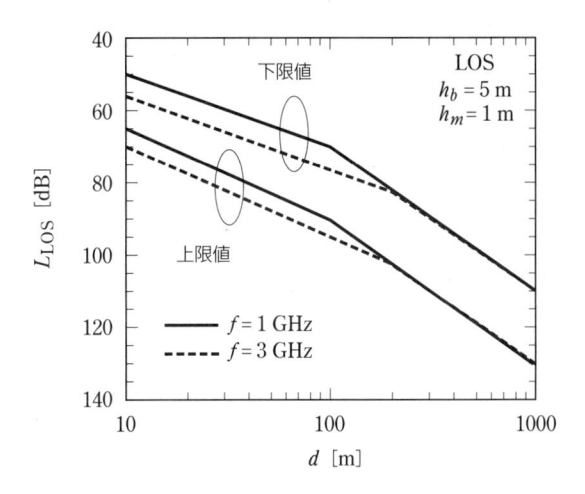

図 2.23　LOSにおける伝搬損推定例（UHF帯）

表 2.7　有効道路高への影響

周波数 [GHz]	h_b [m]	有効道路高 h_s [m]（交通量の多い時間帯）		有効道路高 h_s [m]（交通量の少ない時間帯）	
		$h_m = 2.7$ m	$h_m = 1.6$ m	$h_m = 2.7$ m	$h_m = 1.6$ m
3.35	4	1.3	**	0.59	0.23
	8	1.6	**	#	#
8.45	4	1.6	**	*	0.43
	8	1.6	**	*	#
15.75	4	1.4	**	*	0.74
	8	*	**	*	#

* ブレイクポイントは1 kmの間に存在しない．
** ブレイクポイントは存在しない．
\# 計測不可．

帯は，道路の10～20%が車で占められており，また歩道の0.2～1%が歩行者により占められている．交通量の少ない時間帯は，道路の0.1～0.5%が車で占められており，また歩道を占める歩行者の割合は0.001%であった．ここで道路幅は27 mであり，両端に6 mの歩道を含んでいる．

　$h_m > h_s$ のとき，SHF周波数帯における伝搬損の上限・下限値の概算値は，

以下で与えられる L_{bp} の値を用いて式 (2.59), (2.61) により計算される.

$$L_{bp} = \left| 20\log_{10}\left(\frac{\lambda^2}{8\pi(h_b-h_s)(h_m-h_s)}\right) \right| \tag{2.64}$$

一方, $h_m \leq h_s$ のときはブレイクポイントが存在しない. 基地局の近傍のエリア ($d < R_s$) では, UHF帯と似た伝搬損特性を示すが, 離れると基地局からの伝搬損距離特性は3乗則に従う. よって $d < R_s$ のとき, 伝搬損下限値の概算は以下で表される.

$$L_{\text{LOS},l} = L_s + 30\log_{10}\left(\frac{d}{R_s}\right) \tag{2.65}$$

また $d < R_s$ のときの伝搬損上限値の概算は以下で表される.

$$L_{\text{LOS},u} = L_s + 20 + 30\log_{10}\left(\frac{d}{R_s}\right) \tag{2.66}$$

基本伝搬損は以下のように定義される.

$$L_s = \left| 20\log_{10}\left(\frac{\lambda}{2\pi R_s}\right) \right| \tag{2.67}$$

式 (2.65) ～ (2.67) における R_s は, 経験的に 20 m とする.

図 2.24 はブレイクポイントが 116.7 m 地点にある場合とない場合の計算例である. 基地局高 5 m, 端末高 2 m, 等価な大地面の高さ h_s は 1.5 m と仮定した.

(b) 建築物に囲まれた市街地ストリート環境見通し外伝搬　NLOS2の場合, 送信, 受信双方のアンテナは建物屋上より低い高さにあるため, 道路の曲がり角での回折波と反射波を考慮する必要がある (図 2.20 参照).

$$L_{\text{NLOS2}} = -10\log_{10}\left(10^{\frac{L_r}{10}} + 10^{\frac{L_d}{10}}\right) \text{ [dB]} \tag{2.68}$$

ここで L_r は以下で表される反射経路損

$$L_r = -20\log_{10}(x_1+x_2) + x_2 x_1 \frac{f(\alpha)}{W_1 W_2} - 20\log_{10}\left(\frac{4\pi}{\lambda}\right) \tag{2.69}$$

であり,

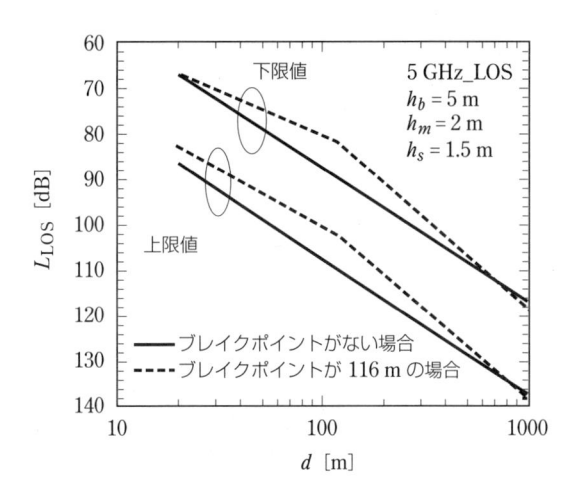

第2章 ワイヤレスアクセスの電波伝搬

図 2.24 伝搬損推定値（LOS で SHF~15 GHz）

$$f(\alpha) = \frac{3.86}{\alpha^{3.5}} \tag{2.70}$$

また，L_d は以下で表される回折経路損である．

$$L_d = -10\log_{10}[x_2 x_1(x_1+x_2)] + 2D_a - 0.1\left(90 - \alpha\frac{180}{\pi}\right) - 20\log_{10}\left(\frac{4\pi}{\lambda}\right) \text{[dB]} \tag{2.71a}$$

$$D_a = -\left(\frac{40}{2\pi}\right)\left[\arctan\left(\frac{x_2}{w_2}\right) + \arctan\left(\frac{x_1}{w_1}\right) - \frac{\pi}{2}\right] \tag{2.71b}$$

図 2.25 に計算例を示す．周波数は 2.5 GHz，基地局からコーナまでは 50 m とし，コーナの角度が 120°，90°，60° の場合についてコーナ位置を x_2 の原点とした伝搬損の距離特性である．$\alpha = \pi/2$ より大きい場合は回折波より反射波が影響し，x_2 の増加に対して緩やかに伝搬損は増加するが，逆に α が小さい場合は回折波のみになるので x_2 の増加とともに急激に損失が大きくなる．

（c）市街地/郊外地屋根越え伝搬環境　　以下で述べる多重スクリーン回折モデルでは，図 2.20 における経路 l 下にある建築物の高さがすべてほぼ等しいとしている．また，各屋根の高さの差が，第 1 フレネルゾーンの半径

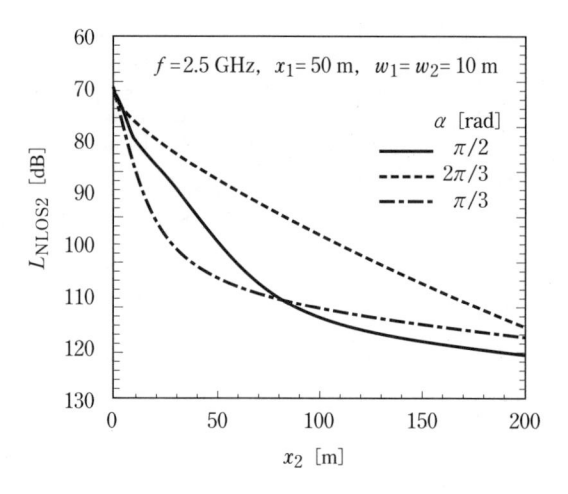

図 2.25 NLOS2(道路の曲がりで見通し外)の伝搬損計算例

よりも小さいものと仮定する．このモデルにおける屋根の高さは平均値を用いる．屋根の高さの差が第1フレネルゾーンの半径より大きい場合には，一番高い建物によるナイフエッジ回折による経路を多重スクリーンモデルの代わりに使用する．建築物の高さがほぼ一定であるときのNLOS1時の伝搬損モデルでは，等方向性アンテナ間の減衰は，自由空間での損失 (L_{bf})，建物の頂点から道路までの回折損 (L_{rts})，そして多重スクリーン回折による減衰 (L_{msd}) の和に等しくなる．このモデルでは L_{bf} と L_{rts} は基地局の高さに依存しない．しかし L_{msd} は基地局のアンテナと建築物の高度の関係に依存する．

$$L_{\text{NLOS1}} = \begin{cases} L_{bf} + L_{rts} + L_{msd} & \text{for} \quad L_{rts} + L_{msd} > 0 \\ L_{bf} & \text{for} \quad L_{rts} + L_{msd} \leq 0 \end{cases} \quad (2.72)$$

自由空間での損失は以下で計算できる．

$$L_{bf} = 32.4 + 20 \log_{10}\left(\frac{d}{1000}\right) + 20 \log_{10} f \quad (2.73)$$

ここで，d は経路長 [m]，f は周波数 [MHz] を表す．

項 L_{rts} は，端末局が存在している道路に入射する多重スクリーン経路に沿った経路の伝搬特性を表している．これは道路幅とその向きから計算され

る．

$$L_{rts} = -8.2 - 10\log_{10}(w) + 10\log_{10}(f) + 20\log_{10}(\Delta h_m) + L_{ori} \quad (2.74)$$

$$L_{ori} = \begin{cases} -10 + 0.354\varphi & \text{for } 0° \leq \varphi < 35° \\ 2.5 + 0.075(\varphi - 35) & \text{for } 35° \leq \varphi < 55° \\ 4.0 - 0.114(\varphi - 35) & \text{for } 55° \leq \varphi < 90° \end{cases} \quad (2.75)$$

ここで図 2.21 より

$$\Delta h_m = h_r - h_m \quad (2.76)$$

L_{ori} は道路の向きに依存する項であり，伝搬方向に垂直でない道路へ回折効果を計算する．

ビル列を越えて伝搬する多重スクリーン回折波は，基地局と建物の高さの関係と電波の入射角度に依存する．頂点にすれすれの位置への入射の基準は次式の d_s によって決まる．

$$d_s = \frac{\lambda d^2}{\Delta h_b^2} \quad (2.77)$$

ここで図 2.21 より

$$\Delta h_b = h_b - h_r \quad (2.78)$$

L_{msd} の計算式において，ビルの存在範囲を示す距離 l と d_s の比較により場合分けされる．

- $l > d_s$ の場合

$$L_{msd} = L_{bsh} + k_a + k_d \log_{10}\left(\frac{d}{1000}\right) + k_f \log_{10}(f) - 9\log_{10}(b) \quad (2.79)$$

ここで

$$L_{bsh} = \begin{cases} -18\log_{10}(1 + \Delta h_b) & \text{for } h_b > h_r \\ 0 & \text{for } h_b \leq h_r \end{cases} \quad (2.80)$$

は，基地局の高さに依存する減衰項である．

$$k_a = \begin{cases} 54 & \text{for } h_b > h_r \\ 54 - 0.8\Delta h_b & \text{for } h_b \leq h_r \text{ and } d \geq 500\,\text{m} \\ 54 - 1.6\Delta h_b \dfrac{d}{1000} & \text{for } h_b \leq h_r \text{ and } d < 500\,\text{m} \end{cases} \quad (2.81)$$

$$k_d = \begin{cases} 18 & \text{for } h_b > h_r \\ 18 - 15\dfrac{\Delta h_b}{h_r} & \text{for } h_b \leq h_r \end{cases} \quad (2.82)$$

$$k_f = -4 + \begin{cases} 0.7\left(\dfrac{f}{925} - 1\right) & \text{中程度のサイズの都市と,中程度} \\ & \text{の植生密度である郊外} \\ 1.5\left(\dfrac{f}{925} - 1\right) & \text{首都圏} \end{cases} \quad (2.83)$$

- $l < d_s$ の場合

この場合は基地局の高さと屋根の高さの関係により場合分けされる.

$$L_{msd} = -10\log_{10}(Q_M^2) \quad (2.84)$$

ここで,

$$Q_M = \begin{cases} 2.35\left(\dfrac{\Delta h_b}{d}\sqrt{\dfrac{b}{\lambda}}\right)^{0.9} & \text{for } h_b > h_r \\ \dfrac{b}{d} & \text{for } h_b \approx h_r \\ \dfrac{b}{2\pi d}\sqrt{\dfrac{\lambda}{\rho}}\left(\dfrac{1}{\theta} - \dfrac{1}{2\pi + \theta}\right) & \text{for } h_b < h_r \end{cases} \quad (2.85)$$

また

$$\theta = \arctan\left(\dfrac{\Delta h_b}{b}\right) \quad (2.86)$$

$$\rho = \sqrt{\Delta h_b^2 + b^2} \quad (2.87)$$

である.

図 2.26 は周波数 1 GHz と 3 GHz において,基地局高を 30 m と 15 m に変えたときの伝搬損距離特性推定例である.ここで,端末高は 4 m,建物の屋根の平均高は 8 m,道路幅 $w = 10$ m,建物間隔 $b = 20$ m,$\phi = 45°$ と仮定し

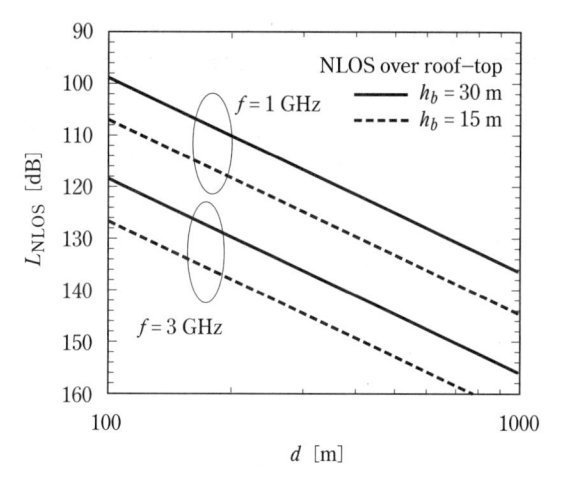

第2章　ワイヤレスアクセスの電波伝搬

図2.26　屋根越え伝搬損計算例

た．このとき，建物が存在する領域長 l は $l \gg d_s$ である．

(3)　多重波遅延特性　ここでは市街地路上のLOS伝搬路に対する遅延スプレッドの推定法を示す[14]．距離 d [m] における遅延スプレッド S は正規分布に従い，平均値 a_S は以下のように与えられる．

$$a_S = C_\sigma \cdot d^{\gamma_\sigma} \text{ [ns]} \tag{2.88}$$

また，標準偏差 σ_S は以下のように与えられる．

$$\sigma_S = C_\sigma \cdot d^{\gamma_\sigma} \text{ [ns]} \tag{2.89}$$

ここで，C_a，γ_a，C_σ，γ_σ は伝搬環境や基地局，端末アンテナ高に依存する（表2.8）．市街地及び住宅街路上の基地局高4 m，端末高1.6 mでは，マイクロ波帯（3.35〜15.75 GHz）で次の値が得られている．

図2.27は上記の値による遅延スプレッド距離特性の推定例である．市街地の路上では距離400 mで200 ns程度であるが，住宅街では40 ns程度にとどまる．

遅延プロファイルの平均的な形状は以下で与えられる．

表 2.8　遅延スプレッド推定パラメータ

	C_a	γ_a	C_σ	γ_σ
市街地	10	0.51	6.1	0.39
住宅地	5.9	0.32	2.0	0.48

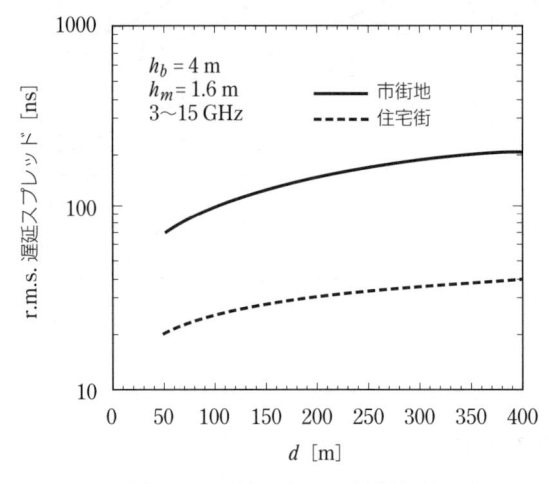

図 2.27　遅延スプレッド推定結果例

$$P(t) = P_0 + 50\left(e^{-\frac{t}{\tau}} - 1\right) \text{ [dB]} \tag{2.90}$$

ここで,

　　P_0：最大出力 [dB]

　　τ：減衰係数

また t は [ns] の単位である.

計測されたデータから，遅延スプレッド S において τ は以下のように推定される.

$$\tau = 4.0S + 266.0 \text{ [ns]} \tag{2.91}$$

上記の τ と S の関係は，LOS の場合においてのみ有効である.

図 2.28 は遅延プロファイル形状を $P_0 = 1$ に規格化して表したものである.

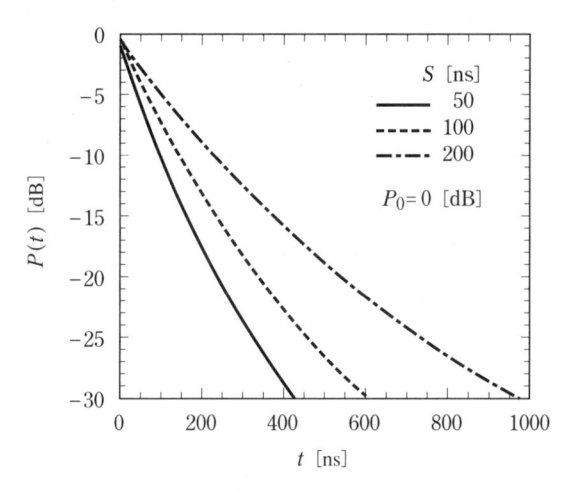

図 2.28　LOS環境における遅延プロファイル形状

2.4.2　FWA伝搬特性

無線LANやNWAではある程度移動性が必要であることから指向性がブロードなアンテナを用いるが，屋外のFWA（Fixed Wireless Access systems）では端末側のアンテナが固定なので利得の高い指向性アンテナが利用できる．更に，伝搬路も基地局〜端末間に見通しがある場合を基準として考えることができる．したがって，見通し内通信でアンテナ利得をある程度高くすることができれば屋外においても10 GHz以上の高い周波数の適用が可能である．固定通信であることから，時間率と面的な利用率が伝搬特性評価パラメータとして考慮される [15]．

（1）伝搬環境の特徴と区分　　見通し内通信を基本とするため，建物や地形・地物による遮へいの影響が大きい．ビルの林立する市街地環境，比較的低層の建物が主となる住宅地，樹木が多い郊外地に分けられる．市街地ではビルによる見通しの遮へいを評価する必要があり，見通し率（visibility）の推定法が適用される．住宅地や郊外地では建物に加え，樹木等の影響も伝搬損の発生要因として考慮される．このように，FWAにおいては地形・地物の遮へいが主たる伝搬特性評価対象である．

（2）伝搬損距離特性　　伝搬損は自由空間伝搬損が前提であり，基地

局・端末間の見通し及び第1フレネルゾーン半径をもとにした伝搬路クリアランスを確保すればこの条件を満たす．しかしながら，端末アンテナ設置条件から十分に見通しが確保できない場合もあり得る．このような場合は前説の屋根越え伝搬モデルを適用して損失計算を行えばよい．

（3） 多重波遅延特性　　準ミリ波帯以上では基本的に端末若しくは基地局に高利得アンテナを用いるので，マルチパス干渉は想定しない．マイクロ波帯を適用する場合はある程度影響を想定したシステムが必要である．図 2.29 は 2.6 GHz 帯における遅延スプレッドとアンテナ指向性の関係について測定した例である．距離が 500 m と 1000 m において，基地局アンテナに無指向性（$\theta_t = 360°$）と 90°ビームアンテナを用い，端末アンテナ指向性を変えて遅延スプレッドを測定している．基地局が無指向性では端末アンテナビーム幅を 10°程度に鋭くしても 100 ns 以上であるのに対し，$\theta_t = 90°$では 20 ns 程度まで小さくできている [16]～[18]．

（4） 見通し率特性 [19]～[22]　　市街地伝搬環境における見通し率推定法は，26 GHz 帯加入者無線方式の実用化に伴って開発された．最近では建物や地形の三次元ディジタルデータベースを用いた計算機シミュレーションによる検討が盛んであるが，自治体等で公開している建築物関連データをもとに，比較的簡易にあるエリアの見通し状況を把握することができる．

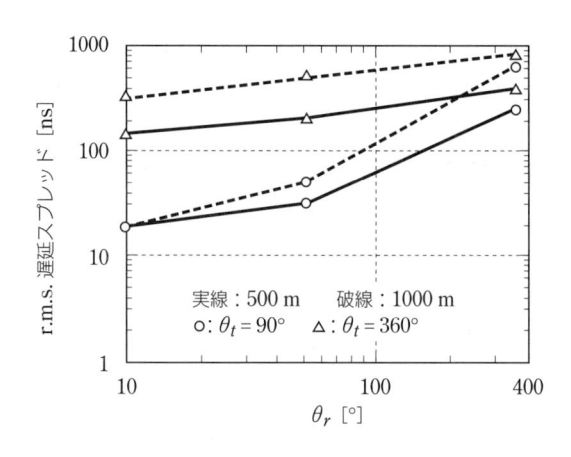

図 2.29　遅延スプレッドとアンテナ指向性

高さ h_N の基地局から，距離 r 離れた位置にある高さ h_S の端末（加入者）局を見た場合の見通し率 $p_v(r)$ は次式で計算できる．

$$p_v(r) = \exp(-F(r)) \tag{2.92}$$

$$F(r) = \frac{4w_0 N_0}{\pi} r \frac{1-\exp(-\gamma)}{\gamma} \exp\left(-\frac{h_S-h_0}{h_m-h_0}\right)$$

$$\cdot \left\{1 - \frac{\alpha}{\delta^2} \exp\left(-\beta h_S \frac{1-\exp(-\delta\gamma)}{1-\exp(-\gamma)}\right)\right\} \tag{2.93}$$

$$\gamma = \frac{h_N-h_S}{h_m-h_0}, \quad \delta = 1 + \beta(h_m-h_0) \tag{2.94}$$

ここで，N_0 は対象エリアの建物密度［個/km^2］，$w_0 = 55$［m］，$\alpha = 1.1$，$\beta = 0.025$［m^{-1}］，h_0 は対象エリアの建物高さ分布の最低高，h_m は平均高である．$F(r)$ は距離 r の関数であることから R_v を導入して次のように書ける．

$$F(r) = -\frac{r}{R_v} \tag{2.95}$$

$$R_v = \frac{\gamma}{N_0 w_p \{1-\exp(-\gamma)\}} \exp\left(\frac{h_S-h_0}{h_m-h_0}\right) \tag{2.96}$$

$$w_p = \frac{4w_0}{1000\pi} \left[1 - \frac{\alpha\{1-\exp(-\delta\gamma)\}}{\delta^2\{1-\exp(-\gamma)\}} \exp(-\beta h_S)\right] \tag{2.97}$$

したがって，$p_v(r)$ は次式のように書け，R_v は p_v が e^{-1} になる距離を表すことから，平均見通し距離と呼ぶ．

$$p_v(r) = \exp\left(-\frac{r}{R_v}\right) \tag{2.98}$$

図 2.30 は市街地と二つの住宅地について見通し率の推定値と，建物データベースを用いたシミュレーション結果の対比を示している［22］．シミュレーションにばらつきはあるが，推定値と同様の傾向を示している．

図 2.31 は R_v と建物分布パラメータの関係である．R_v は建物密度の増加（横軸右方向）と平均高の増加（縦軸上方）につれて小さくなっている．基地局〜端末局間距離が短ければ，その間の建物状況や地形が一様とみなせるが，ある程度距離があり，地形の変化や建物分布状況が異なるエリアを通し

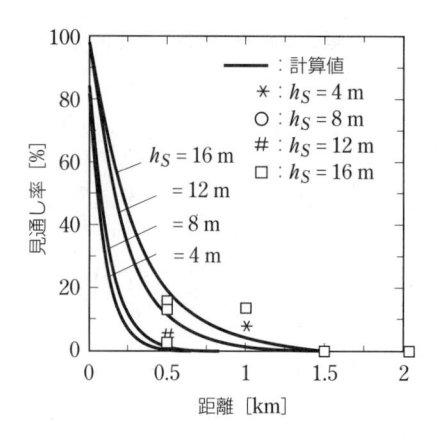

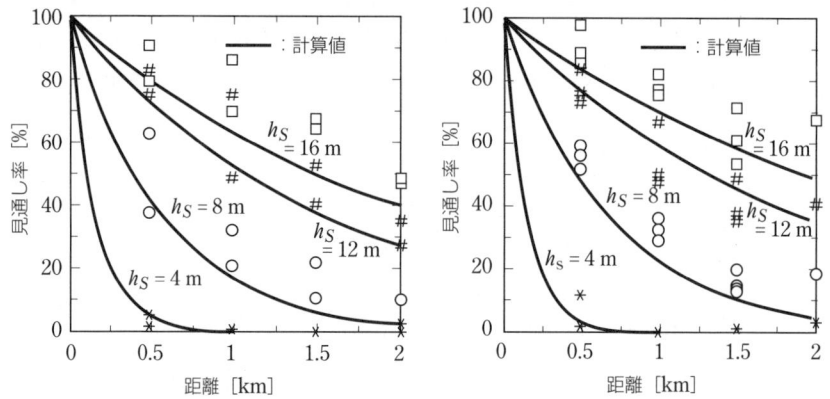

図2.30 見通し率推定値と建物データベースによるシミュレーションの対比

て見通し率を推定する場合は，n区間に分けた各エリアごとのパラメータを用いて次式で計算すればよい．

$$p_v(r) = \exp\left(-\sum_{i=1}^{n} F_i(r)\right) \tag{2.99}$$

更に，単一基地局だけではそのエリアに対して十分な見通し率が得られない場合は複数の基地局の無線ゾーンをオーバラップさせて見通し率の改善を図る．ある地点からk個の基地局のうち，どれか一つが見えればよいという条件で等価的な見通し率p_{ve}を次式で求めることができる．

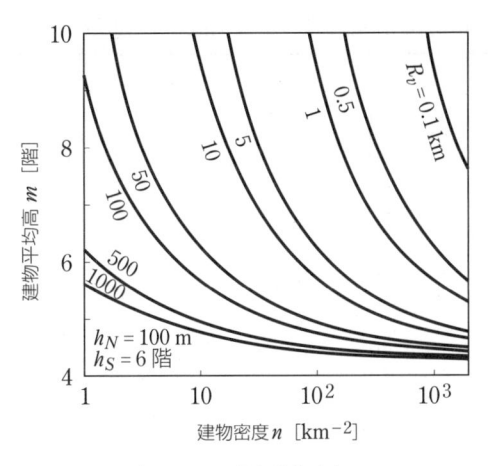

図 2.31 平均見通し距離と建物分布パラメータ

$$p_{ve} = 1 - (1 - p_{v1})(1 - p_{v2}) \cdots (1 - p_{vk}) \tag{2.100}$$

(5) 降雨及び大気ガス減衰特性

（a）降雨減衰[23]　10 GHz 以上では雨滴による電波の散乱，吸収が顕著になり，システム設計を左右する主要なパラメータになる．雨が降っている空間領域（雨域）内を電波が伝搬する場合，単位距離当りに被る減衰を降雨減衰係数 γ_R と呼び，降雨強度 R [mm/h] の関数として次式で推定される．ここで f は周波数 [GHz], α と k は偏波に依存する係数である（**表 2.9** (a), (b)).

$$\gamma_R = k \cdot R^\alpha \tag{2.101}$$

$$\log k = \sum_{j=1}^{3} \left(a_j \exp\left[-\left(\frac{\log f - b_j}{c_j} \right)^2 \right] \right) + m_k \log f + c_k \tag{2.102}$$

$$\alpha = \sum_{i=1}^{4} \left(a_i \exp\left[-\left(\frac{\log f - b_i}{c_i} \right)^2 \right] \right) + m_\alpha \log f + c_\alpha \tag{2.103}$$

図 2.32 は水平偏波での降雨減衰係数 γ_R の計算例である．10 GHz 前後は周波数につれて大きく増加するが，100 GHz 付近では飽和する傾向にある．また，雨滴は落下中に形状が扁平となる影響で，垂直偏波は水平偏波に比べ

表 2.9(a) 水平偏波における式 (2.102), (2.103) のパラメータ

	a	b	c	m_k	c_k	m_α	c_α
$j=1$	0.3364	1.1274	0.2916	1.9925	−4.4123	—	—
2	0.7520	1.6644	0.5175				
3	−0.9466	2.8496	0.4315				
$i=1$	0.5564	0.7741	0.4011	—	—	−0.08016	0.8993
2	0.2237	1.4023	0.3475				
3	−0.1961	0.5769	0.2372				
4	−0.02219	2.2959	0.2801				

表 2.9(b) 垂直偏波における式 (2.106), (2.107) のパラメータ

	a	b	c	m_k	c_k	m_α	c_α
$j=1$	0.3023	1.1402	0.2826	1.9710	−4.4535	—	—
2	0.7790	1.6723	0.5694				
3	−1.0022	2.9400	0.4823				
$i=1$	0.5463	0.8017	0.3657	—	—	−0.07059	0.8756
2	0.2158	1.4080	0.3636				
3	−0.1693	0.6353	0.2155				
4	−0.01895	2.3105	0.2938				

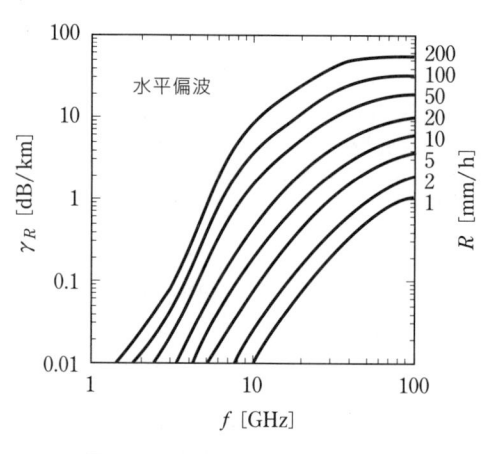

図 2.32 降雨減衰係数計算値（水平偏波）

て 10 〜 20% 程度 γ_R が小さい値を示す．降雨減衰係数と降雨強度分布特性を合わせることにより，ある伝搬路における降雨減衰特性統計量を推定することができる [2]，[24]．

（b）大気ガスの吸収 [25]　大気ガス吸収で顕著な特性をもつのは酸素と水蒸気である．前者は 60 GHz 帯に減衰係数が約 16 dB/km の吸収帯をもつ．酸素の減衰係数 γ_o [dB/km] の周波数特性は次式で近似される．57 GHz から 63 GHz に存在する詳細な吸収線スペクトルの構造は文献 [25] に詳しい．

$$\gamma_o = \left\{ \frac{7.27\gamma_t}{f^2 + 0.351 r_p^2 r_t^2} + \frac{7.5}{(f-57)^2 + 2.44 r_p^2 r_t^5} \right\} f^2 r_p^2 r_t^2 \times 10^{-3}$$

$$(f \leq 57 \text{ GHz}) \quad (2.104)$$

$$\gamma_o = \left\{ 2 \times 10^{-4} r_t^{1.5}(1 - 1.2 \times 10^{-5} f^{1.5}) + \frac{4}{(f-63)^2 + 1.5 r_p^2 r_t^5} \right.$$
$$\left. + \frac{0.28 r_t^2}{(f-118.75)^2 + 2.84 r_p^2 r_t^2} \right\} f^2 r_p^2 r_t^2 \times 10^{-3}$$

$$(63 \text{ GHz} \leq f < 350 \text{ GHz}) \quad (2.105)$$

$$\gamma_o = \frac{(f-60)(f-63)\gamma_o(57)}{18} - 1.66 r_p^2 r_t^{8.5}(f-57)(f-63)$$
$$+ \frac{(f-57)(f-63)\gamma_o(63)}{18} \quad (57 \text{ GHz} \leq f < 63 \text{ GHz}) \quad (2.106)$$

また，水蒸気の減衰係数 γ_w [dB/km] の周波数特性は次式で近似される．

$$\gamma_w = \left\{ 3.27 \times 10^{-2} r_t + 1.67 \times 10^{-3} \frac{\rho r_t^7}{r_p} + 7.7 \times 10^{-4} f^{0.5} + \frac{3.79}{(f-22.235)^2 + 9.81 r_p^2 r_t} \right.$$
$$\left. + \frac{11.73 r_t}{(f-183.31)^2 + 11.85 r_p^2 r_t} + \frac{4.01 r_t}{(f-325.153)^2 + 10.44 r_p^2 r_t} \right\} f^2 \rho r_p r_t \times 10^{-4}$$

$$(f < 350 \text{ GHz}) \quad (2.107)$$

ここで，$r_p = p/1013$，$r_t = 288/(273 + t)$，t [℃] は気温である．

図 2.33 は酸素と水蒸気の減衰係数周波数特性である．水蒸気含有量は地

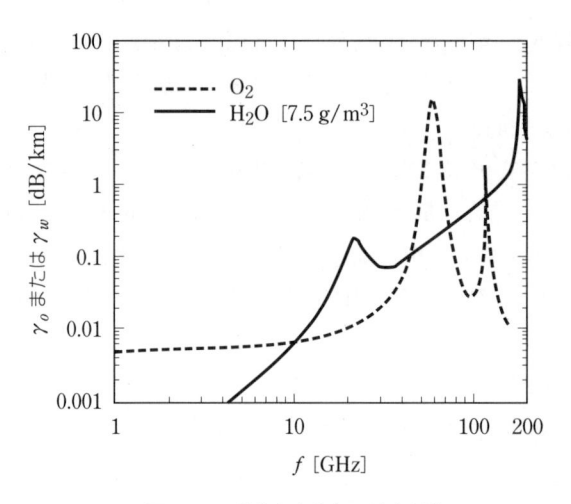

図 2.33 酸素と水蒸気の減衰係数

表付近で典型的な $7.5\,\mathrm{g/m^3}$ とした.水蒸気は $20\,\mathrm{GHz}$ と $183\,\mathrm{GHz}$ 付近で強い吸収線をもち,酸素は $60\,\mathrm{GHz}$ と $118\,\mathrm{GHz}$ に強い吸収線をもつ.

　(6) 植生の影響[26]　植物（主に葉の繁った樹木）が伝搬路に存在する場合,樹木領域の内部での減衰と表面部分での回折があるが,FWA の場合は前者の影響が大きい.送受信点の両方,または片方が樹林中にある場合,樹木による減衰係数 γ [dB/m] を考えることができ,周波数 f [GHz] の関数として次式で計算される.

$$\gamma = 0.2 \times f \tag{2.108}$$

樹林中の伝搬路長 d [m] と γ の積が樹木による損失を表す.送受信点の間に樹木が存在する場合は電波の照射エリア面積 $A_{\min}$ [m^2] を導入する.指向性アンテナを用いる場合の主ビーム照射エリアに相当する.厚さ若しくは経路長 d [m] の樹木帯の通過による損失増加量 A_v [dB] は次式で計算できる.パラメータは葉が繁っている場合（in leaf）と落葉期（out of leaf）について**表 2.10** で与えられる.

$$A_v = R_\infty \cdot d + k\left\{1 - \exp\left(\frac{R_0 - R_\infty}{k} \cdot d\right)\right\} \tag{2.109}$$

表 2.10　樹木損計算パラメータ

パラメータ	in leaf	out of leaf
a	0.2	0.16
b	1.27	2.59
c	0.63	0.85
k_0	6.57	12.6
R_f	0.0002	2.1
A_0	10	10

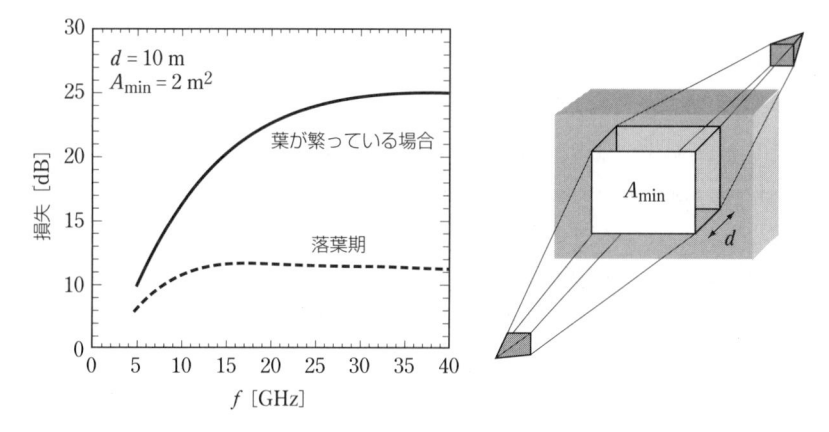

図 2.34　樹木損推定例

$$R_0 = a \cdot f \tag{2.110}$$

$$R_\infty = \frac{b}{f^c} \tag{2.111}$$

$$k = k_0 - 10\log_{10}\left[A_0\left\{1 - \exp\left(\frac{-A_{\min}}{A_0}\right)\right\}\{1 - \exp(-R_f \cdot f)\}\right] \tag{2.112}$$

図 2.34 は $d = 10$ m，$A_{\min} = 2$ m^2 を仮定した場合の樹木減衰量計算例である．

（7）　**マイクロ波帯 FWA**　　準ミリ波帯同様に見通し内通信を基本とするが，準ミリ波に比べて端末局のアンテナ利得を高くできないので，前述の(3)多重波遅延特性で述べたように建物等からの反射・回折波がマルチパスとして受信される．また，樹木の透過損や回折損が準ミリ波帯よりは小さい

ので，ある程度の影領域でも利用できる可能性はある．ここでは，見通し領域から影領域にかけて伝搬損がどのように変動するかについて説明する．UHF帯は移動体通信で盛んに利用されていることから，見通しのない領域での検討結果が豊富である．そこで，まず，2 GHz帯とFWAに適用される5 GHz帯の伝搬損比較結果を述べる．図2.35は2.2 GHzと5.2 GHzを同時に測定して得られた結果である．主に見通し外領域を移動しながら測定した結果である．周波数の比に相当する7.5 dBより少し大きい8～9 dBの差を示している[27]．

次に，ハイトゲインの比較を述べる．図2.36はハイトパターンの測定例である[28]．アンテナ高が高くなるにつれて損失が減少し，いわゆるハイトゲインが得られている．ハイトゲイン計算法には奥村・秦式のように端末地上高1.5 mを基準とし，そこからの損失低減量として計算する方法と，Walfish-Ikegami法のように端末の最寄りの回折点との高度差に基づく損失増加量として計算する方法がある．前者はh_mと周波数の関数，後者はh_mと回折点地上高H_{roof}の関数で周波数にはよらない表式である．図2.37の実線及び破線は各々Walfish-Ikegami式における$H_{\mathrm{roof}} = 9$ mとした場合と奥村・秦式におけるハイトゲインを$h_m = 9$ mで規格化した場合の計算値である．測定値は基地局高$h_b = 18$ mと32 mの場合であり，$h_m = 9$ mで規格化し

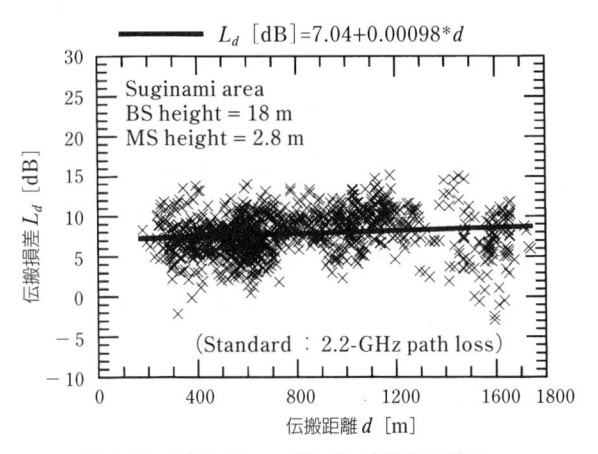

図2.35 2 GHz帯と5 GHz帯の伝搬損比較例

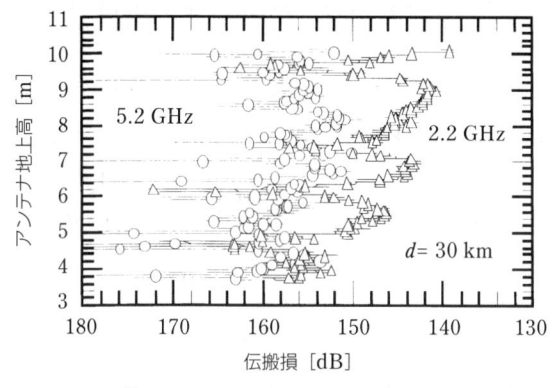

第 2 章　ワイヤレスアクセスの電波伝搬　　　　　　　　57

図 2.36　ハイトパターン測定例

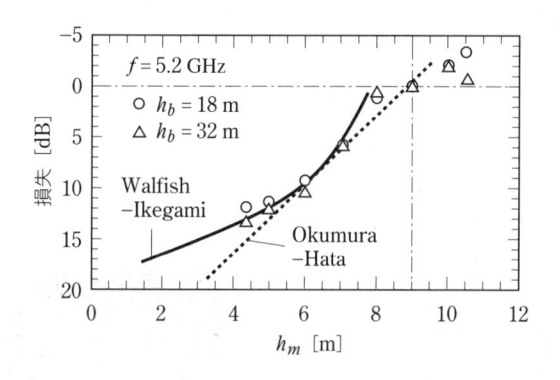

図 2.37　ハイトゲイン計算法の比較

ている。測定値の最低高が約 4 m であることから h_m の低い領域での変化特性が顕著でないが，5 GHz 帯でも 1 m アンテナ高を上げると約 3 dB 伝搬損が軽減されている。

2.5　干 渉 特 性

2.5.1　干渉評価伝搬モデル

（1）　建物侵入損　　建物侵入損は，送受信点間に建物壁（窓等を含む）の存在のために余分に発生する損失である．これは同じ地上高において建物外部と内部の信号強度を比較することによって決定される．電波の入射角や，

アンテナ位置が壁に近いときの近傍効果（near field effect）についても考慮する必要がある．

　異なる建物内で同一周波数を使用する場合の干渉評価においては，屋内で放射された電波がいったん外へ出てから再侵入することを考慮して C/I を計算する．壁面を通過することによる伝搬損の増加は建物外壁の材質や構造に依存するが，5 GHz 帯ではオフィスビルで平均的に 15 dB とされている．戸建て住宅では外壁の材質がビルのような金属やコンクリートとは異なり，木材やモルタルが中心になるため，平均的な建物侵入損は 7 dB である [5]．

　建物間の空間を伝わる際の伝搬特性はその空間状況に依存し，樹木や建物で見通しが遮られる場合は移動伝搬特性の伝搬損計算法に従い，高層ビル間のように間が空間のみの場合は自由空間損となる．**図 2.38** は戸建て住宅の 1 階フロアの中心に送信アンテナを設置した場合の屋外への漏洩レベルを 5 GHz 帯で測定した例である．窓の部分から壁の部分に比べて高いレベルが漏

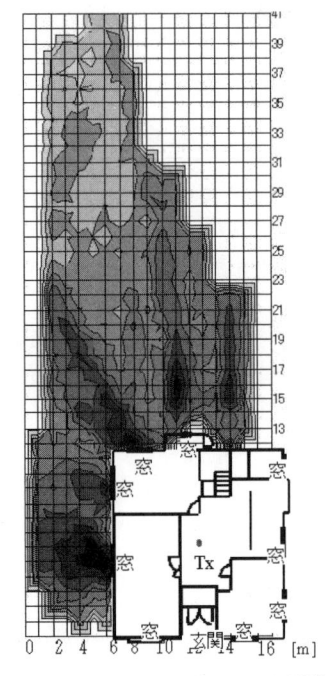

図 2.38 屋外漏洩特性測定例

洩していることが分かる．また**図2.39**の伝搬損の距離特性においては，屋内部分では距離の3乗で損失が増加し，壁面を通過する際に5〜10 dBの付加損が加わり，屋外へ出てからは距離の2乗で増加している．

表2.11は5.2 GHz帯において入射角を0°〜75°まで変化させ，石材壁を透過させた場合の測定の結果を示している．この壁は，両側が100 mmの厚さのブロックで挟み，中が粗である，全体としては400 mmの厚さをもつ構造をしている．特に大きな入射角度の場合で壁による減衰は受信機の場所に敏感になり，大きな標準偏差を示す．

（2） 準ミリ波帯における建物反射波の伝搬[21] 　P-MP構成のFWAでビル壁面の正規反射波が干渉波として到来する確率は以下のようにして推定できる．**図2.40**は送信点，反射体となるビル，反射波が到来する受信点の位置関係である．ある微小エリア dA_1 から受信点に正規反射波が到来する

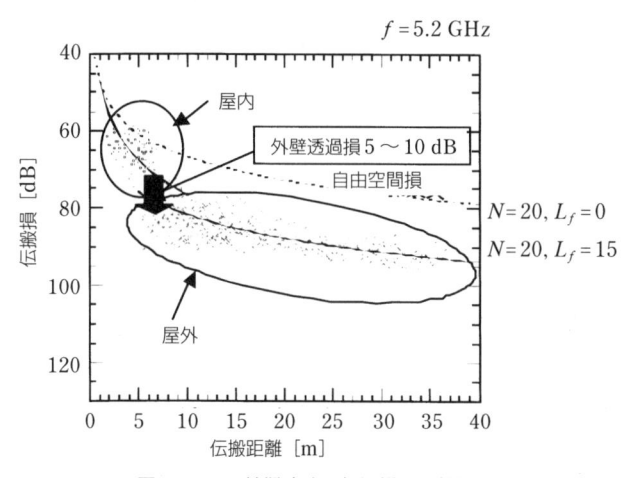

図2.39 屋外漏洩時の伝搬損距離特性

表2.11 角度に応じた石材壁による透過減衰量[5]

入射角 [degree]	0	15	30	45	60	75
壁による減衰 [dB]	28	32	32	38	45	50
標準偏差 [dB]	4	3	3	5	6	5

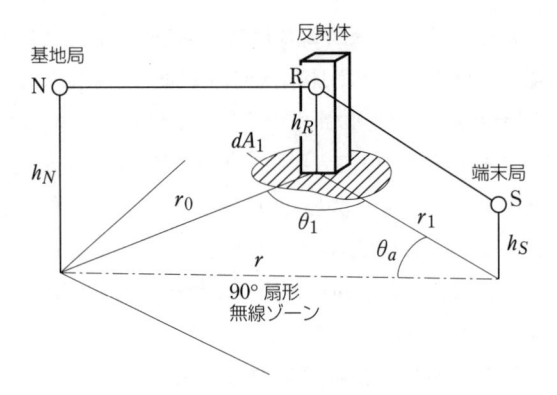

図 2.40 　反射波到来確率検討モデル

確率 dq_1 は次式で計算される．

$$dq_1 = p_v \cdot p_\theta \cdot p_h dA_1 \tag{2.113}$$

ここで，次式で表せる p_v は送信点からビル壁面を経由して受信点に至る経路の見通し率である．

$$p_v = \exp\left(-\frac{r_0 + r_1}{R_v}\right) \tag{2.114}$$

p_θ はビル壁面に当たった入射波が正規反射したビーム内に受信点が存在する確率である．w は建物幅に関する表式でパラメータ値は式 (2.94) と同一である．

$$p_\theta = \frac{w}{\pi} \cdot \frac{r_0 + r_1}{r_0 r_1} \cdot \cos\left(\frac{\theta_1}{2}\right) \tag{2.115}$$

$$w = w_0 \{1 - \alpha \cdot \exp(-\beta h_R)\} \tag{2.116a}$$

$$h_R = \frac{h_N r_1 + h_S r_0}{r_0 + r_1} \tag{2.116b}$$

$p_h dA_1$ は微小エリア内に反射点より高いビルが存在する確率である．

$$p_h dA_1 = N_0 \exp\left\{-\frac{h_R - h_0}{h_m - h_0}\right\} dA_1 \tag{2.117}$$

第 2 章　ワイヤレスアクセスの電波伝搬

図 2.41 に式 (2.113) を対象エリアにおいて面積分して得られた反射波到来確率と建物パラメータの関係を示す．建物密度（横軸）と建物平均高（縦軸）の増加とともに反射波到来確率もある程度までは増加するが，グラフの右上方向では逆に減少している．この領域は高い建物がたくさんあり，反射

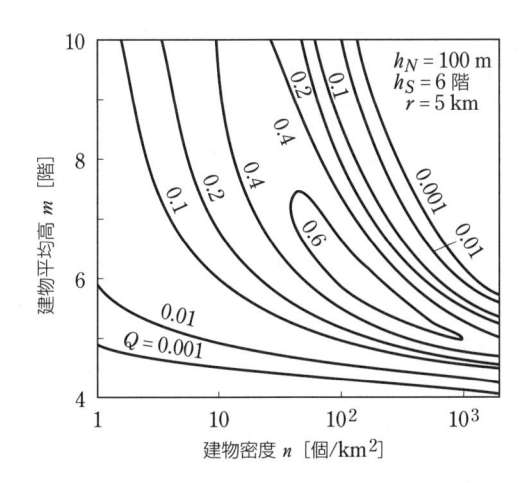

図 2.41　反射波到来確率と建物パラメータ [29]

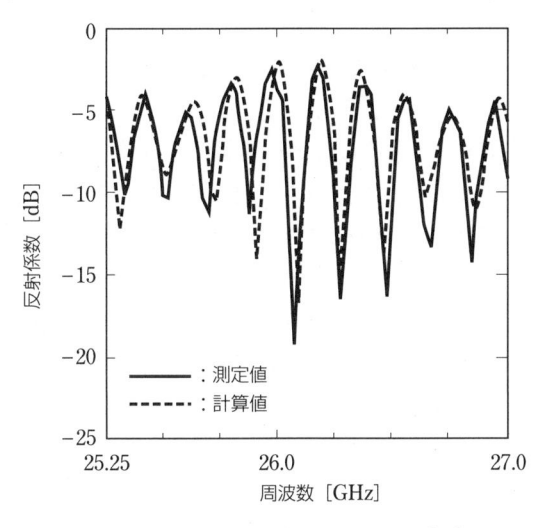

図 2.42　ビル壁面反射係数の測定例 [30]

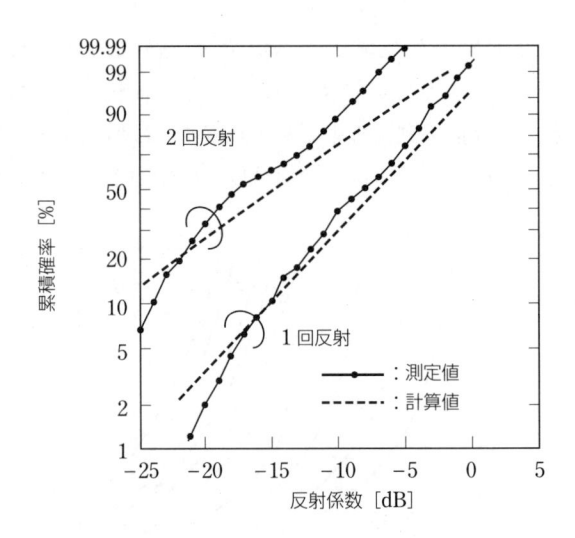

図 2.43　ビル壁面反射係数の確率分布 [30]

点になるビル壁面の存在確率も高いが，反射波伝搬経路の見通し率の低下の方が効くために反射波到来確率は小さくなっている．反射波到来確率はその受信点に全周方向から到来する確率であるため，受信アンテナに指向性アンテナを適用すると指向性分だけ到来確率も小さくできる．

　ビル反射波の到来確率が推定でき，これに到来する反射波のレベルが分かると干渉量の統計的な特性が推定できる [29]．

　図 2.42 は 26 GHz 帯で測定したビル壁面反射係数の周波数特性例である [30]．壁表面の凹凸により生じたマルチパス干渉による変動が観測されている．破線は凹凸形状から想定される遅延をもつ 3 波干渉シミュレーション値であり，実測とよい一致を示す．このように壁面反射係数は激しい周波数特性をもつので，確率分布としてモデル化した．**図 2.43** は複数のビルにおける測定結果から導出した壁面反射係数の確率分布である．1 回反射係数は破線で示すように平均値が約 6 dB のレイリー分布で近似できる．2 回反射係数については実測値とともに，1 回反射係数の確率分布から計算したカーブを破線で示している．

参 考 文 献

[1] 細矢良雄，電波伝搬ハンドブック，リアライズ社，1999.
[2] 進士昌明（編著），無線通信の電波伝搬，電子情報通信学会，1992.
[3] 藤田広一，電磁気学ノート，コロナ社，1999.
[4] L. Barclay, "Propagation of radio waves," 2nd edition, IEE 2003.
[5] ITU-R Recommendation, "Propagation data and prediction methods for the planning of indoor radiocommunication systems and radio local area networks in the frequency range 900MHz to 100 GHz," ITU-R Recommendations, Suppl. 1 to vol. 1997, P Series Part 2, P. 1238, 1999.
[6] 佐藤明雄，北　直樹，細谷裕子，渡辺浩伸，"集合住宅における 5 GHz 帯伝搬特性，" 2000 信学総大, no. B-1-29, 2000.
[7] 市坪信一，古野辰男，岡本英明，川崎良治 "屋内における伝搬遅延特性とその遅延シミュレータ用モデル，" 信学論 (B-II), vol. J79-B-II, no. 12, pp. 1048–1050, Dec. 1996.
[8] 北　直樹，佐藤明雄，渡辺浩伸，細谷裕子，"一戸建て住宅における 5 GHz 帯広帯域伝搬特性，" 1999 信学ソ大，B-1-7, Dec. 1999.
[9] 山田　渉，北　直樹，佐藤明雄，高尾鉄也，森　大典，渡辺浩伸，"遅延スプレッドと部屋構造，" 2002 信学ソ大，B-1-26, 2002.
[10] 山田　渉，北　直樹，佐藤明雄，高尾鉄也，森　大典，渡辺浩伸，"屋内環境におけるマイクロ波帯角度拡がり特性，" 2003 信学ソ大，B-1-54, 2003.
[11] 伊藤俊夫，大澤浩二，佐藤明雄，高橋直人，"広帯域無線方式における人体遮蔽継続時間特性，" 1997 信学総大，B-1-37, 1997.
[12] A. Sato, N. Omura, M. Ito, and T. Ito, "Broad band ATM wireless transmission characteristics in a 20 GHz band," 1997 IEEE International Conference on Communications Conference Record, vol. 3, pp. 1549–1553, 1997.
[13] 佐藤明雄，"人体遮蔽に対する見通し率の周波数依存性，" 1997 信学総大，B-1-34, 1997.
[14] ITU-R Recommendation, "Propagationdata and prediction methods for the planning of short-range outdoor radiocommunication systems and radio local area networks in the frequency range 300MHz to 100 GHz," ITU-R Recommendations, Suppl. 1 to vol. 1997, P Series Part 2, P. 1411, 1999.
[15] ITU-R Recommendation, "Propagation data and prediction methods required for the design of terrestrial broadband millimeteric radio access systems operating in a frequency range of about 20–50 GHz," ITU-R Recommendations, Suppl. 1 to vol. 1997, P Series Part 2, P. 1410, 1999.
[16] 北尾光司郎，市坪信一，諏訪敬祐，多賀登喜雄，"ビル屋上基地局間伝搬遅延モデル，" 信学論 (B), vol. J82-B, no. 11, pp. 2199–2201, Nov. 1999.
[17] 北尾光司郎，市坪信一，大好智之，川崎良治，"ビル屋上基地局間の伝搬遅延特性の検討，" 1997 信学総大，B-1-9, 1997.
[18] 北尾光司郎，諏訪敬祐，市坪信一，多賀登喜雄，"ビル屋上基地局間の伝搬特性の検討，" 1997 信学ソ大（通信），B-1-26, 1997.

[19] E. Ogawa and A. Satoh, "Radio zone design using visibility estimation for local distribution systems in metropolitan areas," IEEE Int. Conf. on Commun. Rec., pp. 946-950, Amsterdam, May 1984.

[20] E. Ogawa and A. Satoh, "Propagation path visibility estimation for radio local distribution systems in built-up areas," IEEE Trans. Commun., vol. COM-34, no. 7, pp. 721-724, July 1986.

[21] 小川英一,佐藤明雄,"都市内伝搬路における見通し率および反射波伝搬特性,"信学論(B), vol. J69-B, no. 9, pp. 958-966, Sept. 1986.

[22] 佐藤明雄,小川英一,"都市内における低層見通し率推定法の推定法と無線ゾーン構成,"信学論(B-II), vol. J73-B-II, no. 6, pp. 293-300, June 1990.

[23] ITU-R Recommendation, "Specific attenuation model for use in prediction method," ITU-R Recommendations, vol. 2002, P-series, P. 838, 2002.

[24] ITU-R Recommendation, "Propagation data and prediction methods required for the design of terrestrial line-of-sight systems," ITU-R Recommendations, vol. 2002, P-series, P. 530, 2002.

[25] ITU-R Recommendation, "Attenuation by atmospheric gases," ITU-R Recommendations, Suppl. 1 to vol. 1997, P Series Part 2, P. 676, 1999.

[26] ITU-R Recommendation, "Attenuation in vegetation," ITU-R Recommendations, Suppl. 1 to vol. 1997, P Series Part 2, P. 833, 1999.

[27] N. Kita, S. Uwano, A. Sato, and M. Umehira, "A path loss model in resiential areas based on measurement studies using a 5.2-GHz/2.2-GHz dual band antenna," 信学論(B), vol. E84-B, no. 3, pp. 368-376, March 2001.

[28] 佐藤明雄,北 直樹,上野衆太,糸川喜代彦,渡辺浩伸,"5 GHz帯移動通信におけるハイトゲインの検討," 2001信学総大, B-1-10, 2001.

[29] A. Satoh and E. Ogawa, "Interference level estimation of multi-reflected waves in built-up areas," Proc. ISAP'85, vol. 245, no. 5, pp. 1119-1122, Kyoto, Aug. 1985.

[30] 佐藤明雄,小川英一,"建物壁面反射係数の評価法,"信学論(B-II), vol. J72-B-II, no. 5, pp. 209-217, May 1989.

第3章

ディジタル変復調

本章ではまず,通信容量限界についてふれ,次にアナログ信号からディジタル信号に変換する際必要となる標本化を概説する．そして,主なディジタル変調方式の概要,復調方式の概要,符号誤り率特性を説明する．最後に,スペクトル拡散変調,マルチキャリヤ変調について述べる．

3.1 通信容量の限界

熱雑音存在下において,周波数帯域幅 W [Hz] と信号対雑音電力比 S/N によって与えられるある伝送容量 C [bit/s] はシャノン-ハートレーの容量定理として知られており,以下のように表される[1],[2].

$$C = W\log_2\left(1 + \frac{S}{N}\right) \text{ [bit/s]} \tag{3.1}$$

この式から単位周波数帯域当りの伝送容量はその伝送路の信号対雑音電力比 S/N のみで決まることを示している．式(3.1)を以下のように書き改めることができる．

$$\frac{C}{W} = \log_2\left(1 + \frac{E_b}{N_0} \cdot \frac{C}{W}\right) \text{ [bit/s/Hz]} \tag{3.2}$$

縦軸に単位周波数当りの伝送容量 C/W を,横軸に E_b/N_0 をとったときの計算結果を図 3.1 に示す．また,併せて,各種変調方式の実用レベルの値をプロットする[3]．図3.1から,実用システムでは伝送容量限界値と比べ十分

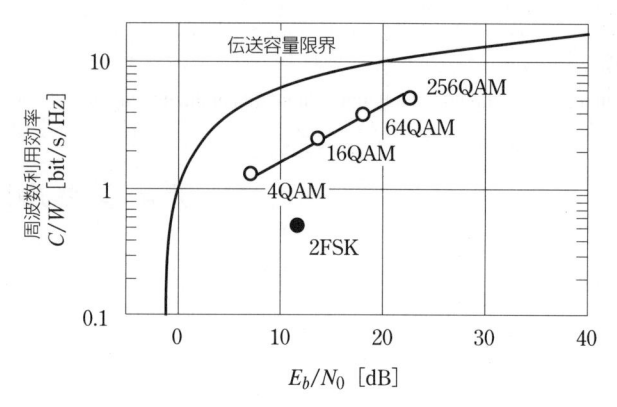

図3.1 各種変調方式の周波数利用効率と伝送容量限界

低い値で使われていることが分かる．

線形変調方式でかつ多値変調方式，例えば，64QAM，256QAMのように周波数利用効率を重視した方式では伝送容量限界値カーブにより近づいている．一方，FSKのような変調包絡線がほぼ一定の変調方式では周波数利用効率は低いが，電力効率を向上している．

一般に変調方式には，周波数帯域を優先するものと電力を優先するものに大別される．送信電力がネックとなる衛星通信，宇宙通信等では電力を優先してFSK，MSK等の変調包絡線がほぼ一定の非線形変調方式が採用され，送信増幅器を飽和状態で使用する．一方，ディジタルマイクロ波方式，無線LANのように周波数帯域を優先する場合には16QAM，64QAM方式等の線形変調方式が適用され，送信増幅器は十分線形な領域で使用している．

3.2 標本化

音声信号，映像信号等のアナログ情報信号をディジタル信号に変換する処理をアナログディジタル変換という．標本化処理はこの変換で最初の処理として行われるもので，連続時間信号を離散的な時間信号に変換する．標本化は標本化定理に従って行われる．

3.2.1 瞬時標本化

図3.2に示すように任意のアナログ信号 $m(t)$ （図3.2(a)を参照）を T_s 秒

第3章 ディジタル変復調

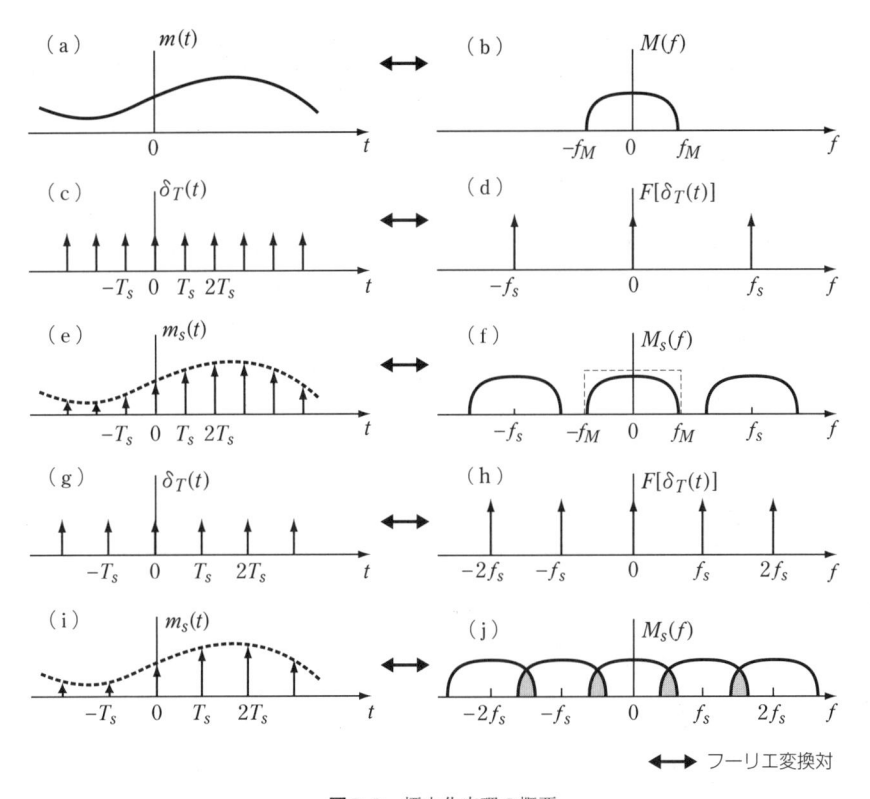

図3.2 標本化定理の概要

に1回一様に標本化すると仮定する．この結果，標本$\{m(nT_s)\}$の無限系列が得られる．これを瞬時標本化という．ここで，nは整数，T_sを標本間隔といい，その逆数$1/T_s = f_s$は標本化速度という．

$m(t)$と間隔T_sのインパルス列$\delta_T(t)$（図3.2(c)を参照）との積を$m_s(t)$（図3.2(e)を参照）とする．すなわち

$$m_s(t) = m(t)\delta_T(t) = m(t)\sum_{n=-\infty}^{\infty}\delta(t-nT_s) = \sum_{n=-\infty}^{\infty}m(t)\delta(t-nT_s)$$

$$= \sum_{n=-\infty}^{\infty}m(nT_s)\delta(t-nT_s) \tag{3.3}$$

ここでδ関数の性質より$m(t)\delta(t-t_0) = m(t_0)\delta(t-t_0)$である．信号$m_s(t)$は

理想標本信号という．

実数信号 $m(t)$ はそのフーリエ変換 $M(f)$ が次の条件を満たすとき帯域制限信号という．

$$M(f) = 0 \qquad |f| > f_M \tag{3.4}$$

3.2.2 標本化定理

標本化定理は一定間隔 $T_s \leq 1/(2f_M)$ であれば式(3.4)に示した帯域制限信号 $m(t)$ が T_s で標本化した $m(nT_s)$ の各値から一義的に決まることを述べている．$T_s \leq 1/(2f_M)$ のとき $m(t)$ は次のようになる[4],[5]．

$$m(t) = \sum_{n=-\infty}^{\infty} m(nT_s) \frac{\sin 2\pi f_M(t-nT_s)}{2\pi f_M(t-nT_s)} \tag{3.5}$$

これは，ナイキスト－シャノンの補間式として知られている．この標本化間隔 $T_s = 1/(2f_M)$ をナイキスト間隔といい，$f_s = 2f_M$ はナイキスト速度という．

単位インパルス列のフーリエ変換（図3.2(d)を参照）は次式で与えられる．

$$F\{\delta_T(t)\} = f_s \sum_{n=-\infty}^{\infty} \delta(f - nf_s), \quad f_s = 1/T_s \tag{3.6}$$

このときフーリエ変換の畳込みの性質より理想標本信号 $m_s(t)$ のフーリエ変換 $M_s(f)$（図3.2(f)を参照）は次式で表される．

$$M_s(f) = M(f) * f_s \sum_{n=-\infty}^{\infty} \delta(f - nf_s) = \frac{1}{T_s} \sum_{n=-\infty}^{\infty} M(f - nf_s) \tag{3.7}$$

ここで，$*$ は畳込み演算を示している．標本化は周波数軸上に $M(f)$ の像を生成する．$f_s \geq 2f_M$ であれば $M_s(f)$ は重なることなく周期的に繰り返される．標本信号 $m_s(t)$ を次式で表される理想帯域通過フィルタに通すことにより $M(f)$ を，すなわち $m(t)$ を再生することができる．

$$H(f) = \begin{cases} T_s & |f| \leq f_M \\ 0 & |f| > f_M \end{cases} \tag{3.8}$$

ここで $f_M = 1/(2T_s)$ である．このとき，

$$M(f) = M_s(f) H(f) \tag{3.9}$$

である．式(3.8)のフーリエ逆変換を行うと次式のような理想帯域通過フィ

ルタのインパルス応答 $h(t)$ が得られる．

$$h(t) = \frac{\sin(2\pi f_M t)}{2\pi f_M t} \tag{3.10}$$

式 (3.9) のフーリエ逆変換を行うと，次のようになり，これは式 (3.5) にほかならない．

$$\begin{aligned} m(t) &= m_s(t) * h(t) \\ &= \sum_{n=-\infty}^{\infty} m(nT_s)\delta(t-nT_s) * \frac{\sin 2\pi f_M t}{2\pi f_M t} \\ &= \sum_{n=-\infty}^{\infty} m(nT_s)\frac{\sin 2\pi f_M(t-nT_s)}{2\pi f_M(t-nT_s)} \end{aligned} \tag{3.11}$$

図 3.2 (j) に示した状態は $f_s < 2f_M$ の場合に相当する．この場合は $M(f)$ と $M(f-f_s)$ の間で重なりが生ずる．このスペクトルの重なりを折返しまたはエリアスという．この場合，標本信号からもとの信号に復元できなくなる．実際に折返しを避けるためには帯域通過フィルタの実現性を考慮して，ナイキスト速度より高い速度で標本化する必要がある．

3.3 ディジタル変調

無線通信においては情報信号を伝送するためにはその伝送媒体である電波に情報信号を乗せる必要がある．この処理を変調という．周波数 f_c の搬送波 $\cos 2\pi f_c t$ の特定のパラメータをベースバンド信号 $m(t)$ に比例して変化させる．このとき変調波は次式で表される．

$$s(t) = A(t)\cos[2\pi f_c t + \phi(t)] \tag{3.12}$$

ここで，どのパラメータを選ぶかによって変調方式のタイプが異なる．また，ベースバンド信号 $m(t)$ がアナログ信号の場合，アナログ変調といい，ディジタル信号の場合をディジタル変調という．

振幅 $A(t)$ をアナログベースバンド信号 $m(t)$ に比例させて変化する場合を振幅変調といい，ディジタルベースバンド信号により変調する場合を振幅シフト変調（amplitude shift keying）という．また，位相 $\phi(t)$ をアナログベースバンド信号 $m(t)$ に比例させて変化する場合を位相変調といい，ディジタル

ベースバンド信号により変調する場合を位相シフト変調（phase shift keying）という．更に，位相$\phi(t)$の時間微分，$d\phi(t)/dt$ すなわち周波数をアナログベースバンド信号$m(t)$に比例させて変化する場合を周波数変調といい，ディジタルベースバンド信号により変調する場合を周波数シフト変調（frequency shift keying）という．

3.3.1 振幅変調

振幅変調波$s_{AM}(t)$は次式で表される．

$$s_{AM}(t) = [1 + m(t)]\cos 2\pi f_c t \tag{3.13}$$

式(3.13)の時間波形を**図3.3**(a)に示す．右辺の（ ）の中の1は搬送波成分を示しており，この成分がない場合時間波形上，直流成分がないことに相当する．

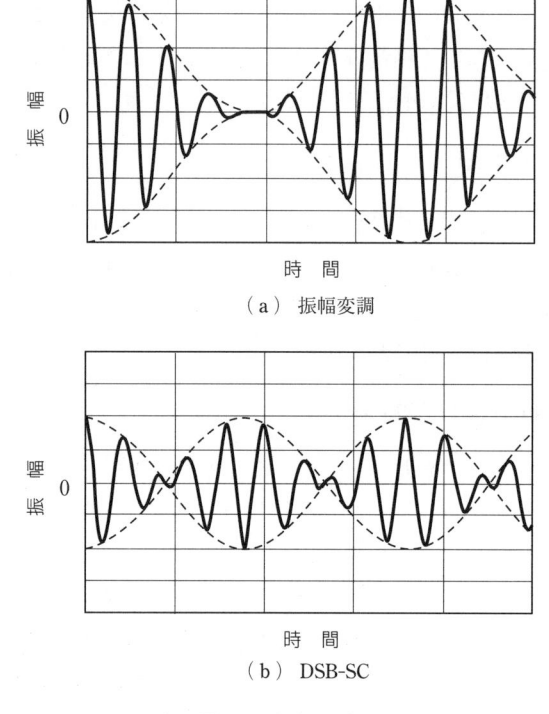

（a）振幅変調

（b）DSB-SC

図3.3 振幅変調波形

第3章 ディジタル変復調

上記時間領域波形を周波数領域で見るためにフーリエ変換すれば

$$S_{AM}(f) = \int_{-\infty}^{\infty} [1+m(t)]\cos(2\pi f_c t)\exp(-j2\pi f t)\,dt$$

$$= \frac{1}{2}\int_{-\infty}^{\infty}[1+m(t)]\exp\{-j2\pi(f-f_c)t\}\,dt$$

$$+\frac{1}{2}\int_{-\infty}^{\infty}[1+m(t)]\exp\{-j2\pi(f+f_c)t\}\,dt$$

$$= \frac{1}{2}[\delta(f-f_c)+M(f-f_c)+\delta(f+f_c)+M(f+f_c)] \qquad (3.14)$$

ただし，$M(f)$はベースバンド信号$m(t)$のフーリエ変換で，$m(t)$の周波数スペクトルを表している．上式より，振幅変調のスペクトルは図3.4(a)に示すように$M(f)$を$\pm f_c$だけ周波数シフトしたものと$\pm f_c$の搬送波成分になっている．このように単なる周波数シフトによるものを線形変調と呼ぶ．

実際には，直接情報伝送に無益な搬送波成分を抑圧して効率良く伝送する場合が多く，この場合を両側波帯搬送波抑圧（Double Sideband Suppressed Carrier: DSB-SC）変調という．

DSB-SCの場合，式(3.13)の振幅変調波，及び式(3.14)の振幅変調スペクトルはそれぞれ以下のように表される．

$$s_{DSB-SC}(t) = m(t)\cos 2\pi f_c t \qquad (3.15)$$

$$S_{DSB-SC}(f) = \frac{1}{2}[M(f-f_c)+M(f+f_c)] \qquad (3.16)$$

式(3.15)を計算した．その結果である時間波形を図3.3(b)に，また，式(3.16)を計算した．その結果である周波数スペクトルを図3.4(b)にそれぞれ示す．時間波形からは直流成分が，また，周波数スペクトルからはキャリヤ成分が取り除かれていることが分かる．

3.3.2 位相変調と周波数変調

位相変調波$s_{PM}(t)$は次式で表される．

$$s_{PM}(t) = \cos[2\pi f_c + \phi(t)] \qquad (3.17)$$

ここで位相$\phi(t)$は変調信号$m(t)$に比例して

(a) 振幅変調

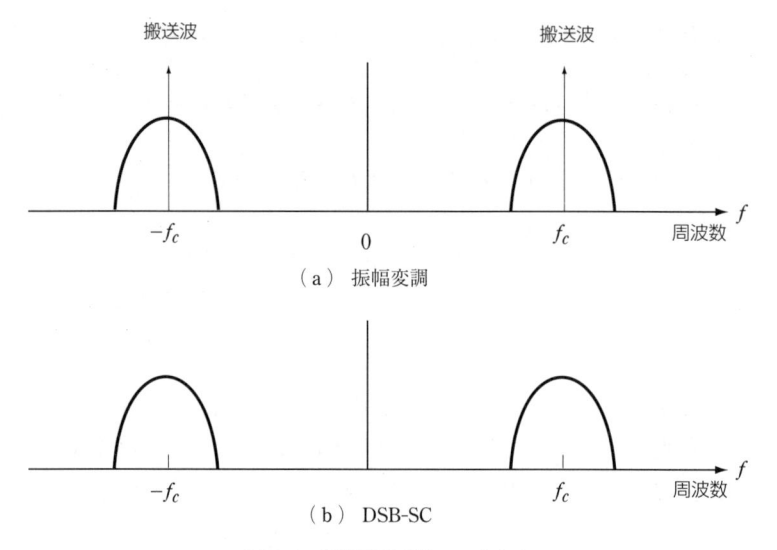

(b) DSB-SC

図3.4 振幅変調信号スペクトル

$$\phi(t) = D_p m(t) \tag{3.18}$$

となる.ここで比例定数 D_p は位相変調器の位相感度を表している.

周波数変調では位相 $\phi(t)$ は $m(t)$ の積分値に比例して

$$\phi(t) = D_f \int_{-\infty}^{t} m(z) dz \tag{3.19}$$

$$s_{FM}(t) = \cos\left[2\pi f_c t + D_f \int_{-\infty}^{t} m(z) dz\right] \tag{3.20}$$

で表される.ここで比例定数 D_f は周波数変調器の周波数感度である.

FM変調波の瞬時周波数 f_i は

$$f_i = \frac{1}{2\pi} \cdot \frac{d}{dt}\left[2\pi f_c t + D_f \int_{-\infty}^{t} m(z) dz\right]$$

$$= f_c + \frac{D_f}{2\pi} m(t) \tag{3.21}$$

となる.すなわち,FM変調では瞬時周波数を変調ベースバンド信号に比例させる.このように,位相変調(PM)と周波数変調(FM)の相違は $m(t)$

が積分されているかという点が異なるだけである.したがって,両者のことを角度変調と呼ぶ.

角度変調の場合で変調ベースバンド信号が正弦波の場合を例にとり,変調波のスペクトルがどうなるかを考察する.比例定数D_fをβとすると,βは最大位相偏移量を表し,変調指数と呼ばれる.変調周波数をf_mとすれば,FM信号波は次式で表される.

$$s_{FM}(t) = \cos(2\pi f_c t + \beta \sin 2\pi f_m t)$$
$$= \cos 2\pi f_c t \cdot \cos(\beta \sin 2\pi f_m t) - \sin 2\pi f_c t \cdot \sin(\beta \sin 2\pi f_m t) \quad (3.22)$$

ここで,$\cos(\beta \sin 2\pi f_m t)$,$\sin(\beta \sin 2\pi f_m t)$は周期関数であるため,次式のようにフーリエ級数展開される[3].

$$\cos(\beta \sin 2\pi f_m t) = J_0(\beta) + 2\sum_{n=1}^{\infty} J_{2n}(\beta) \cos 4n\pi f_m t \quad (3.23)$$

$$\sin(\beta \sin 2\pi f_m t) = 2\sum_{n=0}^{\infty} J_{2n+1}(\beta) \sin[2(2n+1)\pi f_m t] \quad (3.24)$$

ただし,$J_n(\beta)$は第1種n次ベッセル関数であり,次式で表される.

$$J_n(\beta) = \sum_{m=0}^{\infty} \frac{(-1)^m \left(\dfrac{\beta}{2}\right)^{2m+n}}{m!(m+n)!} \quad (3.25)$$

式(3.25)を用いて,式(3.22)は次式で与えられる.

$$\begin{aligned}s_{FM}(t) =\ & J_0(\beta)\cos 2\pi f_c t \\ & - \sum_{n=0}^{\infty} J_{2n+1}(\beta)\{\cos 2\pi[f_c - (2n+1)f_m]t - \cos 2\pi[f_c + (2n+1)f_m]t\} \\ & + \sum_{n=1}^{\infty} J_{2n}(\beta)\{\cos 2\pi(f_c - 2nf_m)t + \cos 2\pi(f_c + 2nf_m)t\}\end{aligned}$$
$$(3.26)$$

上式より,周波数f_mの正弦波で周波数変調された周波数スペクトルは図**3.5**に示すように振幅が$J_0(\beta)$の搬送波と$f_c \pm nf_m$に対称に配置された無限の側波帯で構成される.このように,変調ベースバンド信号の周波数スペクトルと

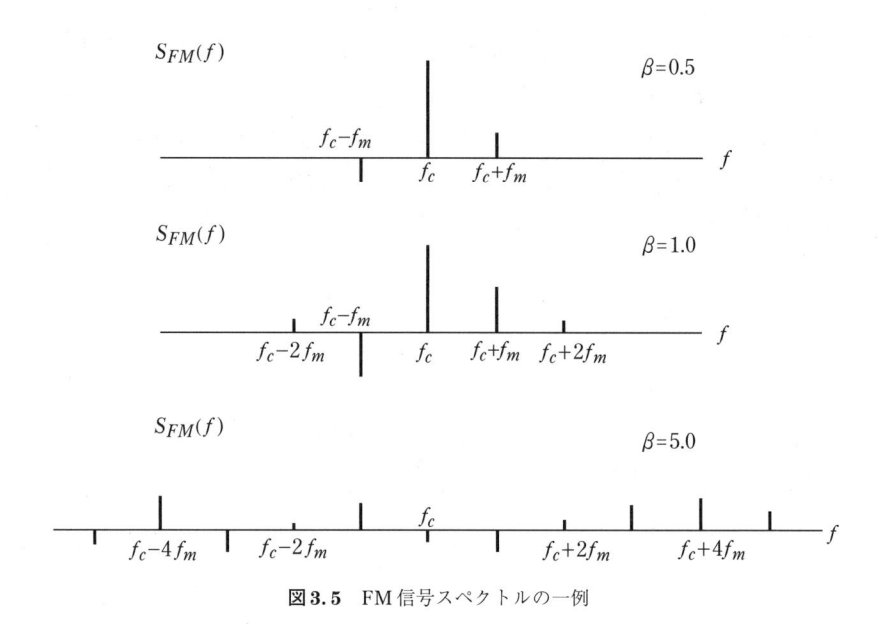

図3.5 FM信号スペクトルの一例

変調信号の周波数スペクトルが単なる周波数シフトの関係でない変調方式を非線形変調という．FM波では無限の帯域があって初めて成立するが，実際には無限の帯域を使うことは不可能なため，ある程度に帯域を制限して伝送することになる．FM波を帯域制限すると側波帯成分が抑圧され，FM波の電力が一部失われて振幅変動が現れる．包絡線振幅変動が実用上問題にならないための所要帯域幅 B_{FM} は，カーソンの法則として経験的に与えられる[3], [6]．

$$B_{FM} = 2(1+\beta)f_m \tag{3.27}$$

カーソンの帯域幅には，約98%以上の電力を含んでおり，このときFM波の包絡線振幅は一定とみなせる．

3.3.3 ASK変調

ASKは入力パルス列 $m(t)$ に対応して搬送波の振幅を変化させる変調方式であり，変調された信号 $s_{ASK}(t)$ は次式で表される．

$$s_{ASK}(t) = \begin{cases} \cos 2\pi f_c t & m(t) = 1 \\ 0 & m(t) = 0 \end{cases} \tag{3.28}$$

第3章 ディジタル変復調

図3.6にASKの場合の変調パルス信号,変調信号の関係を示す.また,**図3.7**にASK変調信号の標本化点における信号ベクトルを表す信号空間配置を示す.変調信号の振幅及び位相の動きが示されており,ASKの場合,変調入力パルスが"1"または"ON"の状態では振幅1,位相については特に情報はなく,また,変調入力パルスが"0"または"OFF"の状態では振幅0である.

また,ASKの周波数スペクトルはON時にのみ現れ,ベースバンド入力パルスをNRZ信号とすると周波数スペクトル$M(f)$は次式で表される.

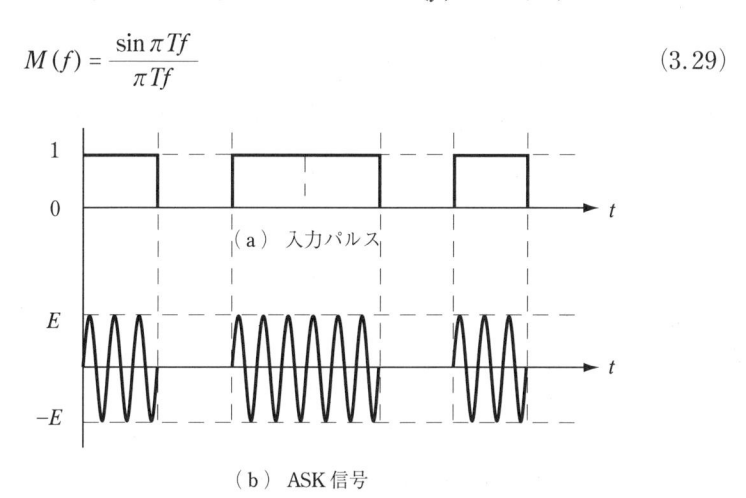

$$M(f) = \frac{\sin \pi Tf}{\pi Tf} \tag{3.29}$$

(a) 入力パルス

(b) ASK信号

図3.6 ASKの信号波形

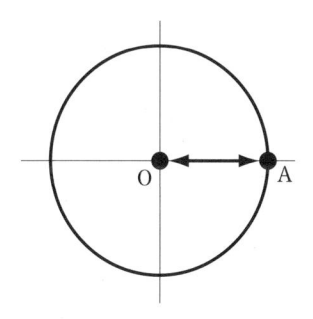

図3.7 ASKの信号空間配置

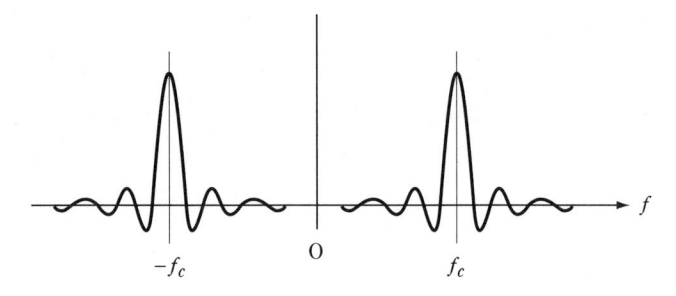

図3.8 NRZパルスによるASK信号の周波数スペクトル

ここで，T はNRZパルスの基本周期である．したがってASK信号の周波数スペクトルは次式となり，また，その結果を図3.8に示す．

$$S_{ASK}(f) = \frac{1}{2} M(f-f_c) + \frac{1}{2} M(f+f_c)$$
$$= \frac{1}{2} \cdot \frac{\sin \pi T(f-f_c)}{\pi T(f-f_c)} + \frac{1}{2} \cdot \frac{\sin \pi T(f+f_c)}{\pi T(f+f_c)} \quad (3.30)$$

3.3.4 PSK変調

PSK変調波 $s_{PSK}(t)$ は次式で表される．

$$s_{PSK}(t) = \cos[2\pi f_c t + m(t)]$$
$$= \cos[m(t)] \cos 2\pi f_c t - \sin[m(t)] \sin 2\pi f_c t \quad (3.31)$$

となる．ここで，$0 \leq m(t) \leq 2\pi$ とする．

すなわち，お互いに $\pi/2$ だけ位相の異なる搬送波でDSB-SC変調し，それらを合成することによって得られることが分かる．したがって，PSK信号はDSB-SC信号と同様に線形変調として取り扱うことができる．

例えば，2値PSK（Binary PSK）では $s_{BPSK}(t)$ は 0, π となり，

$$s_{BPSK}(t) = m(t) \cos 2\pi f_c t, \quad m(t) = \pm 1 \quad (3.32)$$

となり，両極性のパルスでDSB-SC変調して得られる．

図3.9にBPSKの変調波形を，また，図3.10に信号空間配置図を示す．

また，4値PSK（Quadri PSK: QPSKという）は二つの直交したBPSKを

第 3 章　ディジタル変復調

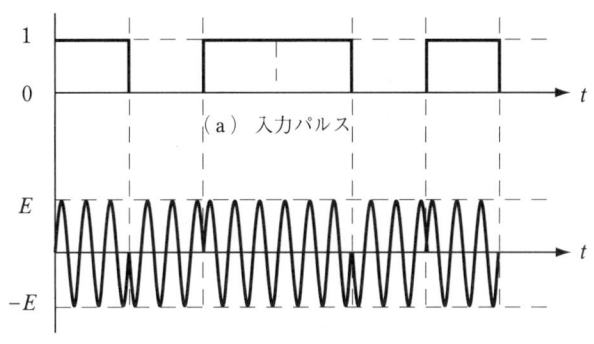

(a) 入力パルス

(b) BPSK 信号

図 3.9　BPSK の信号波形

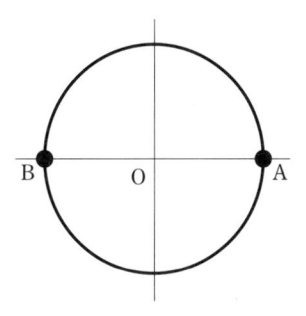

図 3.10　BPSK の信号空間配置

入力パルス 1

入力パルス 2

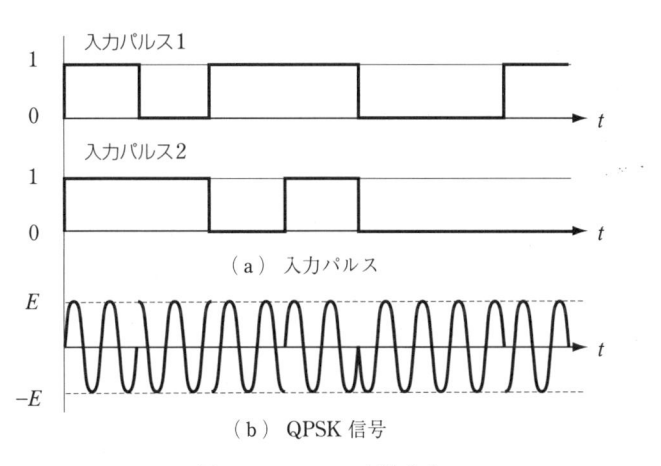

(a) 入力パルス

(b) QPSK 信号

図 3.11　QPSK の信号波形

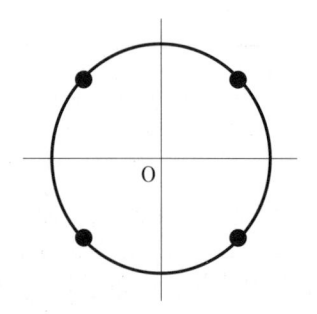

図3.12　QPSKの信号空間配置

線形加算して得られ，次式で表される．

$$s_{QPSK}(t) = m_1(t)\cos 2\pi f_c t - m_2(t)\sin 2\pi f_c t, \qquad m_1(t), m_2(t) = \pm 1 \quad (3.33)$$

図3.11にQPSKの変調波形をまた，図3.12に信号空間配置を示す．なお，周波数スペクトルはASK，BPSKと同様になる．

3.3.5　FSK変調

変調ベースバンド信号を$m(t)$，送信信号系列をa_k（マークとスペースに対応して+1, −1をとる）とし，FSK信号のマークとスペース周波数の差をΔfとすれば，位相角$\phi(t)$と送信符号系列との関係は次式で表される．

$$\frac{1}{2\pi}\frac{d\phi(t)}{dt} = \frac{\Delta f}{2}\sum_k a_k m(t-kT) \quad (3.34)$$

したがって，

$$\phi(t) = \pi\Delta f \int_{-\infty}^{t} \sum_k a_k m(z-kT)\,dz \quad (3.35)$$

と位相角が与えられる．ここで，$m(t)$を次式で表されるNRZ信号とすると，

$$m(t-kT) = \begin{cases} 1 & (k-1)T \leq t \leq kT \\ 0 & その他 \end{cases} \quad (3.36)$$

1シンボル間の位相差は

$$\phi_k - \phi_{k-1} = \pi\Delta f \int_{(k-1)T}^{kT} \sum_n a_k m(z-nT)\,dz$$

$$= \pi \Delta f T a_k \equiv \pi h a_k \tag{3.37}$$

が得られる．ここで，正規化最大周波数偏移である $h = \Delta f T$ を変調指数という．マーク及びスペース信号をそれぞれ $s_{mark}(t)$, $s_{space}(t)$ とすると，次式で表される．ここで $0 \leq t \leq T$ であり，

$$s_{mark}(t) = \cos(2\pi f_c t + \pi \Delta f t) = \cos 2\pi \left(f_c + \frac{1}{2}\Delta f\right)t \tag{3.38}$$

$$s_{space}(t) = \cos(2\pi f_c t - \pi \Delta f t) = \cos 2\pi \left(f_c - \frac{1}{2}\Delta f\right)t \tag{3.39}$$

図 3.13 に FSK の変調波形を，また，図 3.14 に信号空間配置をそれぞれ

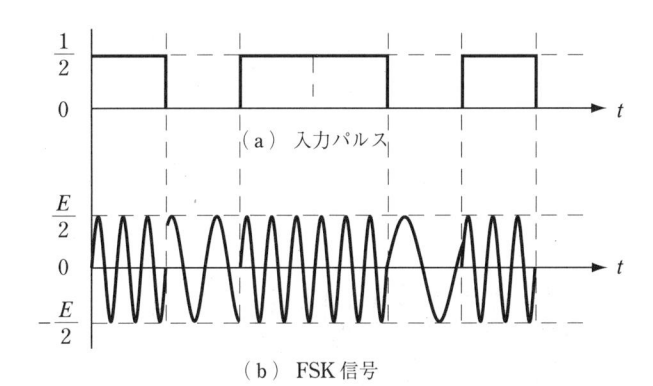

図 3.13　FSK の信号波形

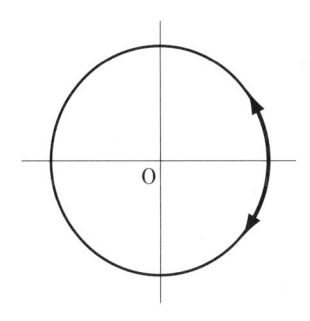

図 3.14　FSK の信号空間配置

示す.図3.13から分かるように一般にFSK変調ではシンボル間において位相は不連続となっていることが分かる.すなわち,シンボル間において急激な位相の変化を伴うため周波数スペクトル上で見ると高調波成分が出ることになる.先に述べた,PSKではシンボル間の位相は不連続であり,高調波成分が出ることになる.FSKでは周波数差Δfをある適当な値に選ぶとシンボ

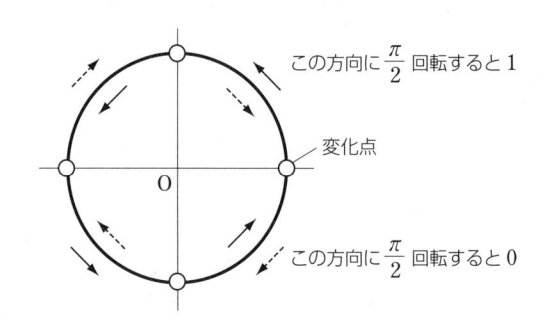

図3.15　MSK信号空間配置

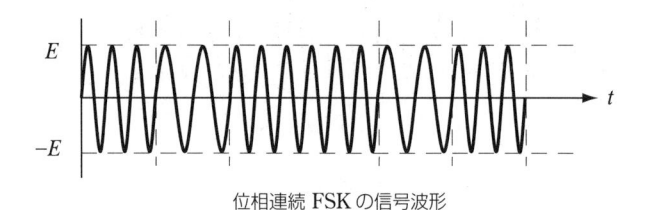

位相連続FSKの信号波形

図3.16　位相連続FSKの信号波形と信号空間配置

第3章 ディジタル変復調

ルの変化点において変調信号の位相が連続する．それは以下の条件である．

$$\phi_k - \phi_{k-1} = \pi h a_k = 2\pi h = n\pi \tag{3.40}$$

ここで n は正の整数．したがって，以下を満たす必要がある．

$$h = \frac{1}{2} n \tag{3.41}$$

ここで $n = 1$ のとき，変調指数 h は最小値となり $h = 0.5$ である．無変調波を基準にした場合の信号空間配置を図3.15に示す．信号点は $\pi/2$ の円弧上を移動し，移動方向の変化点は4個所である．また，図3.16に $n = 4$ の場合の位相連続FSK変調信号の信号波形と信号空間配置を示す．シンボル変化点に対して反時計方向に1周すると"1"，また，時計方向に1周すると"0"であることを，また，1点の決まった点がシンボル変化点であることを示している．2値の位相連続FSKの中で変調指数 $h = 0.5$ のものを特にMSK（Minimum Shift Keying）[7] と呼ぶ．

周波数スペクトルについて考察する．一般にFSKのスペクトルを求めることは非線形変調であるがゆえに困難であるが，MSKの場合，OQPSK（Offset Quadri Phase Shift Keying）との類似性により求めることができ，次式

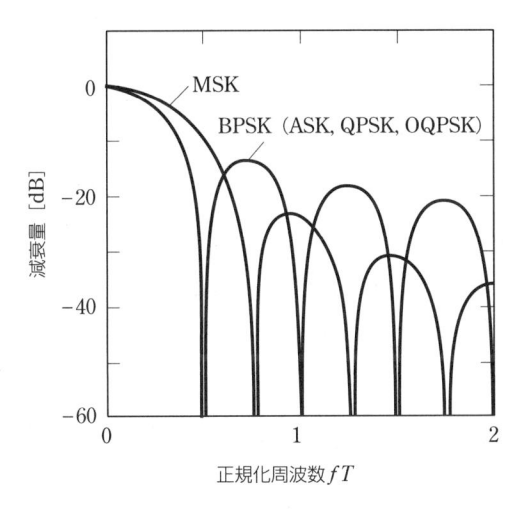

図3.17 MSK, BPSK（ASK, QPSK, OQPSK）信号の電力スペクトル

で表される．(詳細は他書を参照されたい[3], [7])

$$|S(f)|^2_{MSK} = \frac{(\cos 2\pi fT)^2}{(1-16f^2T^2)^2} \tag{3.42}$$

$$|S(f)|^2_{OQPSK} = \frac{(\sin 2\pi fT)^2}{(2\pi fT)^2} \tag{3.43}$$

上式を計算した電力スペクトルの結果を図3.17に示す．最初のヌル点を与える周波数帯域幅で比較するとOQPSKよりMSKの方が1.5倍広くなっているが，MSKのスペクトルはf^4に比例して減衰するため，OQPSK（またはQPSK）に比べて帯域外減衰特性に優れている．

3.4 帯域制限とパルス整形

無線通信では限られた周波数帯域で効率良く伝送することが重要であるため，送信信号を狭帯域化して伝送する工夫が検討されている．一般に，送信帯域幅を小さくすればするほど受信信号の劣化，すなわち符号間干渉は大きくなり，符号誤り率の劣化につながる傾向にある．したがって，帯域制限フィルタに課せられた課題は送信帯域幅を狭くすると同時に受信信号の符号間干渉を最小にすることである．

3.4.1 周波数特性と波形応答

図3.18に示すように入力信号xをフィルタに通した出力をyとするとき，$y = f(x)$の関係であるとすると，

$$y_1 = f(x_1)$$
$$y_2 = f(x_2) \text{ のとき}$$
$$c_1 y_1 + c_2 y_2 = f(c_1 x_1 + c_2 x_2) \tag{3.44}$$

が，任意の定数c_1, c_2について成り立つときこのフィルタは線形フィルタで

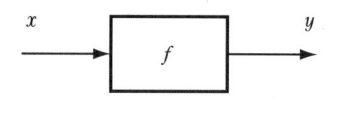

図3.18 線形変換

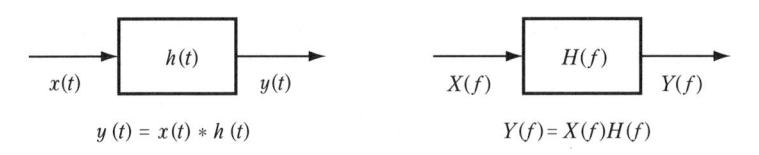

図 3.19 線形時不変の応答

あるという．線形フィルタでは信号はお互いに独立であり，相互に干渉しないという性質をもっている．

また，フィルタの時間的変化について $y(t) = f(x(t))$ のとき

$$y(t-\tau) = f(x(t-\tau)) \tag{3.45}$$

が成り立つとき時不変フィルタであるという．すなわち，フィルタ特性が時間とは無関係に一定であるということである．一般的なフィルタは線形かつ時不変であるといえる．線形時不変フィルタの周波数特性と波形応答の関係は図 3.19 のような関係になる．周波数領域において，フィルタの入力信号を $X(f)$，伝達関数を $H(f)$，出力信号を $Y(f)$ とすると次式が成立する．

$$Y(f) = X(f)\,H(f) \tag{3.46}$$

一方，時間領域においては，フィルタの入力波形を $x(t)$，インパルス応答を $h(t)$，出力波形を $y(t)$ とすると，次式が成り立つ．

$$y(t) = \int_{-\infty}^{\infty} x(\tau)\,h(t-\tau)\,d\tau = x(t) * h(t) \tag{3.47}$$

すなわち，出力波形は入力波形とインパルス応答との畳込みによって表される．ここでインパルス応答 $h(t)$ とはデルタ関数 $\delta(t)$ を入力信号としたときの波形応答のことである．

3.4.2 ナイキストフィルタによる帯域制限

帯域制限フィルタとしてはトムソンフィルタ，ガウスフィルタ，バタワースフィルタ，チェビシェフフィルタ等が考えられるが，これらのフィルタは帯域幅を狭くしていくと受信信号の符号間干渉が多くなるため注意が必要である．これを解決したのがナイキストフィルタである．ナイキストは T 秒間

隔でパルスを符号間干渉なく伝送するためには最低 $1/2T$ [Hz] の帯域が必要であることを示した．更に，$1/2T$ を超えて伝送する場合の符号間干渉のない条件を明らかにした．以下に示す周波数スペクトルのもとでは符号間干渉がない [8]．

$$Y(f) = X(f)\,H(f) = \begin{cases} 1 & 0 \leq |fT| \leq \dfrac{1-\alpha}{2} \\ \dfrac{1}{2}\left\{1 - \sin\left[\dfrac{\pi}{2\alpha}(2fT-1)\right]\right\} & \dfrac{1-\alpha}{2} \leq |fT| \leq \dfrac{1+\alpha}{2} \\ 0 & \dfrac{1+\alpha}{2} \leq |fT| \leq 1 \end{cases} \tag{3.48}$$

ここで α はロールオフ率で，$0 \leq \alpha \leq 1$ の値をとる．

ナイキスト波形のインパルス応答 $x(t)*h(t)$ は式 (3.48) をフーリエ逆変換することにより得られる．

$$y(t) = x(t)*h(t) = \dfrac{\sin\left(\dfrac{\pi t}{T}\right)}{\dfrac{\pi t}{T}} \dfrac{\cos\left(\dfrac{\alpha \pi t}{T}\right)}{1 - \left(\dfrac{2\alpha t}{T}\right)^2} \tag{3.49}$$

図 3.20 にナイキスト信号の周波数スペクトルを，また，**図 3.21** にナイキスト波形の時間応答を示す．式 (3.49) はインパルス $\delta(t)$ を入力したときの出力応答波形を示している．実際にはパルス幅 T の NRZ パルスを入力することになり，その場合は次式のような入力スペクトルになる．

$$X(f) = \dfrac{\sin(\pi fT)}{\pi fT} \tag{3.50}$$

無限に続くパルス列 a_k を考えると，ナイキスト波形は次式で表される．

$$r(t) = \sum_k a_k y(t-kT) \tag{3.51}$$

ここで，

$$a_k = \begin{cases} \pm 1 & \text{2値信号の場合} \\ \pm 1, \pm 3 & \text{4値信号の場合} \end{cases}$$

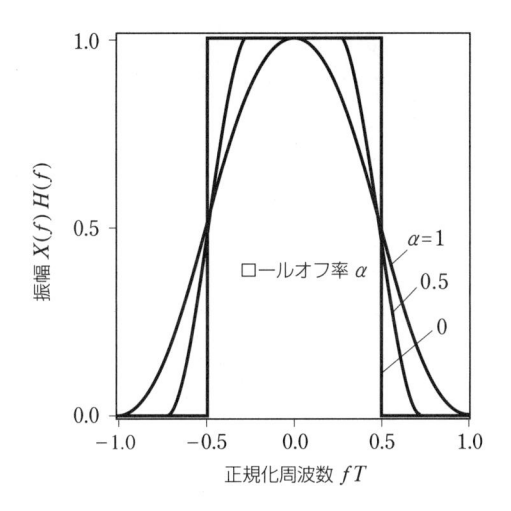

図 3.20　ナイキスト信号の周波数スペクトル

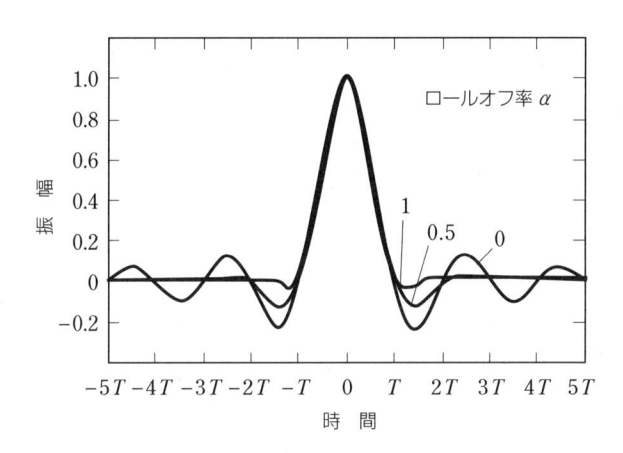

図 3.21　ナイキスト信号の時間波形

となる.

式 (3.51) をもとにロールオフ率 α をパラメータにして 2 値アイパターンの計算結果を**図 3.22** に示す.また,**図 3.23**(a) に 2 値及び (b) に 4 値アイパタ

ーンを，また，(c)に周波数スペクトルの実測結果を示す．アイパターンにより符号間干渉の有無が判定でき，ナイキスト波形では標本化点において符号間干渉がないことが分かる．ナイキストフィルタはディジタル信号処理技術により比較的簡易に実現可能である[9]．

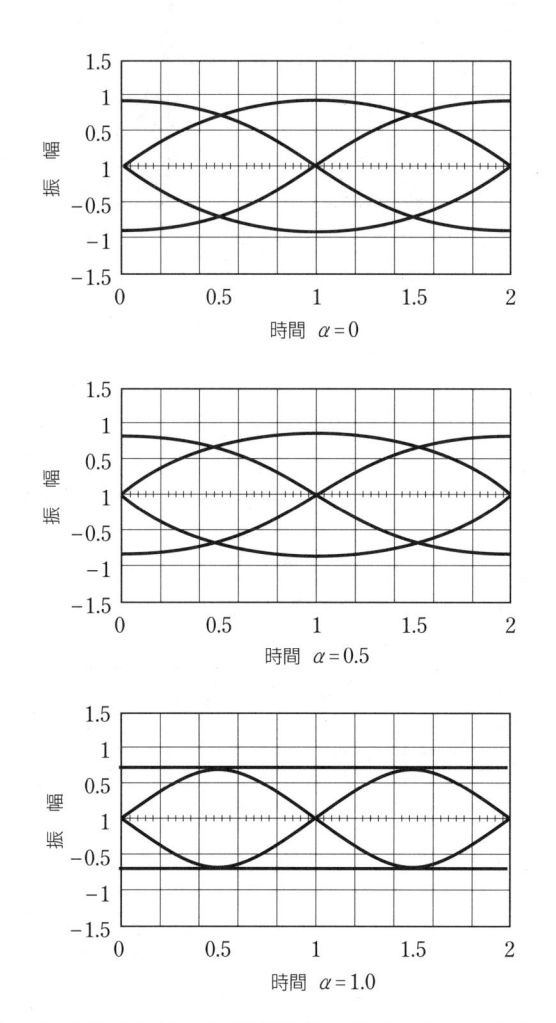

図3.22 2値アイパターンの計算結果（パラメータ：ロールオフ率α）

第3章　ディジタル変復調

(a) 2値アイパターン ($\alpha = 0.5$)　　(b) 4値アイパターン ($\alpha = 0.5$)

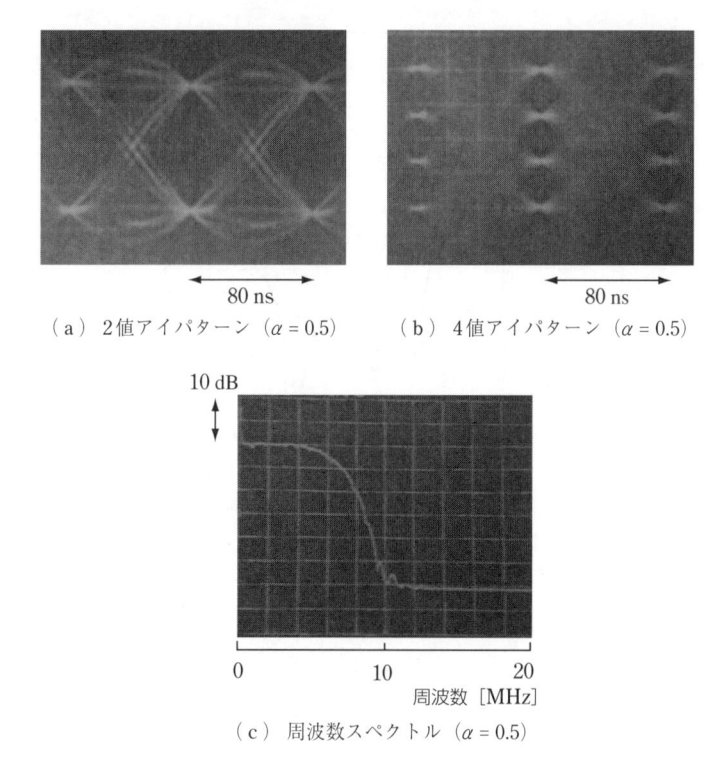

(c) 周波数スペクトル ($\alpha = 0.5$)

図3.23　アイパターン及び周波数スペクトルの実測例

3.4.3　ガウスフィルタによる帯域制限

ガウスフィルタは振幅の減衰特性はバタワースフィルタ，チェビシェフフィルタと比較すると緩やかであるが，位相特性は直線すなわちその時間微分である群遅延特性はフラットという特徴があるため，帯域制限フィルタとして用いられる場合がある．また，理論解析のやりやすさから例に出される．

その伝達関数 $G(f)$ は次式で表される[3]．

$$G(f) = \exp\left\{-\left(\frac{f}{f_0}\right)^2\right\} \tag{3.52}$$

ここで，パラメータ f_0 は3 dB帯域幅 B を用いて次式のように表される．

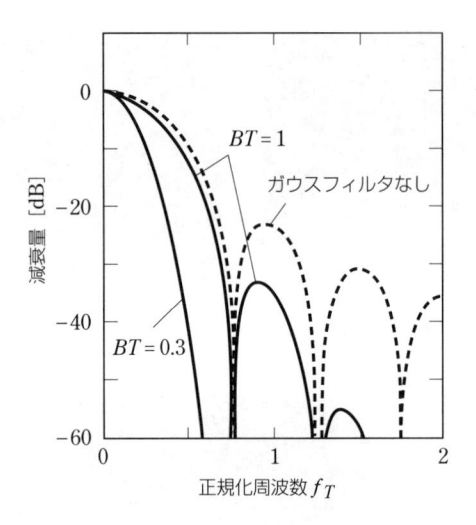

図 3.24 GMSK の変調信号スペクトル

$$f_0 = \frac{B}{\sqrt{2\ln 2}} \tag{3.53}$$

である．式 (3.52) をクロック周波数 $1/T$ で正規化した周波数 f_T によって次式のようになる．

$$G(f) = \exp\left\{-2\ln 2\left(\frac{f_T}{BT}\right)^2\right\} \tag{3.54}$$

ここで，MSK 変調信号の場合を考える．式 (3.42) の MSK 信号に式 (3.54) のガウスフィルタが加わることで，両者の積で表される変調信号スペクトルになる．BT をパラメータにしてスペクトルを計算した結果を図 3.24 に示す．また，復調アイパターンを図 3.25 に示す．ガウスフィルタの帯域幅が狭くなるほど変調スペクトルの占有帯域幅は小さくなるが，その分復調アイパターンの符号間干渉は大きくなることが分かる．

3.5 復調方式

3.5.1 復調方式の種類

変調された信号をもとの情報系列に戻す操作が復調または検波であり，各

第 3 章　ディジタル変復調

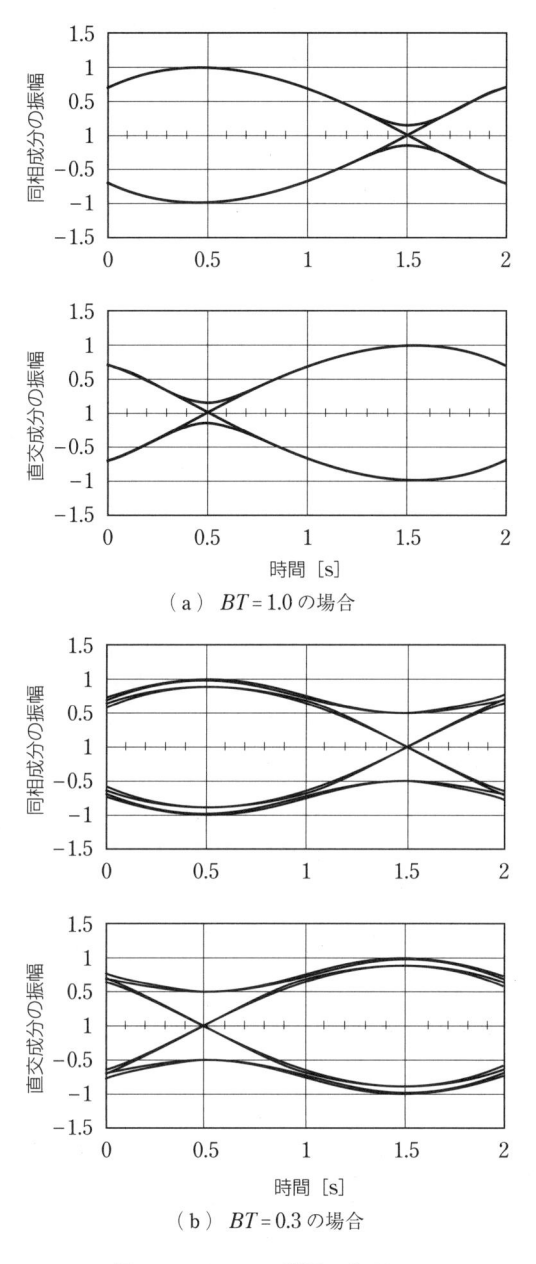

（a）$BT = 1.0$ の場合

（b）$BT = 0.3$ の場合

図 3.25　GMSK の復調アイパターン

表 3.1 検波方式の種類と特徴

種　類	構　成	特　性
包絡線検波	◎	△
周波数弁別検波	○	○
遅延検波	○	○
同期検波	△	◎

種変調方式に対応していくつかの復調方式が存在する．復調方式によって信号品質が大きく左右されるためどのように復調器を設計するかは大変重要な課題である．復調方式には，**表3.1**に示すように4種類に大別される．包絡線検波方式は搬送波の振幅上に情報をのせるASK等に用いられる．周波数弁別検波方式では周波数偏移量に比例した電圧により判定するもので，周波数上に情報をのせるFSK信号に用いられる．これらの検波方式は変調信号の周波数や位相情報を正確に知る必要がなく簡易な回路構成で実現できるが，信号品質は後述する他の復調方式に比べ劣化しているため実用的ではない．実用上よく用いられるものとして同期検波方式がある．本方式では受信信号の周波数及び位相に同期した基準信号（基準搬送波）を用意する必要がある．受信信号と基準搬送波を掛け算して低域通過フィルタに通すことで復調信号が得られる．同期検波方式ではPSK，FSK，ASKに加え，16QAM等の多値変調方式に適用される．特に，16QAM，64QAM等の多値変調方式では事実上同期検波以外は不可能である．更に遅延検波方式では基準信号として1シンボル前の受信信号を使うもので同期検波方式に比べ簡易な回路構成で実現できるが，雑音を含む信号が基準信号であるため同期検波方式に比べ復調特性が劣化する．主にPSK，FSK等に適用される．

3.5.2　最適受信系

復調信号の特性は符号誤り率によって評価されるが，符号誤り率は復調信号の信号対雑音電力比（S/N）によって決まる．雑音電力を決定するものは受信フィルタであり，その帯域幅を小さくしていくと雑音電力は減少していくが同時に信号電力も減少するため，S/Nを最大にするフィルタが最適なフィルタであるといえる．S/Nを最大にする最適検波方式としてマッチドフィ

ルタ受信または相関検波等がある[10]〜[12].

(1) マッチドフィルタ　信号$s(t)$を時間区間$0 \leq t \leq T$に制限された波形とするとき,インパルス応答が$h(t) = s(T-t)$であるフィルタを$s(t)$に対するマッチドフィルタ(整合フィルタ)と呼ぶ.信号$s(t)$に対する$h(t) = s(T-t)$の出力応答は

$$y(t) = \int_0^t s(\tau) s(T-t+\tau) d\tau \tag{3.55}$$

で与えられる.これは信号$s(t)$の時間自己相関関数にほかならない.自己相関関数はtの偶関数であり,$t = T$において最大値をとる.

(2) マッチドフィルタの性質　マッチドフィルタはいくつかの特徴的な性質を有している.その一つが先に述べたAWGN下において信号$s(t)$に対するマッチドフィルタの出力はそのS/Nを最大にすることである.また,二つめは信号$s(t)$の波形によらずその電力だけに依存することである(その証明は他書[10]〜[12]を参考されたい).

3.5.3　符号誤り率特性

(1) 符号誤り率特性の求め方　送信信号として最も基本的なBPSKのような2値信号を考える.同期検波及びマッチドフィルタ出力後の復調信号の振幅確率密度関数は図3.26のように信号振幅を平均値とするガウス分布で表される.したがって,符号誤り率は両極性信号が判定しきい値0を超える確率となり次式で表される.

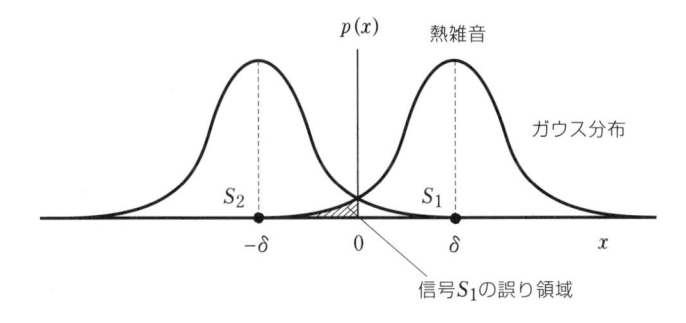

図3.26　2値信号の振幅確率密度関数(同期検波時)

$$P_e = \frac{1}{2} \text{Prob}\,(S_1 < 0) + \frac{1}{2} \text{Prob}\,(S_2 > 0) = \text{Prob}\,(S_1 < 0)$$

$$= \frac{1}{\sqrt{2\pi}\,\sigma} \int_{-\infty}^{0} \exp\left\{\frac{-(x-\delta)^2}{2\sigma^2}\right\} dx$$

$$= \frac{1}{2} \text{erfc}\left(\sqrt{\frac{1}{2} \cdot \frac{\delta^2}{\sigma^2}}\right) = \frac{1}{2} \text{erfc}\left(\sqrt{\frac{S/N}{2}}\right) \quad (3.56)$$

ただし，

$$\text{erfc}\,(x) = \frac{2}{\sqrt{\pi}} \int_{x}^{\infty} \exp(-u^2)\,du \quad (3.57)$$

は誤差補関数，S/N は復調，マッチドフィルタ後の信号対雑音電力比であり，次式で表される．

$$\frac{S}{N} = \frac{\delta^2}{\sigma^2} \quad (3.58)$$

である．

式(3.56)について計算した結果を図 **3.27** に示す．

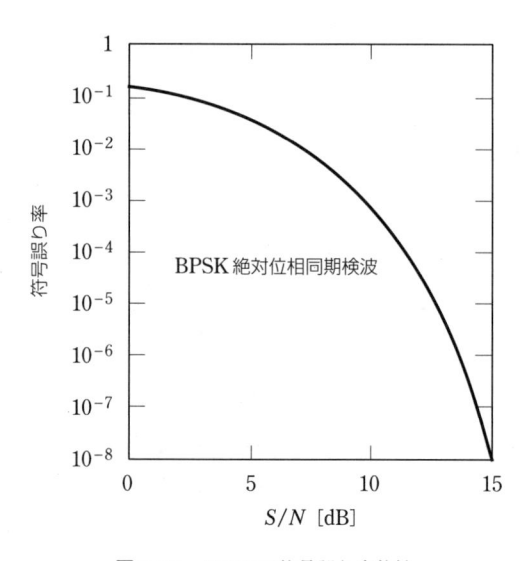

図 **3.27** BPSKの符号誤り率特性

第 3 章　ディジタル変復調

（2）　C/N, S/N, E_b/N_0 の関係　信号対雑音電力比の表現にはベースバンド帯における S/N のほかに搬送波帯における C/N、または検波及びマッチドフィルタ出力後における1ビット当りの信号電力対雑音電力密度 E_b/N_0 の3通りがある．E_b/N_0 は異なった変調方式の符号誤り率を比較する場合によく用いられる．これらの関係をまとめて**表3.2**に示す[3]．

（3）　PSK，FSK，ASK の符号誤り率特性　2値のPSK，FSK及びASKについて符号誤り率特性を考察する．

それぞれの信号空間配置図を**図3.28**に示す．ASKでは信号空間は δ、PSKでは 2δ、また，FSKでは平均値 $\sqrt{2}\,\delta$ であるため，同期検波の場合それぞれの符号誤り率は式(3.56)から以下のようになる．

$$p_{PSK} = \frac{1}{2}\,\mathrm{erfc}\left(\sqrt{E_b/N_0}\right) \tag{3.59}$$

$$p_{FSK} = \frac{1}{2}\,\mathrm{erfc}\left(\frac{\sqrt{E_b/N_0}}{\sqrt{2}}\right) \tag{3.60}$$

$$p_{ASK} = \frac{1}{2}\,\mathrm{erfc}\left(\frac{\sqrt{E_b/N_0}}{2}\right) \tag{3.61}$$

表 3.2　各種変調方式における C/N, S/N, E_b/N_0 の関係

変調方式	キャリヤ帯電力	C/N	BB帯電力	S/N	E_b/N_0
BPSK	$\delta^2/2$	$\delta^2/2\sigma^2$	δ^2	δ^2/σ^2	C/N
QPSK	δ^2	δ^2/σ^2	δ^2	δ^2/σ^2	$C/N/2$
16QAM	$5\delta^2$	$5\delta^2/\sigma^2$	$5\delta^2$	$5\delta^2/\sigma^2$	$C/N/4$
64QAM	$21\delta^2$	$21\delta^2/\sigma^2$	$21\delta^2$	$21\delta^2/\sigma^2$	$C/N/6$
256QAM	$85\delta^2$	$85\delta^2/\sigma^2$	$85\delta^2$	$85\delta^2/\sigma^2$	$C/N/8$

σ^2：雑音電力

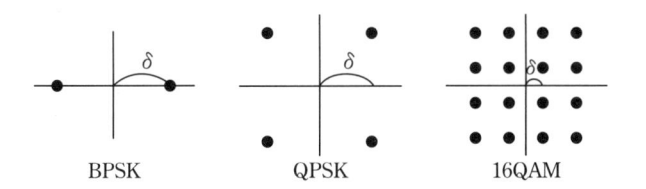

ASK　信号間隔 δ

PSK　信号間隔 2δ

FSK　信号間隔 $\sqrt{2}\,\delta$

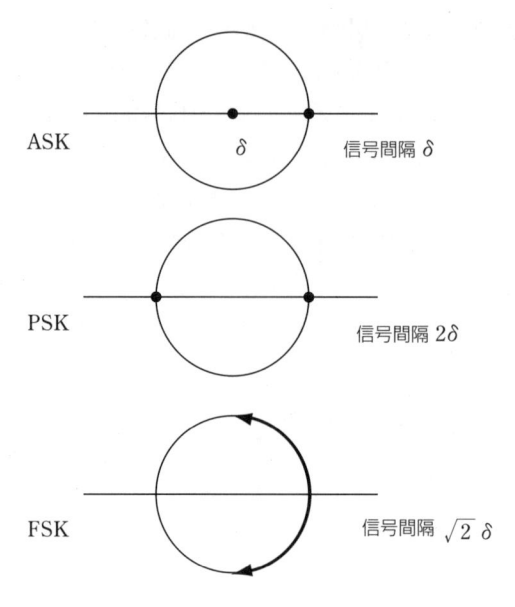

図 3.28 ASK, PSK, FSK の信号空間配置の比較

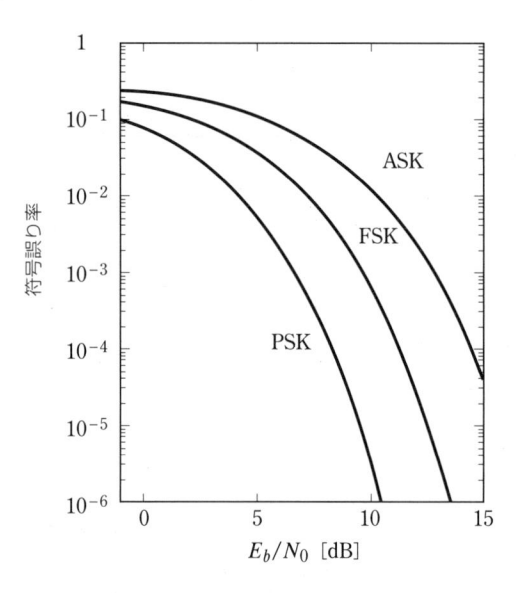

図 3.29 ASK, FSK, PSK の符号誤り率特性

上式を計算した結果を**図 3.29** に示す．PSK，FSK，ASKの順に所要 E_b/N_0 は 3 dB ずつ劣化することが分かる．

（4） 多値 QAM の符号誤り率特性　　次に，多値 QAM の符号誤り率について考察する．QPSK，16QAM，64QAM，256QAM の符号誤り率の関係式を以下に示す．（詳細な導出過程は他書を参照されたい[3]）

$$p_{QPSK} = \frac{1}{2} \text{erfc}\left(\sqrt{\frac{C/N}{2}}\right) = \frac{1}{2} \text{erfc}\left(\sqrt{E_b/N_0}\right) \qquad (3.62)$$

ただし，$C/N = \delta^2/\sigma^2$

$$p_{16QAM} \cong \frac{3}{8} \text{erfc}\left(\sqrt{\frac{C/N}{10}}\right) = \frac{3}{8} \text{erfc}\left(\sqrt{\frac{4}{10} \cdot (E_b/N_0)}\right) \qquad (3.63)$$

ただし，$C/N = 5\delta^2/\sigma^2$

$$p_{64QAM} \cong \frac{7}{24} \text{erfc}\left(\sqrt{\frac{C/N}{42}}\right) = \frac{7}{24} \text{erfc}\left(\sqrt{\frac{6}{42} \cdot (E_b/N_0)}\right) \qquad (3.64)$$

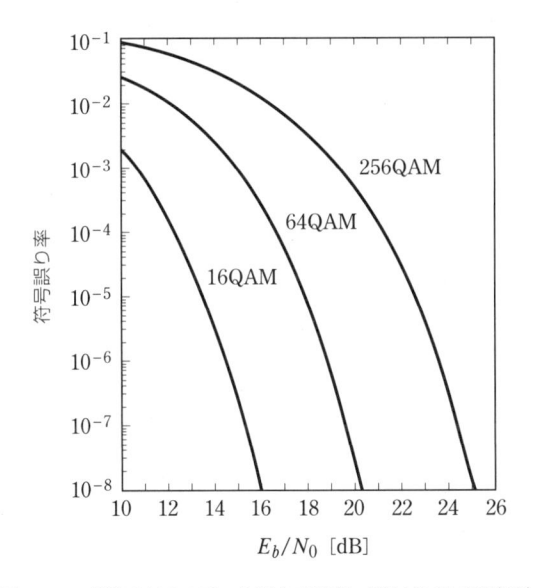

図 3.30　多値 QAM のビット誤り率特性（絶対位相同期検波）

ただし，$C/N = 21\delta^2/\sigma^2$

$$p_{256QAM} \cong \frac{15}{64}\,\mathrm{erfc}\left(\sqrt{\frac{C/N}{170}}\right) = \frac{15}{64}\,\mathrm{erfc}\left(\sqrt{\frac{8}{170}\cdot(E_b/N_0)}\right) \quad (3.65)$$

ただし，$C/N = 85\delta^2/\sigma^2$

図3.30に各変調方式をパラメータにしたときの符号誤り率対E_b/N_0特性の計算結果を示す．多値化の数が大きくなるにつれ所要E_b/N_0も大きくなることが分かる．

3.5.4 同期検波のための搬送波再生

前項で同期検波を行うためには基準となる搬送波を受信側にて得る必要があることを述べた．搬送波を再生する方法には，送信信号にパイロット信号として情報信号に搬送波を付加して伝送する方法がある．一方，搬送波の存在しない受信信号から搬送波を再生する方法にはコスタス法，逓倍法，逆変調法等が考案されている．無線LANのようなバースト信号に対する搬送波再生機能としては，バースト信号のオーバヘッド部に既知パターンであるパイロット方式がよく用いられる．また，受信信号が連続信号の場合ではコスタス法が通常よく用いられる．ここでは一例として，コスタス法を例にとり変調信号として，16QAM信号を例にとり基本原理を解説する．**図3.31**に示すような構成を考える．

16QAM受信信号は一般に次式で表される[13], [14]．

$$y(t) = \sum(a_k + jb_k)\cdot\gamma(t-kT)\cdot e^{j\omega t} \quad (3.66)$$

ここで，$a_k, b_k = \{\pm1, \pm3\}$，また，$\gamma(t)$はシステムの出力応答を示している．例えばナイキスト伝送系では$\gamma(0) = 1$，$\gamma(kT) = 0$ ($k, k \neq 0$の整数) である．また，ωは変調信号の搬送波角周波数を表す．一方，復調器のVCO (Voltage Controlled Oscillator) 信号は次式で表される．

$$v_i(t) = e^{j(\omega_c t + \theta)} \quad (3.67)$$

ここで，ω_cはVCOの角周波数，θは送信側の搬送波と受信側のVCOとの位相差を表す．復調器内において式(3.66)，式(3.67)を乗算し，高調波成分を

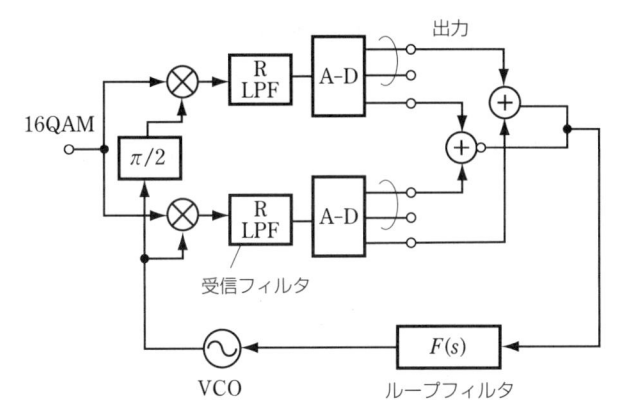

図3.31 コスタス形16QAM搬送波再生回路の構成

除去する低域通過フィルタに通すことにより同相成分 $I(t)$ 及び直交成分 $Q(t)$ はそれぞれ次式で表される.

$$I(t) = \sum_k [a_k \cdot \gamma(t-kT) \cos\{(\omega_c - \omega)t + \theta\} \\ - b_k \cdot \gamma(t-kT) \sin\{(\omega_c - \omega)t + \theta\}] \tag{3.68}$$

$$Q(t) = \sum_k [a_k \cdot \gamma(t-kT) \sin\{(\omega_c - \omega)t + \theta\} \\ + b_k \cdot \gamma(t-kT) \cos\{(\omega_c - \omega)t + \theta\}] \tag{3.69}$$

送受信の搬送波周波数は一致していて位相差 θ は十分小さいとき $\cos\theta \cong 1$, $\sin\theta \cong \theta$ と近似できる.標本化時点における識別信号の極性は次式で表される.

$$\text{sgn}\{I\} \cong \text{sgn}\{a_0 - b_0\theta\} \tag{3.70}$$

$$\text{sgn}\{Q\} \cong \text{sgn}\{a_0\theta + b_0\} \tag{3.71}$$

ここで, $\text{sgn}\{x\} = \begin{cases} 1 & x>0 \\ -1 & x<0 \end{cases}$ を表す.

一方,同相成分及び直交成分の標本化時点における誤差信号(符号間干渉)の極性は次式で表される.

$$\text{sgn}\{E_I\} = \text{sgn}\{I - a_0\} \cong \text{sgn}\{-b_0\theta\} \tag{3.72}$$

$$\text{sgn}\{E_Q\} = \text{sgn}\{Q - b_0\} \cong \text{sgn}\{a_0\theta\} \tag{3.73}$$

ここで搬送波を制御するためには搬送波位相差で表される θ と VCO 制御信号が変調方式に無関係に1対1に対応可能なように以下に示す演算を行う．

$$\begin{aligned}\text{sgn}\{\varepsilon_1(\theta)\} &= \text{sgn}\{I\} \times \text{sgn}\{E_Q\} = \text{sgn}\{a_0^2\theta - a_0 b_0\theta^2\} \\ &\cong \text{sgn}\{a_0^2\theta\} = \text{sgn}\{\theta\}\end{aligned} \tag{3.74}$$

$$\begin{aligned}\text{sgn}\{\varepsilon_2(\theta)\} &= -\text{sgn}\{Q\} \times \text{sgn}\{E_I\} = \text{sgn}\{a_0 b_0\theta^2 + b_0^2\theta\} \\ &\cong \text{sgn}\{b_0^2\theta\} = \text{sgn}\{\theta\}\end{aligned} \tag{3.75}$$

すなわち，同相成分の識別信号の極性と直交成分の誤差信号の極性を乗算する．または直交成分の識別信号の極性と同相成分の誤差信号の極性を乗算した結果に -1 を乗じる．その結果，制御信号 ε_1，ε_2 の符号は送信データ a_0，b_0 によらず位相差 θ の符号に一致することが分かる．すなわち，変調成分が取り除かれ位相差 θ を制御可能であることを示している．

次に，上式を用いて位相差 θ が大きい場合の位相差と制御信号の関係を調べる．**図 3.32** では斜線領域では正しい制御電圧を出力するエリアを，一方，点領域では誤った制御電圧を出力するエリアを示している．したがって，ある θ における制御電圧の平均値 $\varepsilon_1(\theta)$ は16の変調信号点について正しい領域にある確率から誤った領域にある確率を引いた平均値となり，次式で表される．

$$\varepsilon_1(\theta) = \frac{1}{16} \sum_{i=1}^{16} \left[\iint_R p_i(x,y)\,dxdy - \iint_E p_i(x,y)\,dxdy \right] \tag{3.76}$$

ここで，$p_i(x, y)$ は雑音を含む信号点 $i(i = 1, 16)$ の存在確率密度関数を示しており次式で表される．

$$\begin{aligned}p_i(x, y) &= p_i(x)\,p_i(y) \\ &= \frac{1}{\sqrt{2\pi\sigma^2}} \cdot \exp\left\{-\frac{(x - S_{ix})^2}{2\sigma^2}\right\} \times \frac{1}{\sqrt{2\pi\sigma^2}} \cdot \exp\left\{-\frac{(y - S_{iy})^2}{2\sigma^2}\right\}\end{aligned} \tag{3.77}$$

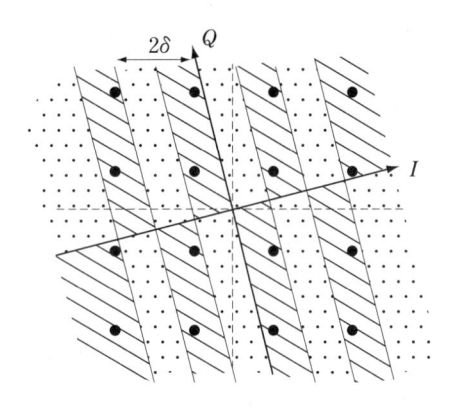

図3.32 全点制御における正誤領域

ここで，S_{ix}，S_{iy}は信号iのx軸，y軸方向の信号成分である．また，σ^2は雑音の平均電力，信号空間距離を2δとすると式(3.63)より信号の平均電力は$C = 5\delta^2$であるため，キャリヤ信号対雑音電力比は$C/N = 5\delta^2/\sigma^2$となる．C/Nをパラメータにして，位相差θと平均制御信号電圧の計算結果（これを等価位相比較特性という）を**図3.33**に示す．図から位相差θが0度から45度の中で制御電圧が0をよぎる点は0度のみでありその他は存在せず安定な搬送波同期が可能であることを示している．θが0度から-45度までは0度から45度までの結果の原点に対して点対称となることは容易に類推できる．したがって，90度おきに四つの位相安定点が存在することになる．このような状態で同期検波すると，検波位相の不確定分が検波後のベースバンド信号の極性が4通り存在し一意に定まらず注意が必要である．一般にこの問題を解決するために，送信側にて1シンボル間の位相差を情報として，受信側にて逆操作を行ういわゆる差動符号化[10]が適用される．源信号系列を$\{a_k\}$とすると差動符号化された信号系列$\{b_k\}$は次式で表される．

$$b_k = a_k \oplus a_{k-1} \tag{3.78}$$

ここで，$\oplus$はモジュロ2（2を法とする）の加算を表す．差動符号化することにより絶対位相同期検波する場合に比べ誤り率は2倍に劣化することに注意する必要がある．

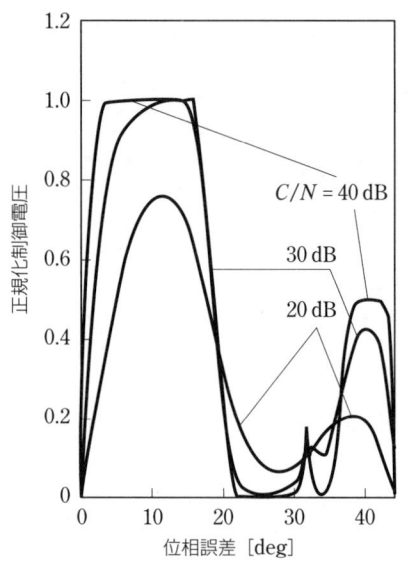

figure中の軸ラベル:
正規化制御電圧 (縦軸), 位相誤差 [deg] (横軸)
曲線: C/N = 40 dB, 30 dB, 20 dB

図 3.33 等価位相比較特性

3.6 スペクトル拡散変調

3.6.1 スペクトル拡散変調の種類

無線通信ではいかに有効に周波数帯域を使うかがこれまで議論されてきたが，周波数帯域を犠牲にしてほかからの干渉，雑音に強い変調方式を実現しようとしたものがスペクトル拡散通信である．スペクトル拡散通信では送信スペクトルが拡散されているためその電力密度は小さく，一般に信号そのものが発見されにくい等の特徴があり，古くから軍事用の通信手段として用いられてきた[15]，[16]．

送信電力 S [W]，情報速度 s_b [bit/s] の情報を送信する装置を想定する．スペクトル拡散された信号の帯域幅は s_b [Hz] から W_s [Hz] に増加する．ここで W_s [Hz] はスペクトル拡散帯域幅で，$W_s \gg s_b$ である．雑音電力密度を N_0 [W/Hz] とし，電力 I の干渉が加わった場合を想定する．この信号を逆拡散することで希望信号の帯域幅は再び s_b [Hz] となるが，干渉成分の電力密度 I_0 は $I_0 = I/W_s$ となる．全周波数において一様分布の白色雑音の電力

密度は逆拡散後も N_0 となる．希望信号と干渉信号の波形にかかわらずビット当りのエネルギーと総雑音スペクトル密度の比 E_b/N は次式で表される．

$$\frac{E_b}{N} = \frac{E_b}{N_0 + I_0} = \frac{\dfrac{S}{s_b}}{N_0 + \dfrac{I}{W_s}} \tag{3.79}$$

ここで熱雑音電力に比べて干渉電力が十分大きい場合，式(3.79)は次式となる．

$$\frac{E_b}{N} \cong \frac{E_b}{I_0} = \frac{\dfrac{S}{s_b}}{\dfrac{I}{W_s}} = \frac{S}{I} \cdot \frac{W_s}{s_b} \tag{3.80}$$

となる．ここで，W_s/s_b は拡散比または拡散利得という．すなわち，拡散利得に相当する分の信号対雑音電力比が改善されることを意味している．

スペクトル拡散方式には，情報を符号化したパルスに比べはるかに高速でランダムなパルス列を用いて変調することにより得る方式を直接拡散変調方式という．また，狭帯域信号の周波数を高速でランダムに切り換えて送信する方式を周波数ホッピング変調方式という．

3.6.2 直接拡散変調方式

直接拡散変調方式の概要を図 3.34 に示す．直接拡散変調波形 $c(t)$ は系列 $\{c_n\}$ を線形変調することにより形成される．この系列 $\{c_n\}$ は擬似ランダム発生器の出力系列である．この信号の性質としては受信側においてタイミングを再生するために鋭い自己相関特性を有し（図 3.35 参照），しかも他の信号系列との誤った同期を避けるために低い相互相関特性が求められる．擬似ランダムパルス系列には以上のような要求条件を満たすために最長周期系列（m 系列）や，Gold 符号が一般に利用される．

このパルスはチップ時間 T_c とすると次式で表される．

$$c(t) = \sum_{n=-\infty}^{\infty} c_n p(t - nT_c) \tag{3.81}$$

ここで $p(t)$ は方形の基本波形である．一般に情報信号としては BPSK,

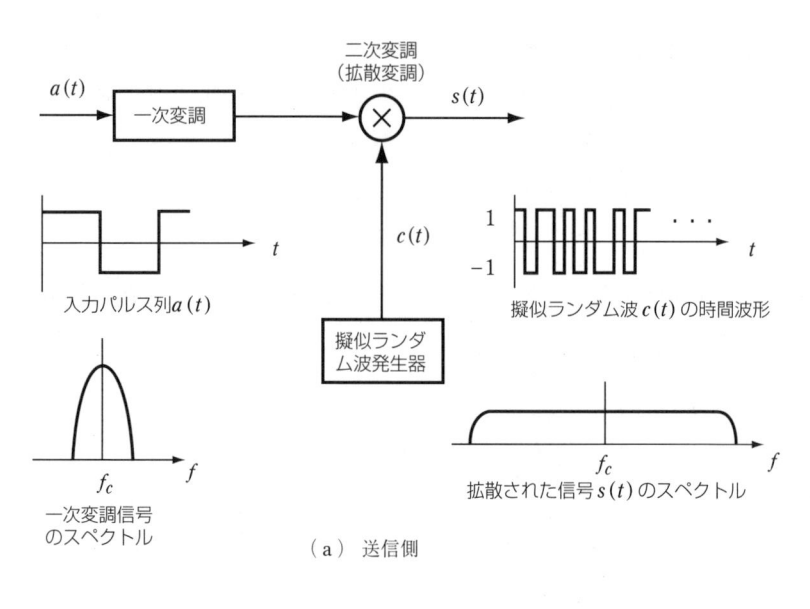

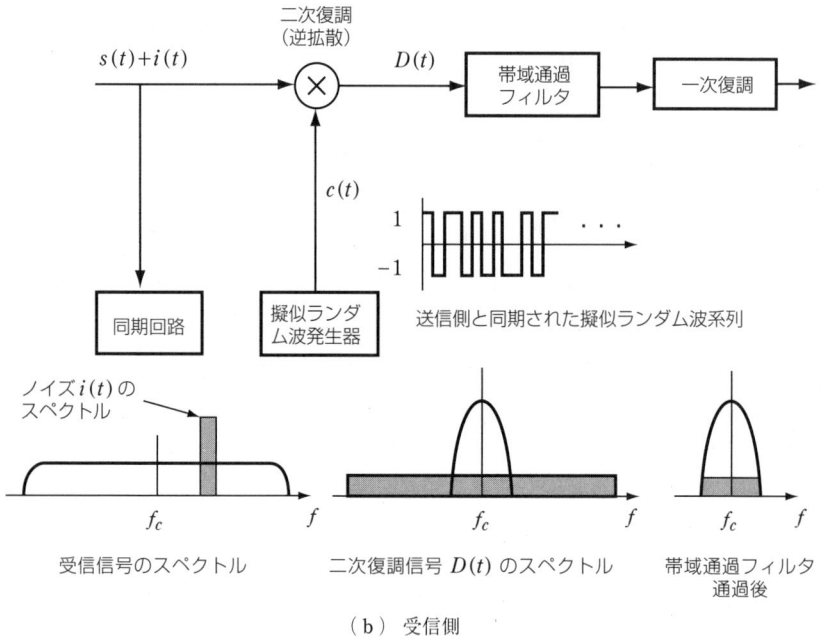

図 3.34 直接拡散方式の原理

7ビット構成のPN系列の例

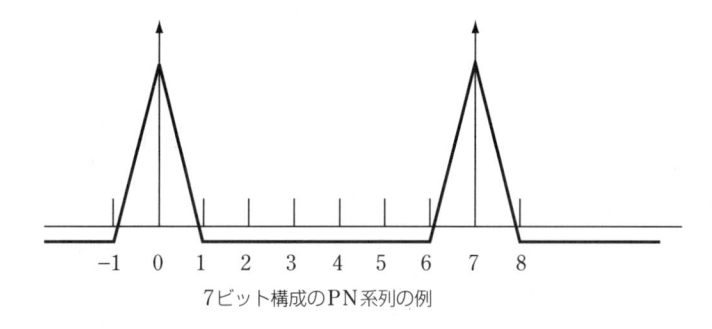

図3.35 PN系列の自己相関の例

QPSK等の変調信号が用いられる．この信号を一次変調信号と呼ぶ場合がある．このときの情報信号を $a(t)\exp\{j(2\pi f_c t + \theta_c)\}$ と複素表現する．ここで $a(t)$ は情報データ系列であり，BPSKの場合2値データ信号である．この一次変調信号を高速パルス列 $c(t)$ でスペクトル拡散処理すると送信信号 $s(t)$ が得られる．この拡散処理を二次変調と呼ぶ場合がある．

$$s(t) = \text{Re}\{c(t)a(t)\exp\{j(2\pi f_c t + \theta_c)\}\} \tag{3.82}$$

拡散信号に干渉 $i(t)$ が加わり，その信号が送信側の高速パルス列 $c(t)$ と同一信号かつ同一位相にて逆拡散されると次式で表される2次復調信号 $D(t)$ を得る．

$$D(t) = \text{Re}\{\{s(t) + i(t)\}c(t)\} = a(t)\exp\{j(2\pi f_c t + \theta_c)\} + \text{Re}\{i(t)c(t)\} \tag{3.83}$$

右辺第1項は送信側の一次変調信号が復元されている．また，第2項は干渉成分が逆拡散されスペクトルが拡大されていることを示している．上式で表される信号が受信フィルタを通り一次復調されると以下のように送信情報系列 $a(t)$ と1/拡散利得に減少した干渉電力 $|i^2(t)| \times s_b/W_s$ を得る．すなわち，スペクトル拡散することで拡散利得分の信号対雑音電力比が改善できることを意味している．

3.6.3 周波数ホッピング変調方式

周波数ホッピング変調方式の原理を**図3.36**に示す．また，ホッピングパ

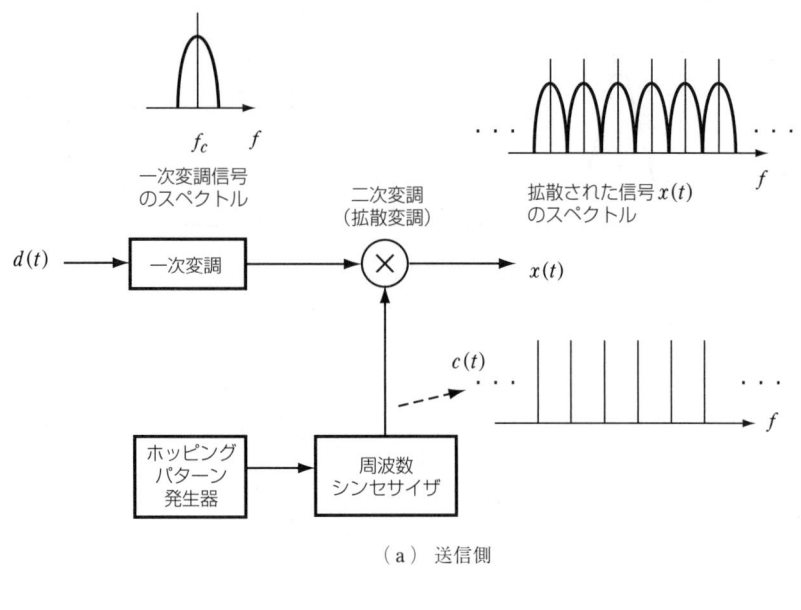

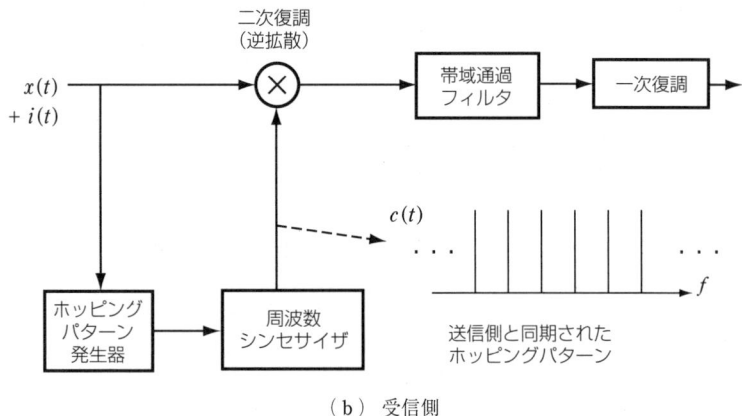

図 3.36 周波数ホッピング方式の原理

ターンの一例を**図 3.37**に示す．周波数ホッピング変調波形$c(t)$は擬似ランダム系列で生成される周波数シフトのための系列$\{f_n\}$によって非線形変換される．$c(t)$は複素表現により次式で表される．

第3章　ディジタル変復調

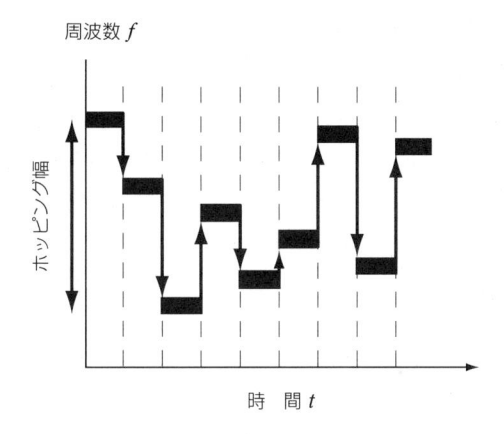

図3.37　ホッピングパターンの例

$$c(t) = \sum_{n=-\infty}^{\infty} \exp\{j(2\pi f_n + \phi_n)\} p(t - nT_h) \qquad (3.84)$$

ここで，$p(t)$はホッピング時間と呼ばれるT_h周期をもつ方形波形である．また，$\{\phi\}_n$はホッピング生成と関連しているランダムな位相系列である．一般的に一次変調方式にはFSK変調が用いられる．その理由は擬似ランダム系列が広帯域にわたって位相がコヒーレントな信号を作ることが困難であり，位相情報によらない検波が可能なためである．FSK変調信号波形は$\exp\{j[2\pi(f_c + d(t))t]\}$と表される．$d(t)$はシンボル周期$T_s$のデータ信号による周波数変調指数を示す．したがって，周波数ホッピングされた送信波形は次式で表される．

$$x(t) = \mathrm{Re}\,[c(t)\exp\{j[2\pi(f_c + d(t))t]\}] \qquad (3.85)$$

受信機では，送信された周波数ホッピング信号に干渉信号$i(t)$が加わるが，送信側と同期した周波数ホッピング変調波形によりデホッピングされ，もとの一次変調信号を得る．一方，干渉信号は広帯域信号$\mathrm{Re}\{i(t)c(t)\}$のままである．この信号を受信フィルタに通すことで直接拡散方式と同様に拡散利得相当の信号対雑音電力比が改善される．

一般に，周波数ホッピング変調ではT_hとT_sは等しい．高速周波数ホッピング変調ではデータシンボルの間に1回以上のホッピングを行う．一般に，

$T_s = nT_h$（n：整数）の関係が成り立つ．一方，低速周波数ホッピング変調ではホッピングを1回する間に1シンボル以上のシンボルが存在する．すなわち，$T_h = nT_s$ である．T_h と T_s の小さい値をチップ周期と呼ぶ．周波数ホッピング変調では短い時間で見ると普通の狭帯域変調と同じ形になっているが，十分に高速に切り換えればそのスペクトルは直接拡散と同様に広帯域に広がる．一般に，ホッピング速度が遅いと狭帯域通信への干渉が大きくなる．また，周波数ホッピングの同時ユーザ数が多くなるとある周波数で複数のユーザからの通信が重なり衝突してしまう．

以上のようなスペクトル拡散方式は無線LAN[17]，Bluetooth等のシステムに広く適用されている．

3.7 マルチキャリヤ方式

3.7.1 マルチキャリヤ方式の特徴

伝送送路において多重波干渉が厳しい条件下では1波当りの伝送帯域を狭くしてその分多数の変調波で伝送するマルチキャリヤ方式が有効である[18]．図 3.38 にシングルキャリヤ方式とマルチキャリヤ方式における耐振幅偏差特性のイメージを示す．マルチキャリヤの数 n 分だけ耐振幅偏差特性を向上

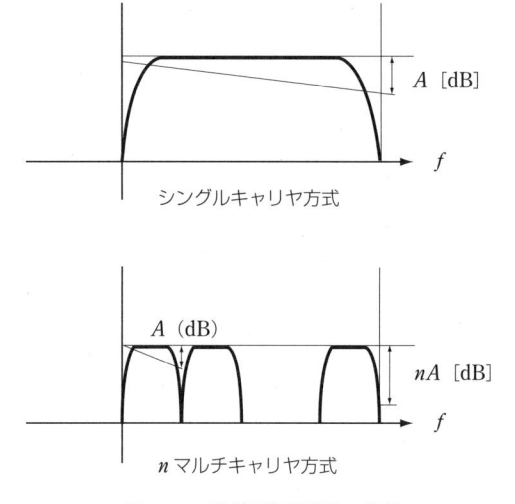

図 3.38　耐振幅偏差特性の比較

できることが分かる．従来，マルチキャリヤ伝送を実現する手段として，送信側では周波数の異なる複数の変調器から出力される変調信号を合成して送信する．一方，受信側では，各波を分波した後，独立に復調される．ここで，一般に，送信側では複数の変調波を合成する場合，受信側において各波がフィルタにて完全に分離できるよう周波数間隔を一定以上確保して合波される．マルチキャリヤ数すなわち変調波の数が数十以上と多くなると物理的な回路規模が莫大に増え，実現上大きな制約を受ける．このマルチキャリヤ方式を周波数軸上に効率良く合成及び分波するためにFFTを用いた信号処理により実現するOFDM技術は大変有効である．

3.7.2　OFDM変調方式

図3.39にOFDM（Orthogonal Frequency Division Multiplex）変復調方式の構成図を示す．入力データ列はシリアル/パラレル変換器に入力され，N若しくはその整数倍のデータ列に並列展開される．そのデータ系列は一次変調器に入力され，N個の一次変調信号$\{X_n\}$（$n=0, 1, \cdots, N-1$）が得られる．n番目の変調帯域信号$s_n(t)$は次式で表される．

$$s_n(t) = \mathrm{Re}\,[X_n \exp(j2\pi f_n t)] \tag{3.86}$$

ここで，X_nは複素ベースバンド信号，f_nはn番目のサブキャリヤの周波数である．n番目と$n+1$番目のサブキャリヤが直交するための条件は$s_n(t)$と$s_{n+1}(t)$の相互相関が0になることである．X_nのシンボル周期をT，隣接するサブキャリヤ間の周波数間隔をΔfとすると，相互相関は次式で与えられる．

$$E[s_n(t)s_{n+1}(t)] = \int_0^T s_n(t)s_{n+1}(t)\,dt = 0 \tag{3.87}$$

とおいて，Δfの条件を求めると$\Delta f = k/T$（$k=1, 2, \cdots$）となる．すなわち，最小のサブキャリヤ周波数間隔は$\Delta f = 1/T$となり，このチャネル間隔を有するマルチキャリヤを特に直交周波数分割多重（Orthogonal Frequency Division Multiplexing: OFDM）[19], [20] という．この様子を図3.40に示す．

周波数領域におけるN個の系列を$\{X_k\}$, $k=0, 1, \cdots, N-1$とし，時間領域におけるN個の複素時間系列を$\{x_n\}$, $n=0, 1, \cdots, N-1$とするとき，離散的

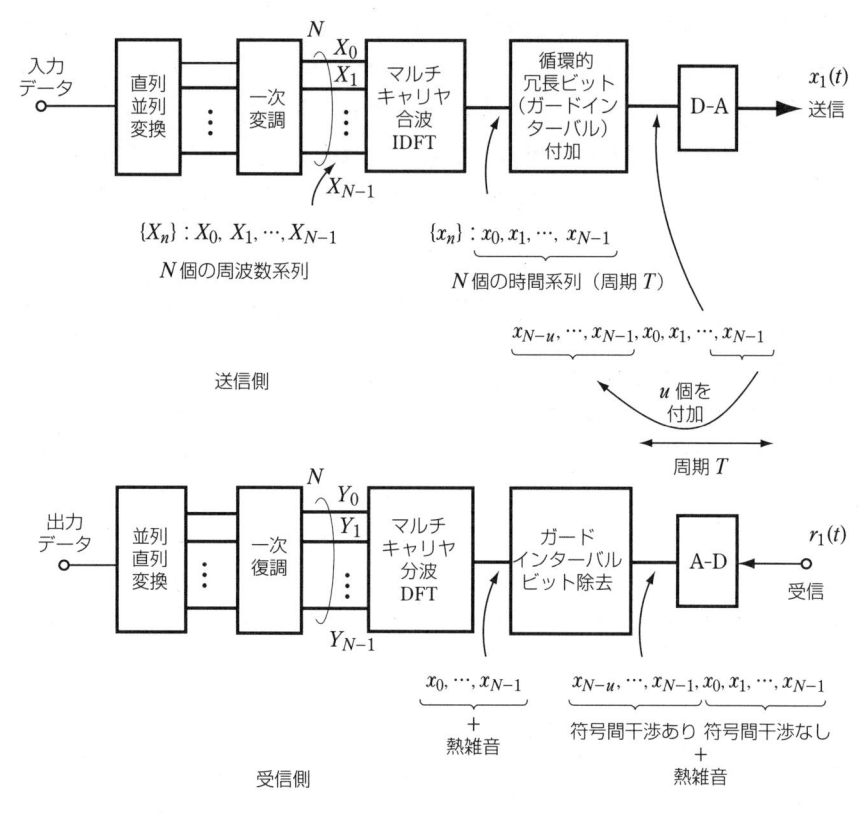

図3.39 OFDM変復調の概要

フーリエ逆変換（IDFT）により次式が成り立つ．

$$x_n = \sum_k X_k \exp\left(j2\pi n \frac{k}{N}\right) \quad n = 0, 1, 2, \cdots, N-1 \tag{3.88}$$

IDFT回路の出力であるN個の複素時間系列$\{x_n\}$は多重波干渉の影響を避けるためにN個の複素時間系列$\{x_n\}$のうちの一部を繰り返し使用するガードインターバル付加回路に入力されて$N+u$個の複素時間系列$\{x_n\}$, $n = -u, \cdots, 0, 1, \cdots, N-1$を得る．ここで，多重波干渉の最大遅延時間差を$\tau$とすると，ガードインターバルの長さ$u$は次式を満たす必要がある．

第3章 ディジタル変復調

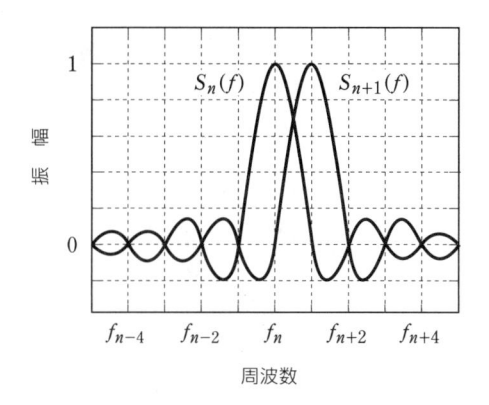

図3.40 マルチキャリヤ信号スペクトルの直交条件

$$u \geq \frac{\tau}{T} \cdot N \tag{3.89}$$

この場合,多重波干渉による符号間干渉の影響は完全に取り除かれる.ただし,この長さを大きくしていくとその分伝送効率は劣化するため注意が必要である.送信波形を$x_1(t)$,伝送路のインパルス応答を$h(t)$,伝送路で加わる雑音を$\eta(t)$とすると受信信号波形$r_1(t)$は次式で表される.

$$r_1(t) = x_1(t) * h(t) + \eta(t) \tag{3.90}$$

ただし,*は畳込みを表す.これを$N+u$個の離散値$\{r_{n1}\}$を受信側にてガードインターバル除去回路に通した後,もとのN個の時間系列$\{r_n\}$は送信時間系列$\{x_n\}$に雑音が加わった形になる.その信号を離散的フーリエ変換(DFT)回路に通すことにより各サブキャリヤに分波されて次式に示すN個の周波数系列$\{Y_k\}$は次式で表される.

$$Y_k = \frac{1}{N} \sum_n x_n \exp\left(-j2\pi k \frac{n}{N}\right) + \eta_k \quad k = 0, 1, \cdots, N-1 \tag{3.91}$$

ここで,もし,伝送路において加わる雑音が十分無視できるほど小さければ$Y_k = X_k$となり,送信信号のサブキャリヤがそのまま再生されることになる.分波された各サブキャリヤ変調信号は二次復調回路に入力されデータ系列を得,パラレル/シリアル変換回路によりシリアル変換されて復調データ信号

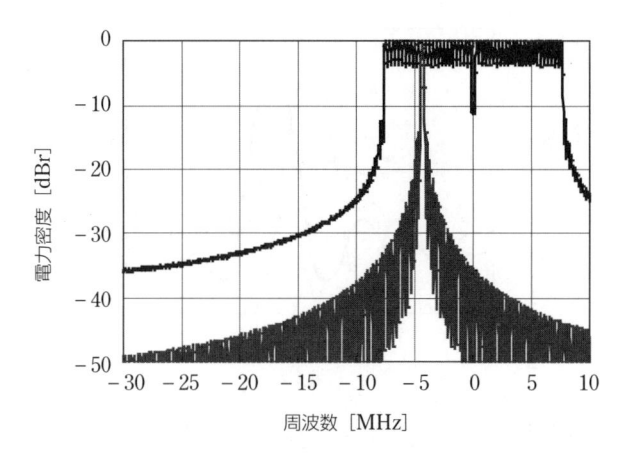

図3.41 OFDM送信スペクトルの一例
(N=64, キャリヤ数=52)

が再生できる．実際にはN個すべてをサブキャリヤとして使用することはできず，折返し雑音（エリアス効果）を切るためのフィルタの実現性を考慮してNより小さい値が選ばれる．送信波形を$x_1(t)$としてそれをフーリエ変換して得られる送信信号スペクトル計算結果の一例を**図 3.41**に示す．IEEE802.11a規格の変調信号であり，N = 64，実際のキャリヤ数は52の例である．一つのキャリヤスペクトルは$\sin x/x$の形をしていることが分かる．

　OFDM変調方式はこれまで地上波ディジタル放送，また，最近では無線LANに適用されている [21]．一般にマルチキャリヤ方式では増幅器に対する線形性が要求され，サブキャリヤ数が増えるにつれてその傾向は大きくなるため注意が必要である．

参　考　文　献

[1] C. E. Shanonn, "A mathematical theory of communication," Bell Syst. Tech. J., vol. 27, no. 7, pp. 379–423, July 1948.
[2] C. E. Shanonn, "A mathematical theory of communication," Bell Syst. Tech. J., vol. 27, no. 10, pp. 623–656, Oct. 1948.
[3] 斉藤洋一，ディジタル無線通信の変復調，電子情報通信学会，1996.
[4] C. L. Byrne and R. M. Fitzgerald, "Time-limited sampling theorem for band-limited signals," IEEE Trans. Inf. Theory, vol. IT-28, no. 10, pp. 807–809, Oct. 1982.

[5] A. J. Jerri, "The Shannon sampling theorem— Its various extensions and applications: A tutorial review," Proc. IEEE, vol. 65, no. 11, pp. 1565–1596, 1977.
[6] H. Taub and D. L. Schilling, Principles of Communication Systems, pp. 122–125, McGraw-Hill, 1971.
[7] S. Pasupathy, "Minimum shift keying—A spectrally efficient modulation," IEEE Commun. Mag., vol. 17, no. 7, pp. 14–22, July 1979.
[8] J. R. Davy, "Harry Nyquist's proposal for bandwidth efficient data communication," IEEE Commun. Mag., vol. 23, no. 4, pp. 4–5, April 1985.
[9] 斎藤洋一, 松江英明, 小牧省三, "高速・多値ナイキスト波形の実現法," 信学論 (B), vol. J67-B, no. 3, pp. 265–272, March 1984.
[10] プロアキス, ディジタルコミュニケーション, 坂庭好一, 鈴木 博, 荒木純道, 酒井善則, 渋谷智治 (訳), 科学技術出版, 1999.
[11] 羽鳥光俊, 小林岳彦 (監修), 移動通信基礎技術ハンドブック, 丸善, 2002.
[12] S. スタイン, J. J. ジョーンズ (著), 関 英男 (監訳), 現代の通信回線理論, 森北出版, 1970.
[13] 堀川 泉, 斉藤洋一, "選択制御形16QAM搬送波再生回路," 信学論 (B), vol. J63-B, no. 7, pp. 692–699, July 1980.
[14] 松江英明, 斎藤洋一, "モード切替機能を有する16QAM搬送波再生回路の構成と特性," 信学論 (B), vol. J68-B, no. 3, pp. 387–394, March 1985.
[15] R. L. Pickholtz, D. L. Schilling, and L. B. Milstein, "Theory of spread-spectrum communications—A tutorial," IEEE Trans. Commun., vol. COM-30, no. 5, pp. 855–884, May 1982.
[16] R. C. Dixon, Spread Spectrum Systems, John Wiley & Sons, 1976.
[17] 重野 寛 (著), 松下 温 (監修), 無線LAN技術講座, ソフトリサーチセンタ, 1994.
[18] S. Komaki, K. Tajima, and Y. Okamoto, "A minimum dispersion combiner for high capacity digital microwave radio," IEEE Trans. Commun., vol. COM-23, no. 4, pp. 419–428, April 1984.
[19] B. R. Saltzberg, "Performance of an efficient parallel data transmission system," IEEE Trans. Commun., vol. COM-15, no. 12, pp. 805–811, Dec. 1967.
[20] S. B. Weinstein and P. M. Ebert, "Data transmission by frequency-division multiplexing using the descrete Foulier transform," IEEE Trans. Commun., vol. COM-19, no. 10, pp. 628–634, Oct. 1971.
[21] 松江英明, 守倉正博 (監修), IEEE802.11高速無線LAN教科書, IDGジャパン出版, 2003.

第 4 章

システム劣化要因と補償技術

4.1 システム劣化要因

図4.1にシステム劣化要因とその補償技術の関係をまとめて示す．ワイヤレスアクセスシステム全般に関して，システムの各種劣化要因は主に三つ考えられる．

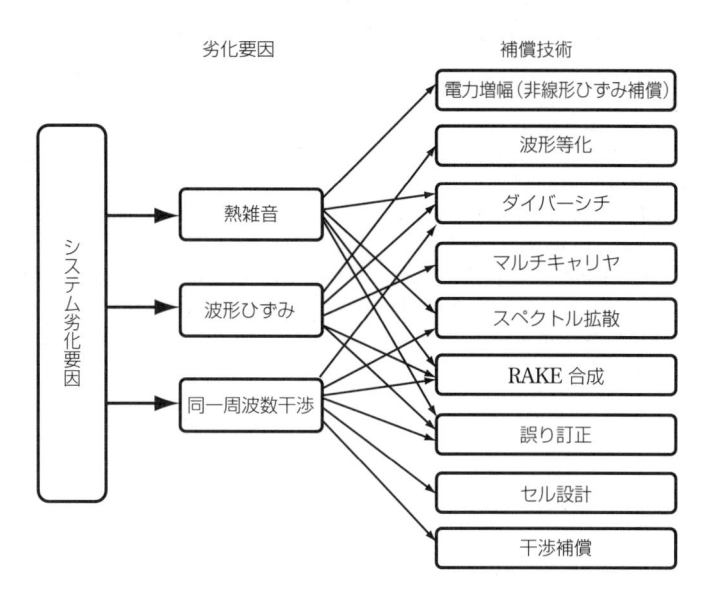

図4.1 システム劣化要因と補償技術

第1に，熱雑音によるシステムの劣化である．狭帯域信号，広帯域信号を問わず熱雑音については影響を受ける．この問題を解決するためには，送信電力の増大，受信感度の改善，誤り訂正技術の適用，ダイバーシチ技術の適用，スペクトル拡散技術の適用等が考えられる．

第2に，波形ひずみによるシステムの劣化である．波形ひずみの影響は信号帯域幅が増大するにつれて，すなわち，高速信号になるほど顕著になる．この問題を解決するためには，第3章でもふれたようにマルチキャリヤ技術の適用に加えて，波形等化技術，ダイバーシチ技術，スペクトル拡散とRAKE受信技術，誤り訂正技術等の適用が有効である．

第3に，同一周波数干渉によるシステムの劣化である．無線通信ではすべてにおいて，開空間を伝送に使用するため，干渉問題は避けて通れない重要な課題である．特に，平面上をカバーするようなシステムでは，同一周波数をある程度距離を置いて繰り返して使用する必要があるため，干渉を考慮したシステム設計技術が重要である．また，干渉を積極的に消去するような技術も有効である．

以下に，主な補償技術について述べる．

4.2 電力増幅における非線形ひずみ補償技術

第3章で述べたように，線形変調を適用するシステムでは電力増幅器も線形領域で動作させる必要がある．しかし，方式要求上及び電力効率の観点からは少しでも大電力で増幅することが重要である．その場合，十分な線形領域での動作でなくなり非線形ひずみを生ずることになる．図4.2に増幅器の入出力特性，線形領域における16QAM変調信号の空間配置，非線形領域における16QAM変調信号の空間配置の一例を示す．図4.2から，非線形領域における16QAM変調信号の空間配置は，特に信号振幅が大の場合大きくひずむことが分かる．そこで，図4.3に示すようにあらかじめ非線形増幅器の入力段に増幅器で発生するひずみを相殺するよう逆にひずみを用意したひずみ補償回路を設けることにより増幅器出力点においてひずみをなくすことができる[1], [2]．

定量的に考察する．非線形増幅器の入出力特性を以下のように表現する．

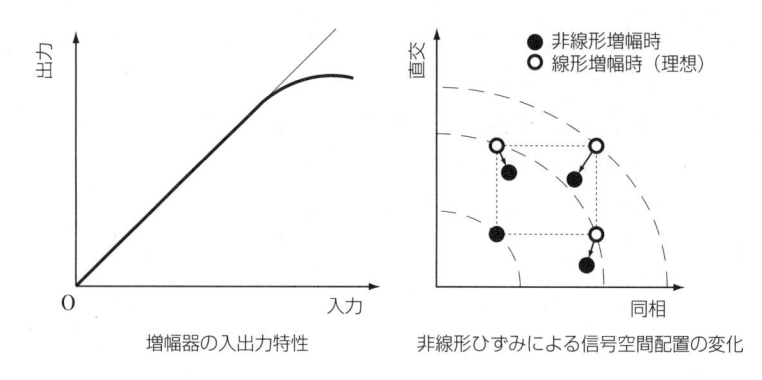

図4.2 非線形ひずみの影響

（左図：増幅器の入出力特性／右図：非線形ひずみによる信号空間配置の変化）

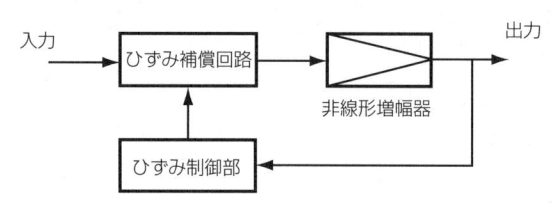

図4.3 非線形ひずみ補償回路の構成

$$y = c_1 x + c_2 x^2 + c_3 x^3 + \cdots \tag{4.1}$$

ここで，xは増幅器入力，yは増幅器出力，c_n $(n=1,2,3,\cdots)$ は定数である．増幅器入力信号が $x = \cos\omega t$ の余弦波と仮定すると式(4.1)に代入して以下のようになる．

$$y \rightarrow c_1 \cos\omega t + c_2(1 - \cos 2\omega t) + c_3(\cos\omega t - \cos 3\omega t) + \cdots \tag{4.2}$$

各項の符号，係数の正確性は無視して，右辺第2項は二次ひずみ成分を示していて，二次ひずみ成分からは直流成分と2倍の周波数成分が現れる．同様に，右辺第3項は三次ひずみ成分を示していて，三次ひずみ成分からは基本波成分とその3倍の周波数成分が現れる．ここで，自分の帯域である基本波成分以外の成分については帯域通過フィルタによりカットすることが可能なため，本質的な問題にはならないが，三次ひずみのように基本波成分にひず

みが加わる場合大きな問題となる．

言い換えると，三次，五次，…，等の奇数次のひずみ成分は基本波成分に加わるため注意が必要となる．ひずみ補償回路ではこの奇数次のひずみ成分を相殺するよう動作される．

4.3 波形等化技術

4.3.1 波形ひずみの概要

無線伝搬路は一般的に帯域制限された線形フィルタの特性をもつものと考えられる．そのような無線伝搬路の周波数応答 $C(f)$ は次式で表される

$$C(f) = A(f)e^{j\theta(f)} \tag{4.3}$$

ここで，$A(f)$ は振幅－周波数特性，$\theta(f)$ は位相－周波数特性という．位相特性の代わりに次式で示す群遅延－周波数特性が使われる場合がある．

$$D(f) = -\frac{1}{2\pi}\frac{d\theta(f)}{df} \tag{4.4}$$

伝送された信号の帯域内において $A(f) = $ 一定かつ $\tau(f) = $ 一定であれば無線伝搬路は無ひずみである．ところが送信点から受信点までに複数の通信路に分割されるような場合，多重波干渉フェージングといい，無線伝搬路の周波数応答 $C(f)$ は次式となる．

$$C(f) = \sum_{n=1}^{K}(1+\rho_n e^{j(2\pi\tau_n f + \theta_n)}) \tag{4.5}$$

特に，$K = 1$ のとき，主波プラス一つの反射波の2波干渉フェージングとなる．その場合の周波数応答は次式で表される．

$$C(f) = 1 + \rho \cdot e^{j2\pi f\tau + \theta} \tag{4.6}$$

$A(f)$，$D(f)$ に展開すると，

$$A(f) = \sqrt{1+\rho^2+2\rho\cos(2\pi f\tau+\theta)} \tag{4.7}$$

$$D(f) = -\frac{1}{2\pi}\cdot\frac{\tau\rho\{\rho+\cos(2\pi f\tau+\theta)\}}{1+\rho^2+2\rho\cos(2\pi f\tau+\theta)} \tag{4.6}$$

となる．上式(4.6)，(4.7)よりA(f)，D(f)を計算すると図4.4，図4.5，図4.6になる．すなわち，フェージング時の振幅特性の周波数繰返しは遅延時間差τの逆数に比例し，かつ，振幅比ρが1に近づくにつれてフェージング落込み量も増大することが分かる．また，図4.6の群遅延特性からρが1を境にしてその極性が異なることに注意する必要がある．特に，ρ＜1の場合を最小位相推移形フェージングといい，ρ＞1の場合を非最小位相推移形フェージングと呼ぶ．

一方，時間領域について見る．ナイキスト波形$h(t)$を例にとると，2波干渉フェージングを受けると次式となる．

$$r(t) = h(t) + \rho h(t-\tau) \cdot e^{j\theta} \tag{4.9}$$

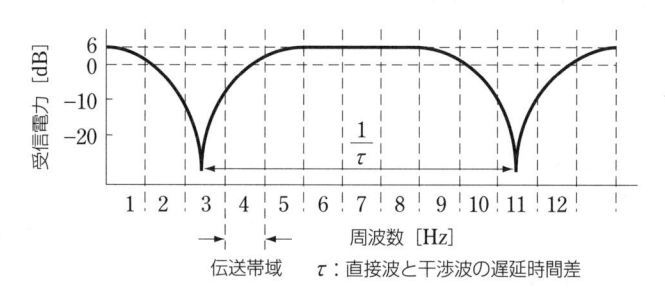

図4.4 2波干渉フェージングの振幅特性

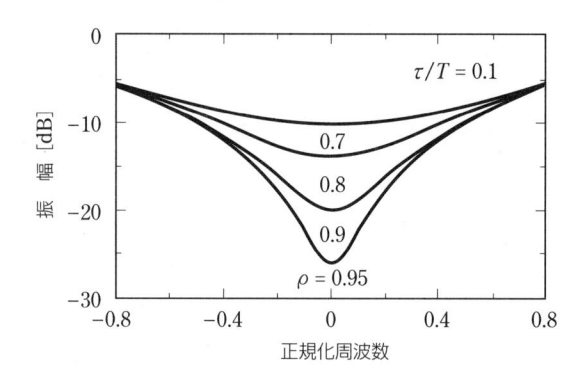

図4.5 2波干渉フェージングの振幅特性

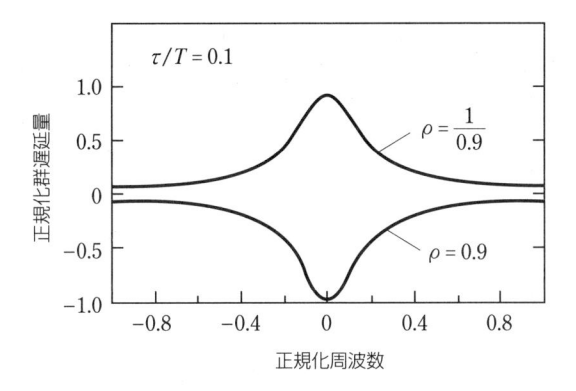

第4章 システム劣化要因と補償技術 117

図4.6 2波干渉フェージングの群遅延特性

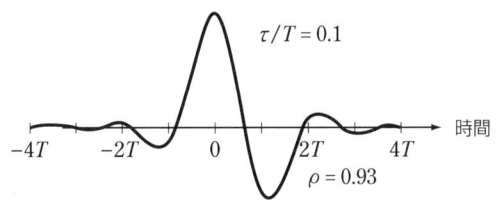

図4.7 2波干渉フェージングにおける波形応答

(a) 最小位相推移状態（$\rho < 1$）

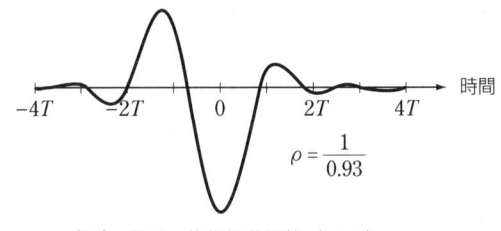

(b) 非最小位相推移状態（$\rho > 1$）

上式をもとに計算した結果を**図4.7**に示す．標本点において符号間干渉が大きく現れており，このような状態では符号誤り率特性も大幅に劣化するため何らかの改善策が必要となる．

4.3.2 波形等化技術の概要

上述のようにフェージングによって生じた符号間干渉を相殺する等化器が

最適受信器の要素となる．等化器の分類を図4.8にまとめて示す．等化器の入力信号により線形等化及び非線形等化に分類される．線形等化では受信信号がそのまま等化器に入力されるが，非線形等化では受信した信号を判定器に通した後に入力される点が大きく異なる．非線形等化では判定器出力を直接トランスバーサルフィルタに入力する判定帰還形等化器と，ゆう度関数を用いて系列を推定しその結果をトランスバーサルフィルタに入力する最ゆう系列推定等化器に分類される．

また，等化器の構成においてタップ間隔がシンボル周期に等しいものをシンボル間隔等化器，また，タップ間隔がシンボル周期より小さいものを分数間隔等化器という．

更に，タップ係数を適応的に制御する適応制御法について分類すると，等化器出力における残留符号間干渉のピーク値を最小にするZF法，等化器出力における平均二乗誤差を相互相関により最小にするLMS法，二乗誤差を逐次時間平均してその値が最小となるよう制御するRLS法がある．

図4.9のような系において，ナイキスト伝送系において送信信号スペクト

			タップ間隔	
等化器	線形	線形等化器（LE）	T間隔	分数間隔
	非線形	判定帰還形等化器（DFE）		
		最ゆう系列推定等化器（MLSE）		
制御アルゴリズム		ゼロフォーシング（Zero-Forcing: ZF）		
		最小二乗平均（Least Mean Square: LMS）		
		逐次最小二乗法（Recursive Least Square: RLS）		

図4.8　波形等化器とその制御法の種類

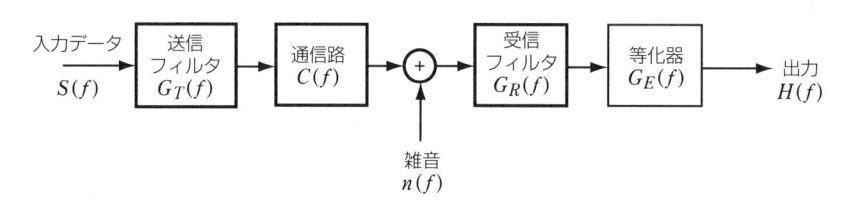

図4.9　システム構成

ルを $S(f)$, 送信フィルタ及び受信フィルタの伝達関数をそれぞれ $G_T(f)$, $G_R(f)$, 等化器の伝達関数を $G_E(f)$ とすると次式が成り立つ.

$$S(f)\,G_T(f)\,C(f)\,G_R(f)\,G_E(f) = H(f) \tag{4.10}$$

ここで定常的には $S(f)\,G_T(f)\,G_R(f) = H(f)$ であるため, 等化器の所望伝達関数 $G_E(f)$ は次式で表される.

$$G_E(f) = \frac{1}{C(f)} = \frac{1}{A(f)} \cdot e^{-j\theta(f)} \tag{4.11}$$

となる.

4.3.3　線形等化[3]～[5]

次に等化器を時間領域において考察する.

PSK, QAM 等の線形変調方式では送信信号 $s(t)$ は次式で表される.

$$s(t) = \mathrm{Re}\,[v(t) \cdot e^{j2\pi f_c t}] \tag{4.12}$$

ここで, $v(t)$ は等価低域系信号, f_c は搬送波周波数, Re は複素数の実数部を示している. 一般に $v(t)$ は以下のようになる.

$$v(t) = \sum_{n=0}^{\infty} I_n g_T(t - nT) \tag{4.13}$$

ここで, $g_T(t)$ は送信フィルタ出力の時間波形を, また, I_n は送信信号シンボル系列, T は信号間隔である. 一般に, I_n は複素数であり二次元で表される. 送信信号が無線伝搬路にて $C(f)$ に相当するフェージングを受けると次式となる.

$$r(t) = \sum_{n=0}^{\infty} I_n i(t - nT) + \eta(t) \tag{4.14}$$

ここで, $i(t) = g_T(t) * c(t)$, $c(t)$ は無線伝搬路における等価低域インパルス応答, $*$ は畳込み, $\eta(t)$ は付加雑音である. 一般に, 受信機における最適フィルタは受信信号パルス $i(t)$ に整合する. したがって, 最適受信フィルタの出力応答は次式で表される.

$$y(t) = \sum_{n=0}^{\infty} I_n x(t - nT) + \eta_1(t) \tag{4.15}$$

受信フィルタ出力 $y(t)$ が $t = kT$ で標本化されるとすると，次式が得られる．

$$y(kT) = y_k = \sum_n I_n x(kT - nT) + \eta_1(kT)$$
$$= \sum_n I_n x_{k-n} + \eta_{1k} \qquad (4.16)$$

ここで，上式を書き直すと

$$y_k = I_k + \sum_{n \neq k} I_n x_{k-n} + \eta_{1k} \qquad (4.17)$$

ここで，右辺第1項 I_k は k 番目の標本化時における希望信号を表し，右辺第2項は符号間干渉（Inter-Symbol Interference: ISI）を表す．また，η_{1k} は k 番目の標本化時における付加雑音である．

等化器が理想的に動作した場合，右辺第2項は0となり，ISIは完全に消去される．ISIを消去するために**図4.10**に示すような有限のタップ数を有するトランスバーサルフィルタが用いられる．有限長のトランスバーサルフィルタのインパルス応答は次式で表される．

$$g_E(t) = \sum_{n=-N}^{N} c_n \delta(t - n\tau) \qquad (4.18)$$

また，周波数領域における伝達関数 $G_E(f)$ は式 (4.18) をフーリエ変換して

$$G_E(f) = \sum_{n=-N}^{N} c_n e^{-j2\pi fn\tau} \qquad (4.19)$$

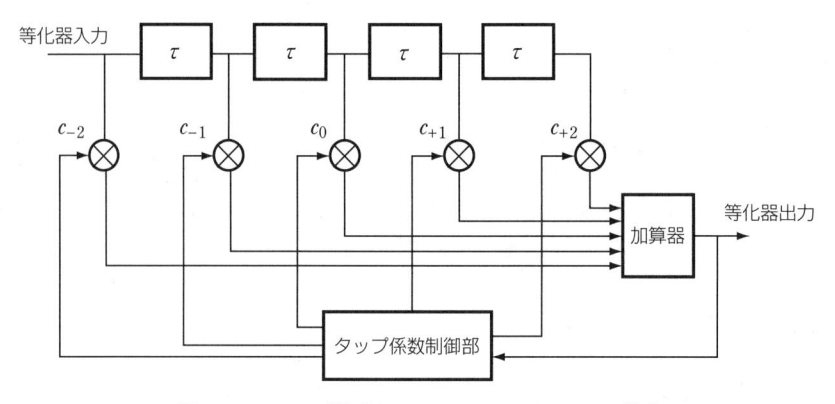

図4.10　5タップ線形トランスバーサルフィルタの構成

となる.ここでτはトランスバーサルフィルタの各タップの遅延時間を示しており,$\tau=T$の場合をシンボル間隔等化器と呼ぶ.一方,$\tau<T$の場合を分数間隔等化器[6]という.特に,$\tau=T/2$の場合,サンプリング定理より,折返し雑音が完全に消去可能なため理想的な特性を示す.これは,サンプリングタイミングの値によらず一定の等化特性を示すことに等しい.言い換えると,シンボル間隔等化器ではサンプリングタイミングが最適値から偏移することにより等化特性が大きく影響を受けることになる.

Nは通常,ISIのシンボル長に及ぶように十分大きくとられる.式(4.10)より等化器入力の周波数スペクトル$X(f)$は次式となる.

$$X(f) = S(f) G_T(f) C(f) G_R(f) \tag{4.20}$$

等化器入力波形を$x(t)$とすると,等化器出力波形は次式となる.

$$q(t) = \sum_{n=-N}^{N} c_n x(t - n\tau) \tag{4.21}$$

$t = mT$のタイミングで得られる$q(t)$の標本値は次式となる.

$$q(mT) = \sum_{n=-N}^{N} c_n x(mT - n\tau) \quad m = -N, \cdots, 0, 1, \cdots, N \tag{4.22}$$

$2N+1$個の等化器の各タップ係数は以下の条件を満足するように制御される.

$$q(mT) = \sum_{n=-N}^{N} c_n x(mT - n\tau) = \begin{cases} 1 & m = 0 \\ 0 & m = -N, \cdots, -1, 1, \cdots, N \end{cases} \tag{4.23}$$

このように符号間干渉のピーク値のみに着目してそれを最小化するものをゼロフォーシング(Zero-forcing: ZF)アルゴリズムという.ZF法の欠点はISIのピークの最小化は可能であるが,その分雑音成分を加算してしまう場合がある.式(4.22)は行列形式で,$Xc = q$と表される.ここでXは$(2N+1) \times (2N+1)$の行列,cは$(2N+1)$の係数の列ベクトル,また,qは一つだけ1,その他は0の要素をもつ$(2N+1)$の列ベクトルを表している.

4.3.4 最小二乗誤差法

ZF法が等化後の残留ピーク値符号間干渉量を最小にするアルゴリズムであ

ることは述べたが，総合的な評価関数として，残留ISIに加えて雑音電力との総和を最小にすることで更に等化特性の向上が期待できる．式(4.21)同様，等化器出力波形を$p(t)$とすると次式が成り立つ．

$$p(t) = \sum_{n=-N}^{N} c_n x(t - n\tau) \tag{4.24}$$

等化器出力波形を$t = mT$のタイミングで標本化されると次式を得る．

$$p(mT) = \sum_{n=-N}^{N} c_n x(mT - n\tau) \tag{4.25}$$

$t = mT$における等化器出力の所望信号は送信されたシンボルI_mであるので平均2乗誤差（Mean Square Error: MSE）は次式となる．

$$\begin{aligned} MSE &= E|p(mT) - I_m|^2 \\ &= E\left[\left|\sum_{n=-N}^{N} c_n x(mT - n\tau) - I_m\right|^2\right] \end{aligned} \tag{4.26}$$

上式を評価関数としてそれを最小にするようにトランスバーサルフィルタの各タップ係数を制御することで実現できる．タップ係数$\{c_n\}$は式(4.26)を微分して0とおくことで得られる．

$$\frac{\partial}{\partial c_n} MSE = 0 \tag{4.27}$$

具体的には，式(4.27)を展開するとZF法同様，$(2N+1)$個の線形連立方程式を解くことで$\{c_n\}$は得られる．

4.3.5 適応制御法

（1）**LMS（Least Mean Square, 最小二乗平均）** これまで線形連立方程式を解くことでタップ係数が得られることを示したが，実用的な観点からは上述したような方法に比べ簡易な反復手法が用いられる．$Xc = q$の関係から，タップ係数ベクトルcを反復手法によって求める．MSEを評価関数とする場合，MSEのタップ係数値$\{c_n\}$に対する変化分，すなわち，$\partial MSE/\partial c$をこう配ベクトルgと定義する．例えば，時刻kにおけるこう配ベクトルg_kは次式で与えられる．

$$g_k = Xc_k - q \tag{4.28}$$

ここで，係数ベクトル c_k は次式で表される．

$$c_{k+1} = c_k - \Delta g_k \tag{4.29}$$

ここで，Δ は1回の制御におけるステップサイズパラメータであり，収束性を考慮して適当な値が選ばれる．すなわち，大きすぎると制御が不安定になり，小さすぎると制御時間が多く必要になる．制御の反復回数 $k \to \infty$ で $g_k \to 0$ となり，タップ係数ベクトルは $c_k \to c_{opt}$ と最適値に収束する．通常，無線伝搬路においてはフェージング特性は時間とともに変動するため，この変動速度に比べて十分早く制御が収束する必要がある．

こう配ベクトル g_k は等化器入力信号ベクトル x_k と誤差信号 e_k との相互相関としても表され，次式の関係となる．

$$g_k = -E(e_k x_k^*) \tag{4.30}$$

x_k は時刻 k で入力される $(2N+1)$ 個の要素からなる列ベクトル，また，誤差信号 e_k は次式で表される．

$$e_k = I_k - p_k \tag{4.31}$$

ここで，I_k は送信シンボルを，p_k は時刻 k における等化器出力を表す．したがって，式(4.29)は次式のようになる．

$$c_{k+1} = c_k + \Delta e_k x_k^* \tag{4.32}$$

上式で表される反復手法をLMS（Least Mean Square，最小二乗平均）アルゴリズムという．

タップ係数の制御を確実かつ早期に行うため，初期動作における適応等化器は伝搬路に既知のデータ系列 $\{I_m\}$ を送信することでトレーニングが行われる場合がある．トレーニングによりタップ係数がある値にまで収束してくるとトレーニング信号から送信データ系列そのもので制御が継続される．LMSアルゴリズムは最急降下アルゴリズム[7]ともいい，制御パラメータがステップサイズパラメータ Δ のみであり，演算量が少ないという特長がある反面，

制御の応答速度は限界があり,移動通信のように高速に変動するフェージングには追随は困難である.

(2) RLS(Recursive Least Square,逐次最小二乗法) RLSアルゴリズムはLMSアルゴリズムの欠点である制御の応答速度を大幅に改善するために考案されたアルゴリズムである.LMSでは二乗誤差の統計的平均値すなわち集合平均値を最小化するようにタップ係数を制御したが,RLSでは受信データ信号を直接用いて二乗誤差の時間平均値を最小化するようにタップ係数を制御する.時間平均を求めるために集合平均値を求めるLMS法に比べ計算量は多くなり逐次計算のたびに蓄積される丸め誤差に対して感度が高く制御の不安定性の要因となる等のデメリットはあるが,制御の応答速度は一般に10倍以上高速な点が最大の特長である.詳しくは他書を参照されたい[8]〜[10].

4.3.6 判定帰還形等化器

線形等化器では受信信号をそのまま等化器に入力するため符号間干渉とともに雑音成分を含んだ信号が入力される.したがって,符号間干渉を消去すると同時に雑音を付加してしまい,等化特性を大きく劣化する場合があった.それを解決するために,受信信号を判定器で判定した後,すなわち符号間干渉及び雑音成分を含まない理想的な信号を等化器入力信号とする.**図4.11**に判定帰還形等化器(Decision Feedback Equalizer: DFE)[9],[11]の構成を示す.実際には,フィードフォワードフィルタとフィードバックフィル

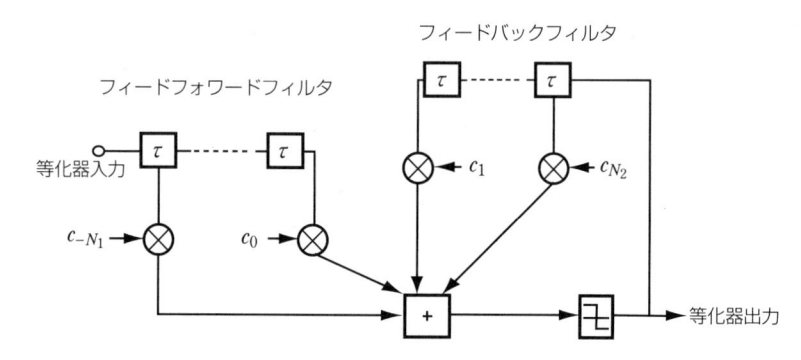

図4.11 判定帰還形等化器の構成

タから構成される．フィードフォワードフィルタでは通常の線形等化器と同様である．一方，フィードバックフィルタでは判定器出力を入力し，過去に判定されたシンボルが現時点で判定されるシンボルに重なって引き起こす符号間干渉を除去する．

等化器入力信号を $x(t)$，フィードフォワードフィルタ及びフィードバックフィルタのタップ係数を $\{c_n\}$，$n=-N_1,\cdots,0$ の N_1+1 タップのフィードフォワードフィルタ，$n=1,\cdots,N_2$ の N_2 タップのフィードバックフィルタとすると，判定帰還形等化の出力 z_m は次式で与えられる．

$$z_m = \sum_{n=-N_1}^{0} c_n x(mT - n\tau) + \sum_{n=1}^{N_2} c_n I_{m-n} \tag{4.33}$$

ここで，I_{m-n} は過去に判定されたシンボル値である．

4.3.7 最ゆう系列推定等化器

DFE は線形等化器に比べて高性能であるが，受信信号標本値 $\{x_k\}$ の情報系列に対して判定誤りを最小化するという観点からは最適ではない．符号間干渉が存在する最適な受信機は最ゆう系列推定等化器（Maximum Likelihood Sequence Estimation: MLSE）である [12]．これは，与えられた標本化後の受信系列 $\{y_k\}$ に対して最も確からしいシンボル系列 $\{\overline{I_k}\}$ を出力とする．すなわち，この判定器は次式で表されるゆう度関数を最大にする系列 $\{\overline{I_k}\}$ を見つけ出す．

$$\Lambda(\{I_k\}) = \max(p\langle\{y_k\}|\{I_k\}\rangle) \tag{4.34}$$

ここで，$p\langle\{y_k\}|\{I_k\}\rangle$ は情報系列 $\{I_k\}$ を条件とする受信系列 $\{y_k\}$ の同時確率である．この条件付確率が最大となるシンボル系列 $\{\overline{I_k}\}$ を推定する判定器を最ゆう系列推定器という．最ゆう系列推定器を実現するアルゴリズムはビタビアルゴリズムである．したがって，MLSE は状態数，すなわち，変調の多値数と，遅延スプレッドに対して指数関数的にハード規模が増大することである．最ゆう系列推定等化器の詳細は他書を参照されたい [9], [10]．

4.3.8 線形等化器の効果

16QAM 変調方式，タップ間隔 $\tau=T$ の場合について線形等化器を適用した場合の効果の一例を説明する．式 (4.21) の複素表現を以下のように展開する．

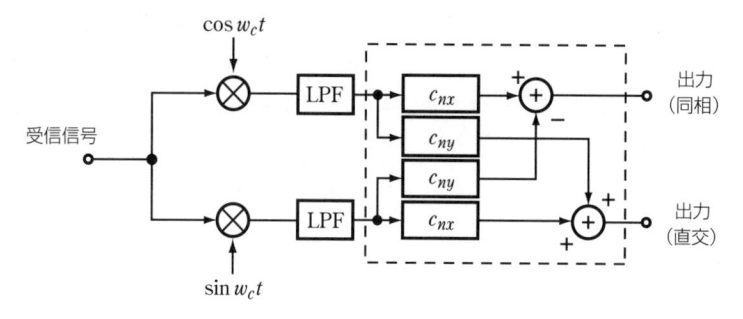

図4.12 QAM信号用複素ベースバンド等化器の構成

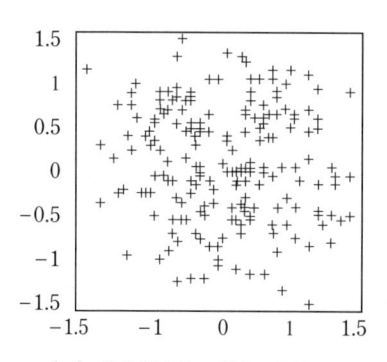

(a) 等化器なしの場合の16QAM信号空間配置

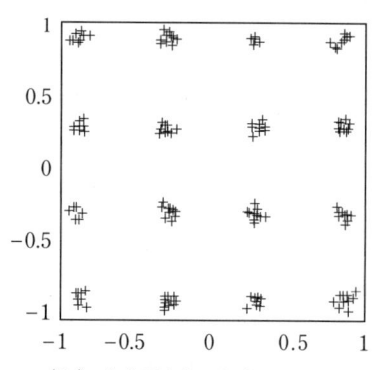

(b) 等化器ありの場合の16QAM信号空間配置

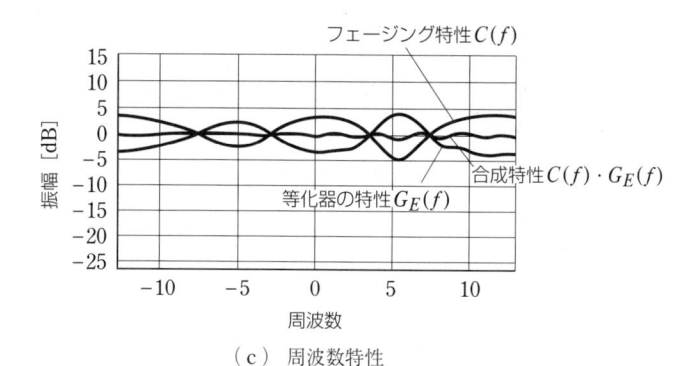

(c) 周波数特性

図4.13 11タップ線形等化器の効果の一例

第 4 章　システム劣化要因と補償技術

(a) 実部のタップ係数値 c_{nx}

(b) 虚部のタップ係数値 c_{ny}

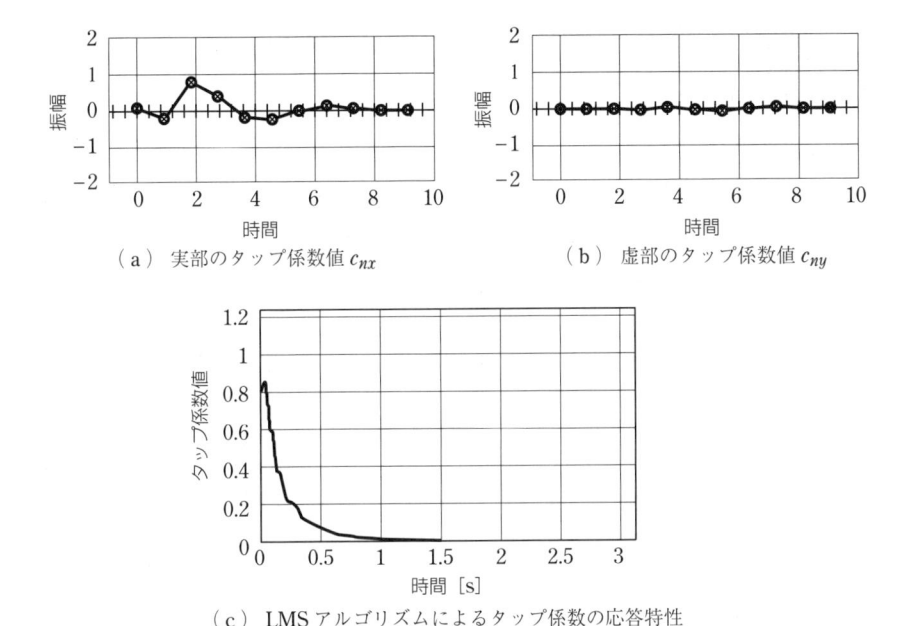

(c) LMS アルゴリズムによるタップ係数の応答特性

図4.14　線形等化器のタップ係数値と応答特性の一例

$$q_x(t) + jq_y(t) = \sum_{n=-N}^{N} [(c_{nx} + jc_{ny})\{(x_x(t-nT) + jx_y(t-nT)\}]$$

$$= \sum_{n=-N}^{N} [\{c_{nx}x_x(t-nT) - c_{ny}x_y(t-nT)\} + j\{c_{nx}x_y(t-nT) + c_{ny}x_x(t-nT)\}]$$

(4.35)

ここで，それぞれの複素数を $q = q_x + jq_y$, $c_n = c_{nx} + jc_{ny}$, $x(t-nT) = x_x(t-nT) + jx_y(t-nT)$ とおいた．上式から QAM における線形等化器は図4.12のような構成となることが分かる[5]．16QAM 信号について，制御アルゴリズムとして LMS を採用し11タップ線形等化器の効果を計算した．その結果を図4.13に示す．また，図4.14にタップ係数値とタップ係数の時間応答特性を示す．等化器を用いることにより信号空間配置上の符号間干渉が大幅に改善されていることが分かる．等化前の周波数応答特性に比べ等化後の周波数応

答特性もほぼ平たんな特性に回復していることが分かる．

4.4 ダイバーシチ

ダイバーシチには空間，周波数，時間等を対象にした空間ダイバーシチ，周波数ダイバーシチ，時間ダイバーシチ等が考えられる．

4.4.1 空間ダイバーシチ

従来から空間ダイバーシチは移動通信，固定マイクロ波通信等において積極的に利用されてきた．複数の異なる伝搬空間がお互いに独立であればフェージングによる受信レベルの低下は同時には起こらないことを利用するものである．空間ダイバーシチには送信側に複数のアンテナを用意するものと受信側に複数のアンテナを用意するものがあり，前者を送信ダイバーシチ，後者を受信ダイバーシチと呼ぶが，制御の容易性から受信ダイバーシチが現実的である．空間受信ダイバーシチでは複数のアンテナから受信した信号を合成する方法に主に選択合成，最大比合成，等利得合成の3通りがある．

各合成法によるレイリーフェージングに対する効果を考察する．レイリーフェージングの信号包絡線振幅の確率密度関数 $p(r_i)$ は次式で与えられる．

$$p(r_i) = \frac{r_i}{\sigma^2} \cdot \exp\left(-\frac{r_i^2}{2\sigma^2}\right) \quad (0 < r_i < \infty) \tag{4.36}$$

ここで，σ^2 はレイリーフェージングの平均電力，r_i は各ブランチの信号包絡線振幅である．更に，各ブランチの瞬時 C/N を γ_i，各ブランチの平均 C/N を Γ_i とすると，瞬時 C/N 値が γ_s 以下となる確率は以下のように確率分布関数を求めることと等価であり，次式で表される．

$$\text{Prob}[\gamma_i \leq \gamma_s] = \int_{-\infty}^{\gamma_s} p(r_i)\, dr_i = 1 - \exp\left(-\frac{\gamma_s}{\Gamma_i}\right) \tag{4.37}$$

（1）選択合成 選択合成法は図 **4.15** (a)に示すように各ブランチの受信レベルが最大のものを選択するものであるため，以下のような関係が成り立つ．すなわち，式(4.37)において，M 個のブランチが独立なフェージング特性を有していてすべてがある値 γ_s 以下となる確率は次式となる．

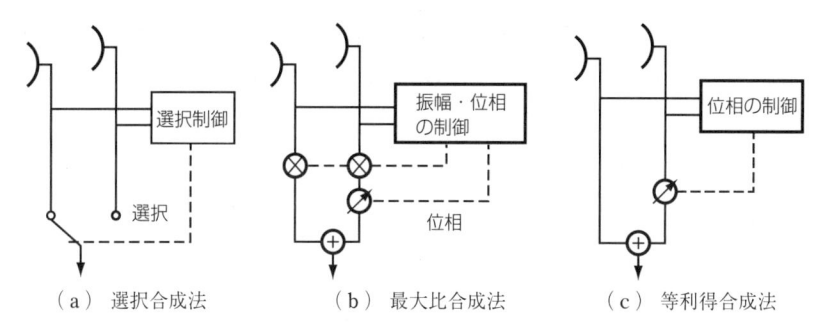

第4章 システム劣化要因と補償技術

図4.15 空間ダイバーシチにおける各種合成法

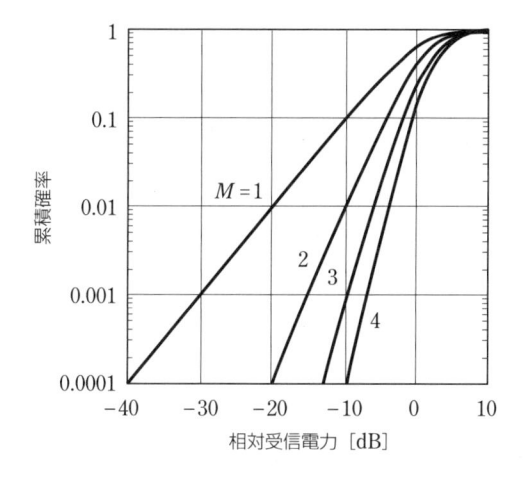

(a) 選択合成法　　(b) 最大比合成法　　(c) 等利得合成法

図4.16 選択合成時の受信電力分布

$$\text{Prob}\,[\gamma_1,\cdots,\gamma_M \leq \gamma_s] = \left(1 - \exp\left(-\frac{\gamma_s}{\Gamma_i}\right)\right)^M \tag{4.38}$$

式(4.38)を用いて**図4.16**に$M=1\sim 4$の場合について，選択合成におけるレイリーフェージングの累積確率分布の計算結果を示す．$M=1$すなわちダイバーシチのない場合，よく知られているようにレイリーフェージングの累積確率は10 dBで1けたの累積分布であるが$M=2$の2ブランチの選択合成ではレイリーフェージングの累積確率は5 dBで1けたとなり大きな改善が見られる．更にブランチの数を3，4と増やしていくと累積確率は更に改善され

るがその差分値はだんだん小さくなることが分かる.

(2) 最大比合成法 最大比合成法では図4.15(b)に示すように,M個の各ブランチのC/Nが最大となるように振幅を制御した後位相が同相となるように制御して合成するものである.したがって,理想的な合成法であるといえる.M個の独立なブランチによる最大比合成法による累積確率分布は次式で与えられる.詳細な算出方法はW. C. Y. Leeの著書を参照されたい[10],[13].

$$\text{Prob}[\gamma \leq \gamma_s] = 1 - e^{(-\gamma_s/\Gamma)} \sum_{k=1}^{M} \frac{\left(\dfrac{\gamma_s}{\Gamma}\right)^{k-1}}{(k-1)!} \quad (4.39)$$

式(4.39)について$M=1\sim4$の場合を計算した結果を**図4.17**に示す.例えば,累積確率99%の点において最大比合成では選択合成に比べ約1.5 dB改善されている.

(3) 等利得合成法 最大比合成法では各ブランチのC/Nを最大にするために振幅と位相の両方を制御したが,等利得合成法では図4.15(c)に示すように,振幅は固定であり,位相のみ同相となるように制御するものである.理想的な合成法である最大比合成法に比べわずかに特性は劣化するが,実用

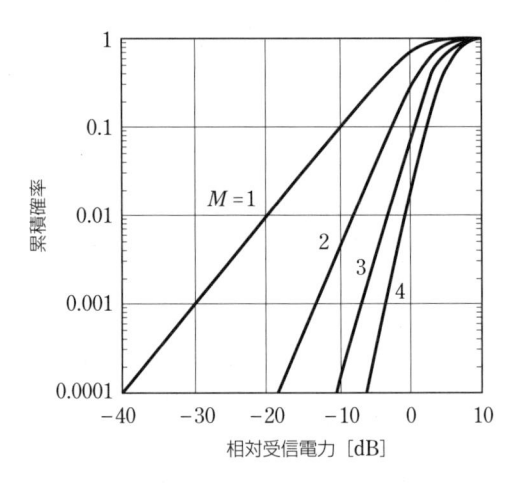

図4.17 最大比合成時の受信電力分布

的な観点からは等利得合成法は制御の実現性が比較的容易であるため広く適用されている．

これまで，狭帯域信号に対して，すなわち，伝送帯域内にはたかだか一つのフェージング落込みしか存在しないような場合の空間ダイバーシチの合成法について考察した．この場合，受信電力の確率密度関数はレイリー分布になることが知られている．一方，信号帯域内に複数のフェージング落込み点が存在するような相対的に広帯域な信号の受信電力分布は一般に仲上－ライス分布なることが知られている[14]．この場合，空間ダイバーシチによる受信電力分布の改善度は縮小される．伝送信号が広帯域になると，遅延分散特性を考慮した合成法が重要となる．従来，固定マイクロ波通信では帯域内に振幅偏差を最小にするように合成する最小振幅偏差合成法が提案され実用化されている[15], [16]．

4.4.2 周波数ダイバーシチ

同じ信号をお互いにフェージングに対して独立とみなせる分だけ（これをコヒーレンス帯域幅という）周波数間隔を離して送信すればフェージングの影響を大幅に軽減されることは容易に理解できる．4.3節で述べたように，コヒーレンス帯域幅は伝搬路における遅延波の時間的な広がりに依存し，時間的広がりが大きいほどコヒーレンス帯域幅は小さくなる．周波数ダイバーシチを行うためには追加の帯域が必要であることはいうまでもない．

4.4.3 時間ダイバーシチ

ある時間だけ離れることでレイリーフェージングによる受信信号のC/Nが独立とみなすことができる．この時間をコヒーレンス時間という．同じ信号をコヒーレンス時間によって分離した複数の信号を瞬間に伝送することができればダイバーシチブランチとして使うことができる．コヒーレンス時間はドップラーの広がりに，すなわち，送受信機の移動速度と使用周波数に依存し，高速移動であるほど，また，使用周波数が高いほどコヒーレンス時間は小さくてすむ．時間ダイバーシチの応用例として，自動再送要求（ARQ）があり，無線LAN等では古くから適用されているが，最大の欠点として処理のための遅延時間を必要とすることである．ARQについては第6章で詳しく述べる．

4.5 RAKE合成受信技術

スペクトル拡散方式のような広帯域信号を伝送する場合，伝搬路にて多重波干渉を受けやすいことを4.3節で述べたが，逆に高速伝送することで受信信号からそれぞれの遅延成分が分解可能になる．図**4.18**のように，τ_1，τ_2，…，τ_nのn波に対して，

$$\frac{1}{\min(\tau_i - \tau_{i-1})} \leq \frac{1}{T_c} \equiv f_c \tag{4.40}$$

すなわち，各遅延波の最も狭い間隔の値の逆数よりチップ速度f_cの方が大きければ各遅延波は分解できることを示している．このような場合には図4.18に示すように，各遅延波成分の遅延時間を合わせつつ振幅及び位相を制御することで受信信号は多重波干渉の影響を避けつつなおかつ受信電力対雑音電力比を最大にすることが可能となる．このような合成方式をRAKE合成という．スペクトル拡散方式を適用したW-CDMA（Wide-band CDMA）方式ではRAKE合成法が適用されている[17]，[18]．

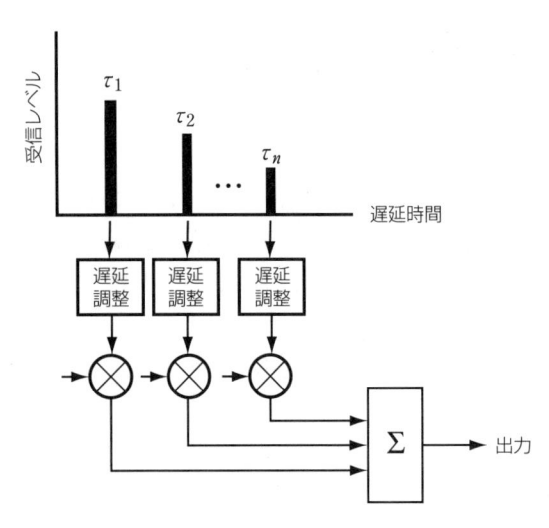

図**4.18** RAKE合成受信方式の原理

4.6 前方誤り訂正符号化技術

誤り訂正符号を組み込んだディジタル通信システムのモデルを図 4.19 に示す．符号器は情報源データに冗長符号を付加してそれを変調して送信する．伝搬路において雑音が付加され，受信機にて復調され，誤り訂正復号して伝搬路に起因した符号誤りを訂正しようとするものである [9]，[10]，[19]．無線 LAN，FWA 等では誤り訂正技術がよく利用されている．

誤り訂正符号にはブロック符号と畳込み符号がある．一般にブロック符号は畳込み符号に比べ符号効率は比較的良いが，性能面では逆に畳込み符号の方が優れている．いずれの場合にも検査シンボルを情報データに追加して冗長性をもたせている．k 個の情報シンボルを n 個の符号シンボルにマッピングした場合，符号化率は $R = k/n$ である．

4.6.1 ブロック符号

ブロック符号では，k シンボルの情報源符号語と n シンボルの符号語の間で 1 対 1 のマッピングが行われる．q 元符号ですべての n 組の q^n 中の q^k が有効な符号ベクトルである．すべての n 組の集合は符号ベクトル q^k が分散されたベクトル空間を形成する．任意の二つの符号ベクトル間のハミング距離は両符号ベクトル間で異なっているシンボル数である．例えば，4 組の 2 元符号について 1111 と 0000 という二つの符号ベクトル間のハミング距離は両符号ベクトル間で異なっているシンボル数であり 4 である．符号の最小距離 $d_{\min}$ は任意の二つの符号語間の最小ハミング距離である．

符号ベクトルの要素が少なくとも $d_{\min}$ 個異なるとき，各受信語に対して最も近い符号ベクトルに復号する復号器は，t 重のランダムシンボル誤りまで訂正することができるとすると，以下の関係が成り立つ．

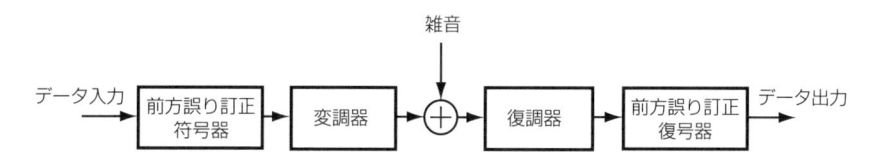

図 4.19　前方誤り訂正符号を適用したデータ通信モデル

$$d_{\min} \geq 2t+1 \tag{4.41}$$

これに対して，$d_{\min}-1$ 個以下の誤りで全誤りパターンを含むすべての $q^n - q^k$ 個の無効な符号語を検出することができる．一般に，ブロック符号では $u \geq t$ で，かつ次式を満たすならば t 個以下のすべての誤りパターンを訂正でき，更に u 個以下の全パターンの誤りを検出することができる．

$$d_{\min} \geq t+u+1 \tag{4.42}$$

任意の二つの符号ベクトルの加算が別の符号ベクトルを形成し，符号ベクトル群が n 次元ベクトル空間内に部分空間を形成するとき，符号は線形であるという．全ゼロベクトルを含む部分空間は k 個の線形独立な符号ベクトルの任意の集合によって構成される．符号化はこれらのベクトルを列として含む $k \times n$ 次元の行列 G（生成行列と呼ぶ）と k 次元の情報ベクトルの積で記述できる．すなわち，情報ベクトル m_i は符号ベクトル c_i にマッピングされ，次式のように表される．

$$c_i = m_i G, \quad i = 0, 1, \cdots, q^k - 1 \tag{4.43}$$

任意の符号語は G の行ベクトル $\{g_i\}$ の線形結合によって与えられ，以下のように表される．

$$c_i = m_{i1} g_1 + m_{i2} g_2 + \cdots + m_{ik} g_k \tag{4.44}$$

それぞれの生成行列に対して $(n-k) \times k$ のパリティ検査行列 H がある．行列 H の列は G の列に対して直交しており

$$GH^T = 0 \tag{4.45}$$

となる．符号は組織的な場合，

$$H = [-P^T, I_{n-k}] \tag{4.46}$$

である．すべての符号語が G における列の線形加算であるので，すべての i $(j = 0, 1, \cdots, q^k - 1)$ に対して

$$c_i H^T = 0 \tag{4.47}$$

という結果となる．そしてこの乗算を行うことで復調されたベクトルの妥当性を検査できる．符号語 c が伝送により壊れた場合，誤りパターン e が 0 でないベクトル $\tilde{c} = c + e$ を出力する．乗算の結果は系列の妥当性を示す $(n-k)$ 次元ベクトルである．この結果はシンドロームと呼ばれ，誤りパターンのみに依存する．シンドローム s は次式で表される．

$$s = \tilde{c}H^T = (c+e)H^T = cH^T + eH^T = eH^T \tag{4.48}$$

誤りパターンが符号ベクトルの場合，誤りは検知されないが，他の全誤りパターンに対してシンドロームは 0 でなくなる．$q^{n-k} - 1$ の 0 でないシンドロームが存在するため $q^{n-k} - 1$ の誤りパターンは訂正することができる．

巡回符号は線形帰還シフトレジスタによって実現される符号化と，参照テーブルなしで復号を可能にする．その結果，現在適用されている大部分のブロック符号は周期的若しくは巡回的である．ベクトルを多項式と置き直して考えると都合がよい．巡回符号において，すべての符号多項式は次数 $n-k$ の生成多項式 $g(x)$ の倍数である．この多項式は符号ベクトルの巡回シフトが別の符号ベクトルを生ずるので $x^n - 1$ の除数として選ばれる．情報多項式 $m_i(x)$ は非組織的な意味において次式のような符号多項式 $c_i(x)$ にマッピングされる．

$$c_i(x) = m_i(x)g(x), \quad i = 0, 1, \cdots, q^k - 1 \tag{4.49}$$

組織的形式において，符号多項式は以下のように表される．

$$c_i(x) = m_i(x)x^{n-k} - r_i(x), \quad i = 0, 1, \cdots, q^k - 1 \tag{4.50}$$

$r_i(x)$ は $m_i(x)x^{n-k}$ を $g(x)$ で割ったときの剰余である．多項式の乗算，除算はシフトレジスタで容易に実現される．符号語を $g(x)$ で割り剰余を検査することで誤りパターンにのみ依存するシンドローム $s(x)$ を得る．$s(x)$ が 0 の場合，誤りなく伝送されたか，または検出不可能なほど誤りが発生したかのどちらかである．$s(x)$ が 0 でない場合，誤りが一つ以上発生したことになる．これが巡回冗長検査（Cyclic Redundancy Check: CRC）の原理である．このシンドロームを生成するためには，最も近い誤りパターンを決定する必要がある．

(1) 巡回符号の種類

(a) BCH符号　誤りが独立に発生するとき,巡回符号の中でもBCH (Bose-Chaudhuri-Hocquenghem) 符号は一定のブロック長と符号化率に対して,最大の性能を発揮する符号である.それは,mを3以上の任意の整数とするとき$n=q^m-1$の符号長となる巡回符号である.この符号語ではt重誤りまでを訂正することができ,最小距離$d_{\min}$との間に,次式が成り立つ.

$$d_{\min} = 2t+1$$
$$n-k \leq mt \tag{4.51}$$

(b) ハミング符号　ハミング (Hamming) 符号は単一誤り訂正の2元BCH符号である.符号シンボル数n,情報シンボル数k,2より大きい任意のmに対して

$$n = 2^m - 1$$
$$k = n - m$$
$$k = m$$
$$d_{\min} = 2^{m-1} \tag{4.52}$$

の最大長の符号である.

(c) RS (Reed-Solomon, リードソロモン) 符号　RS符号は非2元のBCH符号である.単一シンボルの訂正でもビット単位のバースト誤りを訂正することができる.符号長は$n=q-1$であり,最小距離$d_{\min}$は$d_{\min}=2t+1$で表される.

(2) 誤り訂正による符号誤り率　誤り訂正による線形符号の硬判定復号の誤り率について考察する.2元対称通信路における最適な復号器は,受信語における誤りの個数tが最小距離$d_{\min}$が次式を満たすとき受信語は正しく復号される.

$$t \leq \frac{1}{2}(d_{\min} - 1) \tag{4.53}$$

ここでは,2元対称通信路は無記憶であり,符号誤りは独立に起こるものと

することができる.したがって,nビットのブロック中にmビットの誤りが生じる確率は次式となる.

$$p(m,n) = \binom{n}{m} p^m (1-p)^{n-m} \tag{4.54}$$

ここでpは誤り訂正前の符号誤り率を,また,( )は組合せを示す.したがって,誤り訂正後の符号誤り率p_oは次式で与えられる.

$$p_o = \sum_{m=t+1}^{n} p(m,n) \tag{4.55}$$

4.6.2 畳込み符号

畳込み符号は,入力される1個のビットとそれに先行する一定長($K-1$個)のビットの加算によって求められる.このとき,Kを拘束長と呼び,Kで表す.畳込み符号器は,K段のシフトレジスタとn個の加算器で構成される.1個のビットが入力されるとn個の加算結果が得られる場合の符号化率は$1/n$である.

図4.20に畳込み符号の例として,符号化率1/2,拘束長$K=3$の場合を示す.入力ビットx_iに対して符号($z_{i1} z_{i2}$)が得られるとすると,次式の関係が成り立つ.

$$\begin{aligned} z_{i1} &= x_i \oplus x_{i-1} \oplus x_{i-2} \\ z_{i2} &= x_i \oplus x_{i-2} \end{aligned} \tag{4.56}$$

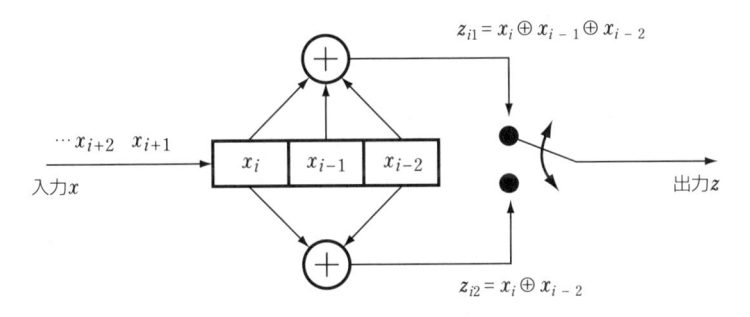

図4.20 畳込み符号器($R=1/2$, $K=3$)の構成例

ただし，⊕は加算器であり，排他的論理和回路で構成される．

シフトレジスタの先頭の2段の値（x_i, x_{i-1}）は次の入力ビットの符号化に影響を与えるので，この値によってシフトレジスタの状態を定義する．この場合，$S_0 = (0, 0)$，$S_1 = (1, 0)$，$S_2 = (0, 1)$，$S_3 = (1, 1)$ の四つの状態が考えられる．時刻 t_0 で S_0 の状態にあるとすると，シフトレジスタの状態遷移は **図4.21** のように表される．ある状態 S から入力ビット x_i が入力されるたびに x_i が 1 のときは実線で示される矢印に，また，0 のときには破線で示される矢印に沿って状態遷移する．このとき，符号器出力信号を得る．この状態遷移図をトレリス線図という．

例えば，入力 $x = 0100$ に対しては，初期状態が時刻 t_0 で S_0，"0" の入力に対して時刻 t_1 では S_0 に，"1" の入力に対しては時刻 t_2 で S_1 に遷移し，以下，同様に時刻 t_3 で S_2，時刻 t_4 で S_3 となり，符号 $z = (00, 11, 10, 11)$ が得られる．

送信側では，入力ビット列 x をもとに状態遷移をたどるが，受信側では，逆に，受信符号 y から状態遷移をたどり，もとの送信符号 x を得る．しかし，受信語 y に誤りがあると次の状態を決めることができなくなる場合があり，このような場合にはとり得る状態を候補として残し，可能性のある状態遷移

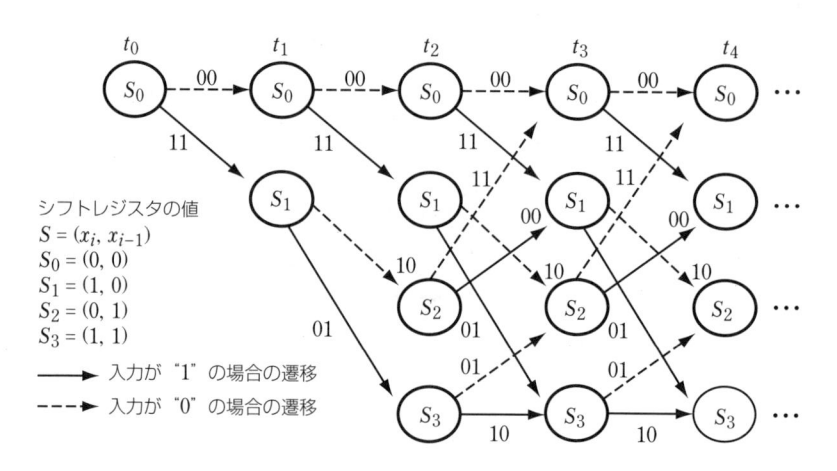

図4.21 畳込み符号のトレリス線図

をすべて追跡する．このようにして得られた複数の状態遷移の中から最も確からしいものを選択する復号方法をビタビ復号，または最ゆう復号法という．

4.7 同一周波数干渉補償技術

開空間を利用する無線通信では同一の周波数による干渉は本質的な問題である．同一周波数を繰り返して使用する場合，干渉を考慮してどの程度まで送受信局を離すべきかというセル設計の考え方を述べる．また，干渉波を積極的に消去する干渉補償技術について概説する．

4.7.1 セル設計

移動通信システムのようにサービスエリアがすべて面的にカバーされるようなケースでは，同一周波数を繰り返して使用するセル構成法は重要な検討課題である．**図4.22**に示すように平面内に正六角形セルで覆われている場合の周波数配置は幾何学的に与えられ，繰返しセル数（周波数チャネル数に等しい）を N_c，セル半径を R，同一周波数を使用する基地局間距離を D とすると，以下のようになる [20]．

$$D^2 = (2ri)^2 + (2rj)^2 - 2(2ri)(2rj)\cos 120°$$

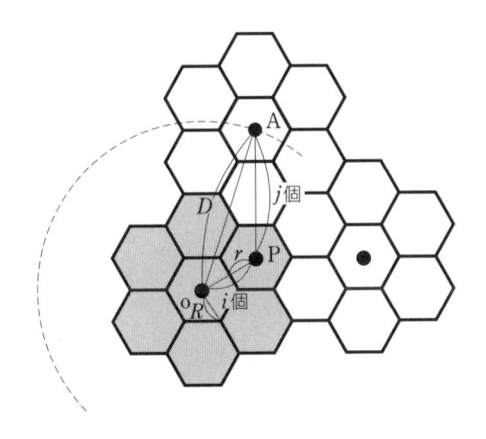

図4.22 正六角形セルの場合の繰返しゾーンの位置関係

$$= 3R^2(i^2 + j^2 + ij) \tag{4.57}$$

ここで，$r = R\sqrt{3}/2$，$i, j = 1, 2, 3, \cdots$ であり，$(i^2 + j^2 + ij) = N_c$ とおくと式(4.57)は次式となる．

$$N_c = \frac{1}{3} \cdot \frac{D^2}{R^2} \tag{4.58}$$

ここで，受信電力を E [dB]，無線基地局と端末局までの距離を x [m] とすると，次式で表される．

$$E = 10 \log A \cdot x^{-\alpha} \tag{4.59}$$

A は定数，α は伝搬定数であり，見通し内通信であればほぼ2，移動通信のように見通し外通信の場合，3～4程度といわれている．

同一周波数干渉のパターンをまとめて図4.23に示す．基地局のアンテナにはオムニアンテナを，また子局のアンテナにはオムニアンテナの場合と，指向性アンテナの場合について，最も干渉条件の厳しいパターンを示している．子局における干渉について，干渉の相手が他の基地局からの場合と他セルの子局からの場合に分類される．また，基地局における干渉についても同様である．一般に，異なるセルの子局同士の干渉は遮へい物等による電波の減衰が十分大きく実際には干渉はほとんど問題にはならないため，パターン(a-2)，(a-4)は問題とはならない．

NWAのようなポータブル端末によるシステムの場合，子局のアンテナはオムニタイプとなり干渉が問題となるパターンは(a-1)，(b-1)，(b-2)の場合である．

一方，FWAの場合，子局のアンテナは指向性タイプで高利得であり，したがって，実効放射電力は一般に子局が基地局のそれに比べ，10～20 dB高いため，(b-3)のパターンは事実上問題とはならない．したがって，FWAの場合には，(a-3)，(b-4)が問題となる．

干渉条件の最も厳しいセル端（$x = R$）の信号対干渉電力比C/IをΛ [dB]とおくと，NWAシステムを想定して，基地局のアンテナがオムニ構成，加入者局がオムニ構成で，パターン(a-1)または(b-2)の場合について評価し

第 4 章　システム劣化要因と補償技術

(a-1) 子局：オムニアンテナの場合　　　(b-1) 子局：オムニアンテナの場合

(a-2) 子局：オムニアンテナの場合　　　(b-2) 子局：オムニアンテナの場合

(a-3) 子局：指向性アンテナの場合　　　(b-3) 子局：指向性アンテナの場合

(a-4) 子局：指向性アンテナの場合　　　(b-4) 子局：指向性アンテナの場合

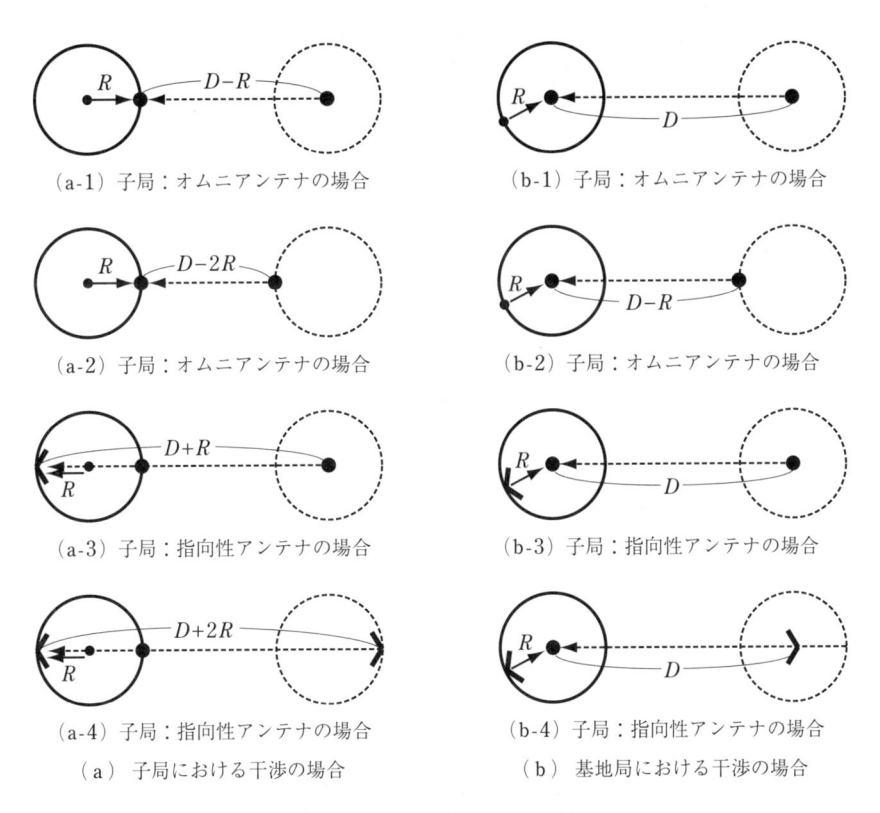

（a）子局における干渉の場合　　　　　（b）基地局における干渉の場合

図 4.23　同一周波数干渉モデル

た．干渉距離 d [m] は $d \cong D - R$ と近似できるため Λ [dB] は次式で表される [21]．

$$\Lambda = 10\log AR^{-\alpha} - 10\log Ad^{-\alpha} \cong 10\log \frac{(D-R)^{\alpha}}{R^{\alpha}} \quad (4.60)$$

ここで，所要の C/I を Λ_c [dB] とおくと，必要な繰返しセル数 N_c は次式で与えられる．

$$N_c = \frac{1}{3}(1 + 10^{\Lambda_c/10\alpha})^2 \quad (4.61)$$

NWA を想定して主信号及び干渉信号の伝搬定数を $\alpha = 3$ と仮定して計算し

た．その結果を図4.24に示す．正六角形セルの場合，かつ加入者局アンテナがオムニ構成の場合，図4.22に示すように同一の周波数が6個所から干渉を受けることになる．したがって，所要C/Iは更に6倍 = 8 dB大きい値が要求される．例えばQPSK変調方式の場合，符号誤り率$BER = 10^{-4}$点の所要C/Nを12 dBとし，熱雑音と許容干渉量を50%ずつ割り振るとすると所要C/Iは12 + 3 + 8 = 23 dBとなる．図4.24から所要C/I = 23 dBのときの必要な繰返しセル数N_cは約20程度必要であることが分かる．

次に，FWAを想定して無線基地局はオムニアンテナ構成，加入者局が指向性アンテナ構成の場合を考える．図4.23(a-3)と(b-4)を比較すると干渉条件としては(b-4)の方が厳しいため，干渉距離が$d = D$となり，Λ [dB]は次式で表される．

$$\Lambda = 10\log AR^{-\alpha} - 10\log Ad^{-\alpha} \cong 10\log \frac{D^\alpha}{R^\alpha} \tag{4.62}$$

所要C/IをΛ_c [dB]とすると，必要な繰返しセル数N_cは次式で表される．

$$N_c = \frac{1}{3}(10^{\Lambda_c/10\alpha})^2 \tag{4.63}$$

通常，FWAシステムは一般に見通し内伝搬であり，主信号及び干渉信号の伝搬定数$\alpha = 2$として式(4.63)を計算した．その結果を図4.24に併せて示す．

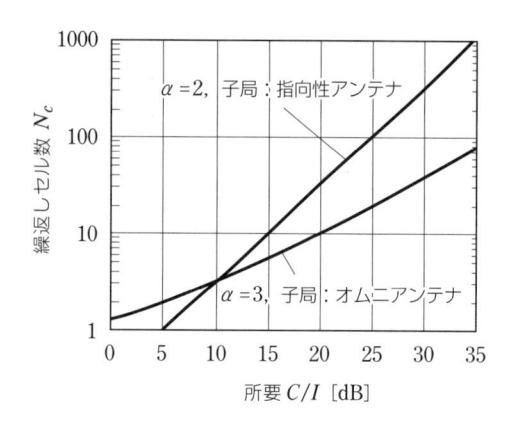

図4.24 所要C/Iと繰返し数の関係

第4章 システム劣化要因と補償技術

加入者局に指向性アンテナを用いているため，正対する方向以外からの干渉は避けることができる点がオムニ構成と異なる．図4.24より，例えばQPSK変調方式の場合，符号誤り率$BER = 10^{-4}$点の所要C/Nを12 dBとし，熱雑音と許容干渉量を50%ずつ割り振るとすると所要C/Iは12 + 3 = 15 dBとなり，必要な繰返しセル数N_cは11となる．

これまで完全な平面状態を仮定し，干渉量は局間の距離のみに依存するとしてきたが，実際には建物，樹木等の遮へい物が存在しかつ，完全な平面ではなく凹凸により干渉波が大きく減衰するため，所要の繰返しセル数は大幅に少なくて済む場合が多い．実際のセル設計ではこのような条件を積極的に取り入れて行われているのが現状である．

4.7.2 干渉補償技術

マイクロ波通信等では周波数利用効率を向上するために同一の周波数，偏波の異なる波にそれぞれ同時に変調して送信することで2倍の伝送容量と2倍の周波数利用効率を実現する場合がある．図4.25に水平偏波，垂直偏波を用いて無線通信を行う場合の構成を示す．無線伝搬路で発生するフェージングによりその識別度（交差偏波識別度という）が大きく劣化すると干渉量が増大して信号の品質劣化が大きくなる．このような交差偏波干渉を積極的に消去する技術が実用化されている[22]．図4.26に交差偏波干渉を補償する交差偏波干渉補償器の構成例を示す．受信した互いの水平成分，垂直成分

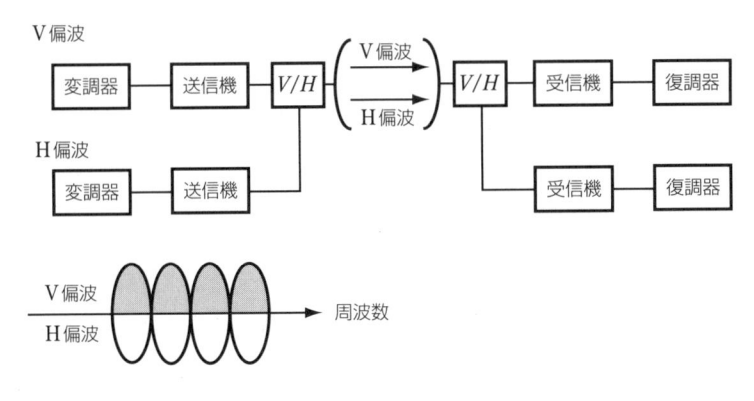

図4.25 同一周波数で水平・垂直偏波を使ったワイヤレス通信の例

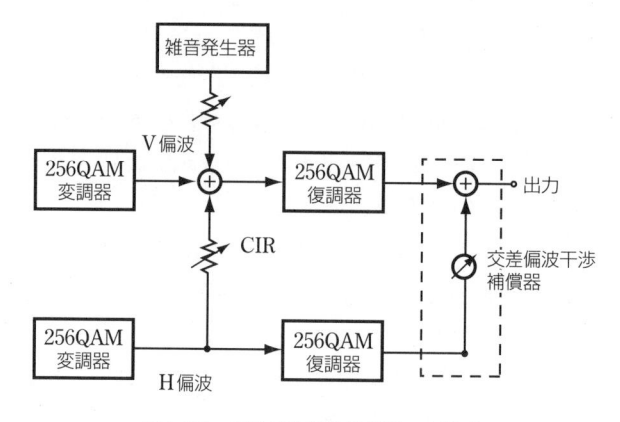

図4.26 交差偏波干渉補償器の実験系

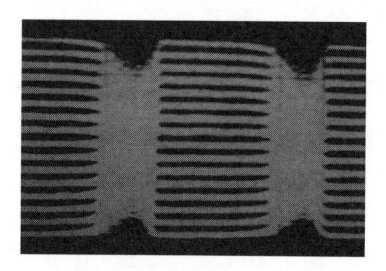

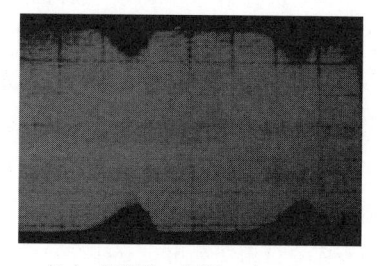

(a) 補償後の復調アイパターン　　(b) 補償前の復調アイパターン

図4.27 ディジタル型交差偏波干渉補償器の効果の一例（256QAM信号）

の信号を入力信号として，必要に応じて周波数特性を補正するためのトランスバーサルフィルタを通過した後，相手の偏波に漏れ込んだ干渉成分の振幅及び位相を制御して相殺するものである．図4.27に256QAM変調方式におけるディジタル型交差偏波干渉補償器の特性をアイパターンで示す．補償なしではアイパターンは完全に閉じており復調器の同期が失われているが，補償することでアイパターンは大きく開いている．定量的に評価した結果を図4.28に示す．256QAM変調方式において交差偏波干渉を受けた場合の補償器の有無による許容干渉量C/I対C/Nの等符号誤り率関係を表している．すなわち，符号誤り率（BER）が10^{-4}のとき，補償器がない場合C/Iは約42

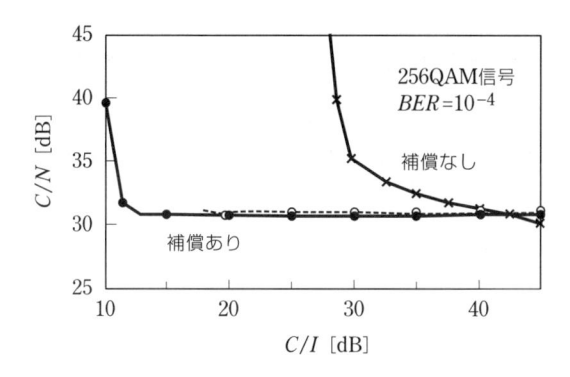

第4章 システム劣化要因と補償技術

図4.28 交差偏波干渉補償器の特性例

dBであるのに対し，補償器があることでC/Iは約12 dBまで許容でき，したがって，約30 dBの干渉量をより多く許容できることが分かる．詳しい動作原理は他書を参照されたい．

また，アンテナの分岐角が十分とれない場合には他ルートからの干渉が問題となる場合がある．このようなケースでは，補助アンテナ等を用いて参照信号を得て，それをもとに干渉補償する技術等が提案されている[23]，[24]．

参 考 文 献

[1] 野島俊雄，岡本栄晴，"複素べき級数表示による進行波管増幅器入出力非線形特性の解析とひずみ補償法への応用，"信学論(B)，vol. J64-B, no. 12, pp. 1449–1456, Dec. 1981.
[2] N. Imai, T. Nojima, and T. Murase, "High power amplifier linearization for a multicarrier digital microwave system," IEEE GCOM'86, pp. 15–22, Dec. 1986.
[3] R. W. Lucky, "Automatic equalization for digital communication," Bell Syst. Tech. J., vol. 44, no. 4, pp. 547–557, April 1965.
[4] R. W. Lucky, "Techniques for adaptive equalization of digital communication system," Bell Syst. Tech. J., vol. 45, no. 2, pp. 236–255, Feb. 1966.
[5] 白土　正，松江英明，村瀬武弘，"ディジタル無線通信用全ディジタルトランスバーサル形自動等化器，"信学論 (B-II)，vol. J73-B-II, no. 5, pp. 241–249, May 1990.
[6] R. D. Gitlin and S. B. Weinstein, "Fractionally spaced equalization: An improved digital transversal equalizer," Bell Syst. Tech. J., vol. 60, no. 2, pp. 275–296, Feb. 1981.
[7] M. S. Mueller, "Least-squares algorithms for adaptive equalizers," Bell Syst. Tech. J., vol. 60, no. 10, pp. 1905–1925, Oct. 1981.
[8] 田野　哲，斉藤洋一，"RLS位相推定による適応位相制御方式，"信学論(B-II)，vol.

J76-B-II, no. 12, pp. 927-935, Dec. 1993.
[9] J.G.プロアキス(著),坂庭好一,鈴木 博,荒木純道,酒井善則,渋谷智治(訳),ディジタルコミュニケーション,科学技術出版,1999.
[10] 羽鳥光俊,小林岳彦(監修),移動通信基礎技術ハンドブック,丸善,2002.
[11] D. A. George, R. R. Bowen, and J. R. Storey, "An adaptive decision feedback equalizer," IEEE Trans. Commun., vol. COM-19, no. 6, pp. 281-293, June 1971.
[12] D. Forny, Jr., "Maximum-likelihood sequence estimation of digital sequences in the presence of intersymbol interference," IEEE Trans. Inf. Theory, vol. IT-18, no. 5, pp. 363-378, May 1972.
[13] W. C. Y. Lee, Mobile Communication Engineering, McGraw-Hill, New York, 1982.
[14] 進士昌明(編著),無線通信の電波伝搬,電子情報通信学会,1992.
[15] S. Komaki, K. Tajima, and Y. Okamoto, "A minimum dispersion combiner for high capacity digital microwave radio," IEEE Trans. Commun., vol. COM-32, no. 4, pp. 419-428, April 1984.
[16] 田島浩二郎,小牧省三,岡本栄晴,"最小振幅偏差スペースダイバーシチ受信方式の設計と特性,"信学論(B), vol. J66-B, no. 3, pp. 367-374, March 1983.
[17] 立川敬二(監修),W-CDMA移動通信方式,丸善,2001.
[18] 羽鳥光俊,服部 武,中嶋信生,モバイルグローバル通信,コロナ社,2001.
[19] A. M. Michelson and A H. Levesque, "Error-control techniques for digital communication," A. Wiley InterScience Publication, John Wiley & Sons, 1985.
[20] 奥村善久,進士昌明(監修),移動通信の基礎,電子情報通信学会,1998.
[21] 藤井輝也,中嶋信生,"セルラ異動通信における無線チャネル配置システム,"信学論(B), vol. J84-B, no. 5, pp. 872-882, May 2001.
[22] H. Matsue, H. Otsuka, and T. Murase, "Digitalized cross-polarization interference canceller for digital radio," IEEE J. Sel. Areas Commun., vol. SAC-5, no. 3, pp. 493-501, May 1987.
[23] 松江英明,"ベクトル相関検出形干渉補償器,"信学論(B), vol. J70-B, no. 11, pp. 1393-1399, Nov. 1987.
[24] 渡辺和二,松江英明,村瀬武弘,"干渉抽出形補償器,"信学論(B-II), vol. J74-B-II, no. 9, pp. 469-478, Sept. 1991.

第5章

アンテナ

5.1 概説

　アンテナは伝送路である空間と無線装置の間にあって，効率良く電磁波エネルギーを送受信する整合回路の役目をもつとともに，指向性により三次元空間に対する空間（方向）フィルタとしての性質も併せ持つ．ワイヤレスアクセスにおけるアンテナには以下のような要求がある．

　（1）端末アンテナ　NWAでは小型軽量であるとともに，PCMCIAカードへの実装等のように形状の制約が大きい．FWAではNWAほど形状への制約は厳しくないが，端末の低コスト化に沿うことが要求される．

　（2）基地局アンテナ　屋内・屋外とも様々な状況に設置できるよう，コンパクトな構成が要求される．セクタ化や下向きチルトは周波数共用のため，スペースダイバーシチは伝送品質改善のために適用される．最近ではシステム性能向上のため，アダプティブアレーアンテナの適用も検討されている．

　本章では，アンテナの基本特性と標準的なアンテナについて述べたあと，屋内の無線LANや屋外のFWAで用いられるアンテナについて具体例を紹介する．

5.2 アンテナの基本的性質[1]～[5]

5.2.1 電磁波の放射

　観測点Pにおける電磁界は，電流源，磁流源及び境界面上での電磁界より

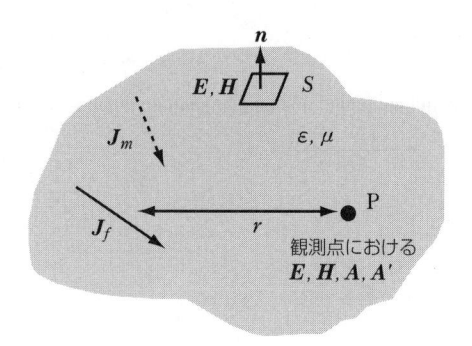

図5.1 電流源，磁流源及び境界面上での電磁界を与えて，観測点の電磁界を求める

以下のように求めることができる．図5.1のように，波源が電流 J_f，磁流 J_m 及び閉曲面 S 上の電磁界 E, H で表されている場合，観測点Pに生じる電磁界 E, H はベクトルポテンシャル A, A' を用いて以下のように表せる．

$$E = -j\omega\mu A - j\frac{1}{\omega\varepsilon}\nabla\nabla\cdot A - \nabla\times A' \tag{5.1a}$$

$$H = -j\omega\mu A' - j\frac{1}{\omega\mu}\nabla\nabla\cdot A' - \nabla\times A \tag{5.1b}$$

$$A = \frac{1}{4\pi}\int_V J_f \frac{e^{-jkr}}{r}dv - \frac{1}{4\pi}\int_S (n\times H)\frac{e^{-jkr}}{r}dS \tag{5.1c}$$

$$A' = \frac{1}{4\pi}\int_V J_m \frac{e^{-jkr}}{r}dv + \frac{1}{4\pi}\int_S (n\times E)\frac{e^{-jkr}}{r}dS \tag{5.1d}$$

ここで，ω は角周波数，μ は透磁率，ε は誘電率，k は伝搬定数，n は閉曲面 S 上の法線方向の単位ベクトル，r は波源と観測点の距離である．

（1）微小ダイポールの放射　　xyz 座標の原点Oに置かれた z 軸に平行で，波長 λ に比べて非常に短い長さ l の導線上に，振幅と位相が一様で角周波数 ω で振動する電流 $I = I_0 \times e^{j\omega t}$ が流れている．これを微小ダイポールと呼び，これによる電磁界を図5.2のように球座標で表す．

$$H_\phi = j\frac{I\cdot l}{2\cdot\lambda\cdot r}\left(1 + \frac{1}{j\cdot k\cdot r}\right)\sin\theta\cdot e^{-jkr} \tag{5.2a}$$

第5章　アンテナ

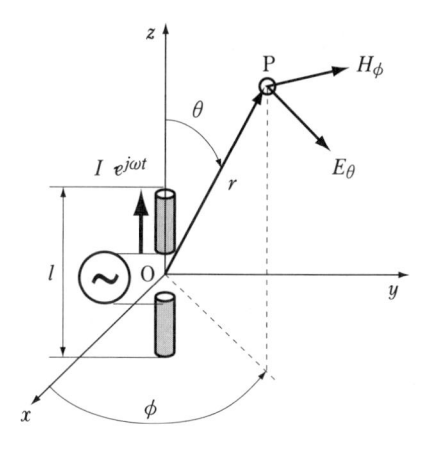

図5.2 微小ダイポールからの電磁波の放射

$$E_r = \frac{I \cdot l \cdot Z_0}{2 \cdot \pi \cdot r^2}\left(1 + \frac{1}{j \cdot k \cdot r}\right)\cos\theta \cdot e^{-jkr} \tag{5.2b}$$

$$E_\theta = j\frac{I \cdot l \cdot Z_0}{2 \cdot \lambda \cdot r}\left(1 + \frac{1}{j \cdot k \cdot r} - \frac{1}{k^2 \cdot r^2}\right)\sin\theta \cdot e^{-jkr} \tag{5.2c}$$

$$E_\phi = H_r = H_\theta = 0 \tag{5.2d}$$

ここで Z_0 は波動インピーダンス（$Z_0 = \sqrt{\mu/\varepsilon} = 120\pi\ [\Omega]$）である．上式の $1/r$ 及び $1/r^2$ がかかる項をそれぞれ放射界，誘導界と呼ぶ．また，$1/r^3$ の項は静電磁場を発生させる項で，微小ダイポールの場合は電界のみに存在する．$k \cdot r \gg 1$ とみなせる遠方では放射界が他の項より卓越し，上式は以下のように表せる．

$$E_\theta = j\frac{I \cdot l \cdot Z_0}{2 \cdot \lambda \cdot r}\sin\theta \cdot e^{-jkr} \tag{5.3a}$$

$$H_\phi = j\frac{I \cdot l}{2 \cdot \lambda \cdot r}\sin\theta \cdot e^{-jkr} \tag{5.3b}$$

$$E_r = E_\phi = H_r = H_\theta = 0 \tag{5.3c}$$

（2）遠方界　図5.3で示すように波源から観測点までの距離がアン

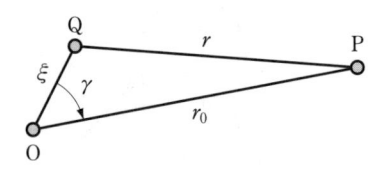

図5.3 遠方界における近似

テナの大きさに比べて十分大きい場合は $r_0 \gg \xi$ の関係を用いて r を次式で近似できる．

$$r \cong r_0 - \xi \cdot \cos\gamma \tag{5.4}$$

これより次の関係が得られる．

$$\frac{e^{-jkr}}{4\cdot\pi\cdot r} = \frac{e^{-jkr_0}}{4\cdot\pi\cdot r_0} e^{-jk\xi\cdot\cos\gamma} \tag{5.5}$$

式(5.1c)，(5.1d)において r 方向の単位ベクトルを $\boldsymbol{u}_r$ とすると次式を得る．

$$\boldsymbol{D} = \int_V \boldsymbol{J}_f e^{jk\xi\cdot\cos\gamma} dv + \int_S (\boldsymbol{n}\times\boldsymbol{H})\cdot e^{jk\xi\cdot\cos\gamma} dS \tag{5.6a}$$

$$\boldsymbol{D}_m = \int_V \boldsymbol{J}_m e^{jk\xi\cdot\cos\gamma} dv - \int_S (\boldsymbol{n}\times\boldsymbol{E})\cdot e^{jk\xi\cdot\cos\gamma} dS \tag{5.6b}$$

$$\boldsymbol{D}_0 = \left(\boldsymbol{u}_r\times\boldsymbol{D}\times\frac{\boldsymbol{D}_m}{Z_0}\right)\times\boldsymbol{u}_r \tag{5.6c}$$

波源中の基準点Qから観測点Pまでの距離 r_0 を改めて r とおけば次式を得る．

$$\boldsymbol{E} = -j\frac{k\cdot Z_0\cdot e^{-jkr}}{4\pi\cdot r}\boldsymbol{D}_0 \tag{5.7a}$$

$$\boldsymbol{H} = -j\frac{k\cdot e^{-jkr}}{4\pi\cdot r}\boldsymbol{u}_r\times\boldsymbol{D}_0 \tag{5.7b}$$

これより，$\boldsymbol{E}$ と $\boldsymbol{H}$ は互いに直交し，ともに進行方向 r に垂直で，右ねじの関係にある．また，$\boldsymbol{E}$ と $\boldsymbol{H}$ の大きさの比は Z_0 である．

このような遠方条件が成り立つ領域をフラウンホーファー領域という．これより近い領域で，式(5.4)の ξ/r_0 の3次以上の項が無視できる場合をフレ

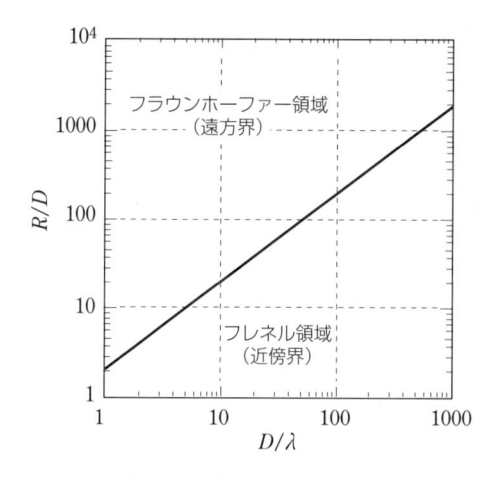

図 5.4 遠方界の適用領域

ネル領域という.アンテナから両者の境界までの距離 R は,対象としているアンテナを開口面と考え,その実効的な最大寸法 D ($\geqq \lambda$) とすると,次式で与えられる.

$$R = \frac{2D^2}{\lambda} \tag{5.8}$$

両者の関係を図 5.4 に示す.以下の議論はフラウンホーファー領域を前提としている.また,遠方界電界 E のゼロでない成分のみを示す.H は式(5.7b)より計算できる.

(3) 線状電流からの電磁波の放射　一般的に,長さ $2l$ の導線が z 軸に沿って置かれ,その電流分布が $I(z)$ であるとき,これが作る電磁界は次式で表される.

$$E_\theta = j \frac{Z_0}{2\lambda} \cdot \frac{e^{-jkr_0}}{r_0} \sin\theta \cdot \int_{-l}^{l} I(z) e^{jkz \cdot \cos\theta} dz \tag{5.9}$$

(4) 開口面からの放射　x-y 平面内にある開口の電磁界の接線成分の分布を $E(x, y)$ 及び $H(x, y)$ とし,z 方向の単位ベクトルを $\boldsymbol{u}_z$ で表したとき,$H(x,y) = Y' \boldsymbol{u}_z \times E(x,y)$ の関係があるとすれば,これが作る電界は次式で表せる.

$$E_\theta = j\frac{e^{-jkr}}{2\lambda \cdot r} \cdot (1 + Y' \cdot Z_0 \cos\theta)(N_x \cos\phi + N_y \sin\phi) \quad (5.10a)$$

$$E_\phi = j\frac{e^{-jkr}}{2\lambda \cdot r} \cdot (\cos\theta + Y' \cdot Z_0)(N_x \sin\phi - N_y \cos\phi) \quad (5.10b)$$

ここで,

$$N = \boldsymbol{u}_x N_x + \boldsymbol{u}_y N_y = \int_S \boldsymbol{E}(x,y) \cdot e^{-jkr} e^{jks \cdot \sin\theta\,(x\cos\phi + y\sin\phi)} dS \quad (5.10c)$$

である.

5.2.2 アンテナパラメータ

(1) 指向性 式(5.7a), (5.7b)から分かるように, アンテナが遠方に作る電磁界はKを定数として次式で表せる.

$$\boldsymbol{E} = K\frac{e^{-jkr}}{r}\boldsymbol{D}_0 \quad (5.11a)$$

$$\boldsymbol{H} = \frac{1}{Z_0}\boldsymbol{u}_r \times \boldsymbol{E} \quad (5.11b)$$

アンテナの指向性を与えるD_0は空間における方向 (θ, ϕ) の関数であり, 電界強度, 位相及び偏波を角度の関数として表す. 通常は対象とする特定の偏波成分に着目してスカラ量$D(\theta, \phi)$として扱う. 指向特性を完全に表すためにはすべての (θ, ϕ) についてのD_0の値が必要であるが, 特殊な場合を除き, 通常は直交する二つの面内のパターンで代表させる. 直線偏波の場合, 電界及び磁界ベクトルを含む二つの面を選び, それぞれE面, H面パターンとして示すことが多い.

図5.5に示すような指向特性パターンにおいて, 放射強度の極大方向がいくつか存在するとき, それらをローブと呼び, その中の最大のものを主ローブ, または主ビーム, その他をサイドローブと呼ぶ. 主ビーム方向をボアサイト (boresight) と呼ぶ. ローブとローブの間に深い極小点があるとき, これをヌルと呼ぶ. 主ローブ中で放射電界強度が最大方向の値から半分になる左右の角度を挟む角度幅を半値幅または単にビーム幅と呼ぶ. サイドローブのピーク値と主ローブのピーク値の比をサイドローブレベルという. 主ロ

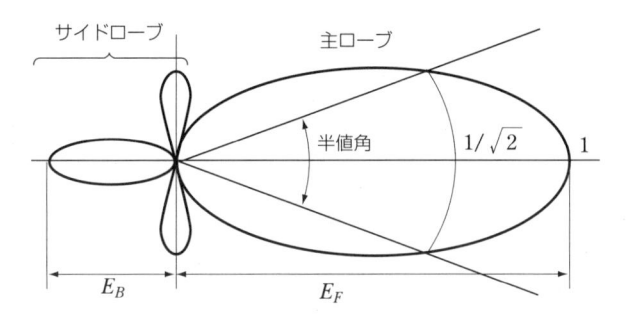

図5.5 アンテナの放射パターン

ーブのピーク値E_Fと180°離れた後ろ側への放射レベルE_Bの比を前後比（FB-ratio）と呼ぶ．

アンテナの放射指向性は，そのパターンの形状によって，等方性（isotropic），全方向性（omni-directional），単方向性（uni-directional）等と呼ばれる．全方向性とは，ある一つの面内においてほぼ一様な強度を示すものをいう．また，主ビームの形状としてペンシルビーム（pencil beam），扇形ビーム（fan beam），成形ビーム（shaped beam）等がある．

（2） アンテナ利得　　通常，指向性利得（directivity, directive gain）$G_d(\theta, \phi)$ はある方向への放射電力密度と，全放射電力の全方向に対する平均値との比として表す．

$$G_d(\theta,\phi) = \frac{|D(\theta,\phi)|^2}{\frac{1}{4\pi}\int |D(\theta,\phi)|^2 d\Omega}$$

$$= \frac{4\pi |D(\theta,\phi)|^2}{\int_0^{2\pi} d\phi \int_0^{\pi} |D(\theta,\phi)|^2 (\sin\theta)\, d\theta} \quad (5.12)$$

上式は等方性アンテナに比べた利得（絶対利得）ともいえる．例えば，微小ダイポールの指向性は次式で与えられる．

$$D(\theta,\phi) = \sin\theta \quad (5.13)$$

図5.6はθ（垂直面内角度），ϕ（水平面内角度）に対して三次元表示した

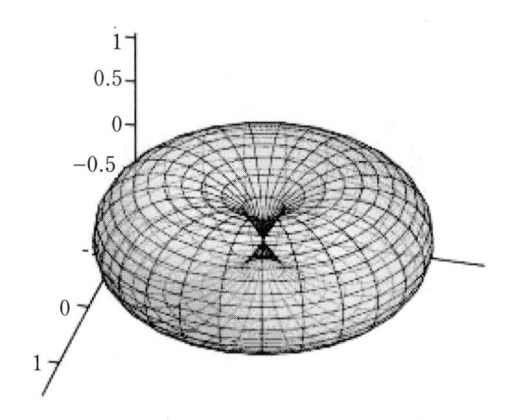

図5.6 微小ダイポール指向性三次元表示

指向性で，ドーナツ状をしている．このとき，利得G_dは次式となり，最大値は$\theta = \pi/2$で$G_d = 1.5$（= 1.76 dBi）となる．

$$G_d = \frac{3}{2}\sin^2\theta \tag{5.14}$$

また，一般に放射電磁界は楕円偏波であり，このとき，次式の関係をもつ．

$$|\boldsymbol{D}| = \sqrt{|D_\theta|^2 + |D_\phi|^2} \tag{5.15}$$

図5.7は微小ダイポールと半波長ダイポールのE面（垂直面）指向性である．半波長ダイポールの場合の利得最大値は1.64（= 2.15 dBi）であるため，微小ダイポールよりもわずかに指向性が垂直面内で絞られている．放射素子の長さがが半波長（$\lambda/2$）より長い場合の垂直面内指向性例を図5.8に示す．いわゆる8の字パターンから，複数のローブをもつパターンへ変化している．

半波長ダイポールを挟んで図5.9のように，後方に反射器，前方に導波路となるように複数の長さの違う導体を適当な間隔で配置することにより指向性を高めたのが八木・宇田アンテナである．簡易な構造で比較的簡単に10 dBi程度の利得を得ることができるので広く用いられる．

（3）アンテナアレー　複数のアンテナ素子を空間に配置し，給電回路で接続してアンテナアレーを構成することができる．素子単体の指向性を

第5章　アンテナ

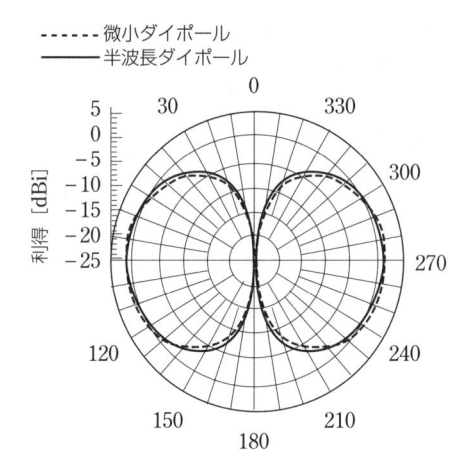

図5.7　微小ダイポールと半波長ダイポールの垂直面指向性比較

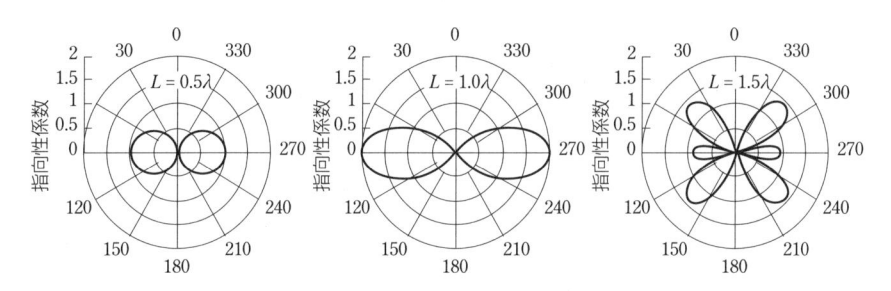

図5.8　ダイポールアンテナの電界面内指向性比較

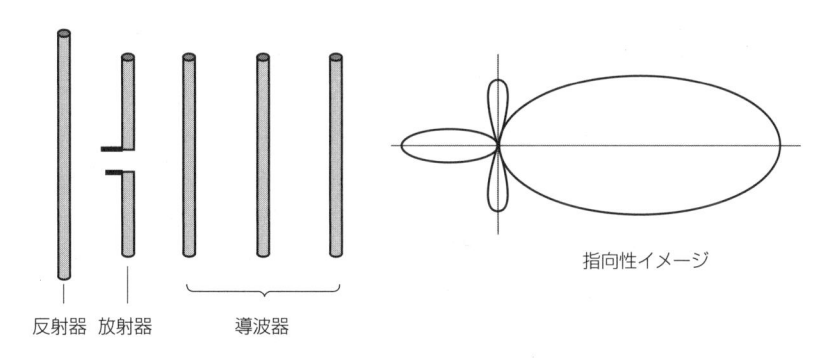

図5.9　八木・宇田アンテナ基本構造と指向性

$D_0(\theta, \phi)$ とすると,アレーの指向性は次式で表せる.

$$D(\theta, \phi) = D_0(\theta, \phi) f(\theta, \phi) \tag{5.16}$$

ここで f は配列係数（array factor）と呼ばれ,アンテナ素子間隔や給電電流によって決まる.例えば等間隔 d ごとに N 個の素子を直線上に並べたアレーの配列係数は次式で表せる.

$$f_N(\theta) = \frac{\sin(N\psi/2)}{N \cdot \sin(\psi/2)} \tag{5.17}$$

$$\psi = kd \cdot \cos\theta + \delta \tag{5.18}$$

各素子の電流の振幅はすべて等しく,位相が δ [rad] ずつ進んでいるとしている.

(4) 実効面積　受信アンテナから取り出せる最大電力が断面積 A_e に到達した電波の電力に等しい場合,A_e をアンテナ実効面積（effective area）といい,その値は次式で計算できる.

$$A_e = \frac{\lambda^2 G_a}{4\pi} \tag{5.19}$$

ここで,λ は波長,G_a は絶対利得である.例えば半波長ダイポールの場合,絶対利得1.64より $A_e = 1.64\lambda^2/4\pi = 0.13\lambda^2$ を得るが,$0.13\lambda^2 \fallingdotseq (\lambda/2) \times (\lambda/4)$ と近似すると A_e は $(\lambda/2) \times (\lambda/4)$ の長方形のイメージでとらえることができる.一般に実効面積 A_e はアンテナの占める実際の面積とは異なるが,開口面上の電流分布が一様な理想的な開口面アンテナではその幾何学的開口面積 A が A_e に等しい.開口効率 g ($\leqq 1$) を用いて開口面アンテナの幾何学的開口面積 A と絶対利得 G_a は以下の関係をもつ.

$$G_a = 4\pi \frac{A_e}{\lambda^2} = 4\pi \frac{A}{\lambda^2} g \tag{5.20}$$

(5) 開口面アンテナの指向性　波長に比べて十分大きい開口上の電磁界分布が与えられた場合の指向性を計算する.図5.10のように $a \times b$ の方形開口面アンテナによる正面方向のP点における放射電界は,開口面上の電界が $E_0 f(x, y)$ で与えられ,一定方向に偏波している場合は次式で表される.

第5章 アンテナ

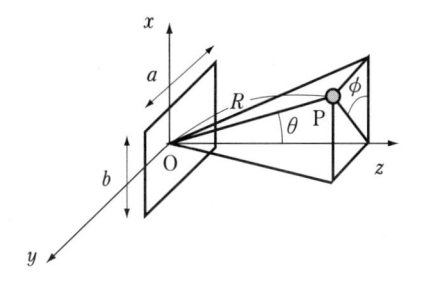

図 5.10 方形開口面アンテナからの放射

$$E(R,\theta,\phi) \approx j\frac{E_0 e^{-jkR}}{\lambda R}\int_{-\frac{a}{2}}^{\frac{a}{2}}\int_{-\frac{b}{2}}^{\frac{b}{2}} f(x,y)\,e^{jk\cdot\sin\theta\,(x\cos\phi + y\sin\phi)}\,dxdy \quad (5.21)$$

開口照度分布 $f(x,y)$ が $f_1(x)f_2(y)$ のように分離できる場合，上式の x, y を各々について積分し，xz 面内は $f_1(x)$，yz 面内は $f_2(y)$ によってのみ決まる．$f(x,y)=1$ のように開口面上の照度分布が同じ場合は次式となる．

$$E = j\frac{abE_0 e^{-jkR}}{\lambda R}\left\{\frac{\sin\left(\dfrac{a\pi}{\lambda}\sin\theta\cdot\cos\phi\right)}{\dfrac{a\pi}{\lambda}\sin\theta\cdot\cos\phi}\right\}\left\{\frac{\sin\left(\dfrac{b\pi}{\lambda}\sin\theta\cdot\sin\phi\right)}{\dfrac{b\pi}{\lambda}\sin\theta\cdot\sin\phi}\right\} \quad (5.22)$$

特に xz 面内では $\phi = 0$ とおいて次式を得る．

$$D(\theta) = \frac{\sin u}{u}, \quad u = \frac{a\pi}{\lambda}\sin\theta \quad (5.23)$$

また，同様に一様な照度分布の円形開口の場合は次式で表される．

$$D(\theta) = 2\pi a^2 \frac{J_1(u')}{u'}$$

$$r' = \frac{r}{a}, \quad u' = ka\cdot\sin\theta \quad (5.24)$$

図 5.11 に方形開口と円形開口の場合の指向性を示す．また，一般的な角錐ホーンアンテナの利得 G_a（真値）は図 5.12 のパラメータを用いて次式で計算できる．

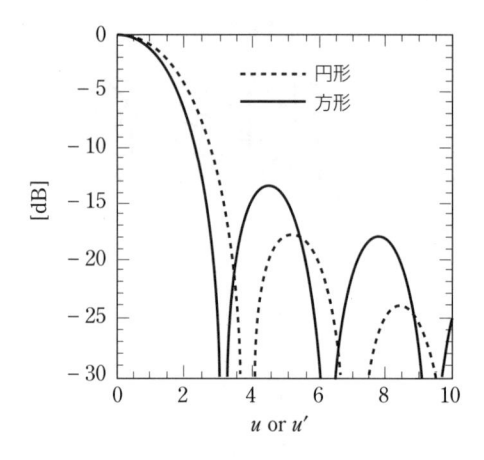

図 5.11 方形と円形開口アンテナの放射特性

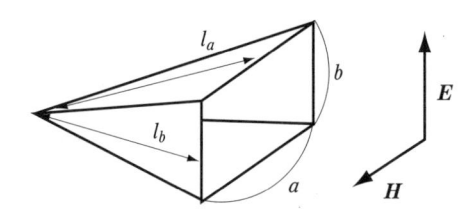

図 5.12 角錐ホーンの形状パラメータ

$$G_a = \frac{4\pi ab}{\lambda^2} g \tag{5.25a}$$

$$g = g_m g_e \tag{5.25b}$$

g は利得係数で，$a/\sqrt{\lambda \cdot l_a}$ の関数 g_m と，$b/\sqrt{\lambda \cdot l_b}$ の関数 g_e の積である．開口面積が一定の場合はホーンが長いほど利得係数 g は $8/\pi^2$ に漸近する．したがって，角錐ホーンにおいては実効面積の最大値は実開口面積の 81% である．

（6） VSWR 伝送路において反射があると，進行波と反射波が干渉し，電圧及び電流に定在波が生じる．電圧定在波の最大値 $|V_{max}|$ と最小値 $|V_{min}|$ で電圧定在波比（Voltage Standing Wave Ratio: VSWR）ρ を定義する．

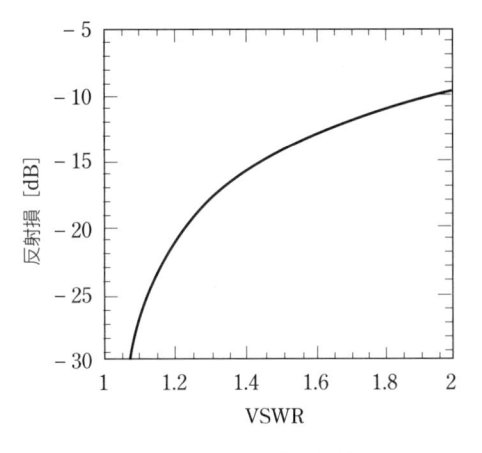

図5.13 VSWRと反射損

$$\rho = \frac{|V_{\max}|}{|V_{\min}|} = \frac{1+|\varGamma|}{1-|\varGamma|} \tag{5.26}$$

ここで，$\varGamma$は電圧反射係数である．図5.13はVSWRに対する電力反射係数の計算例である．例えば，ある送信アンテナのVSWRが2の場合は反射係数が-10 dBであり，そのアンテナに入力した電力の約10%が反射されて空間へ放射されず，損失となることを示す．

5.3 屋内システム用アンテナ

5.3.1 特　　徴

一般に用いられる無線LAN等では，耐候性を考慮する必要がないことから経済性に主眼がおかれ，基地局も端末も比較的小型軽量であることが要求される．したがって，アンテナも比較的シンプルな構成が望まれる．指向性については，水平面内無指向性として単一のアンテナで部屋全体をカバーする場合と，指向性をもたせたビームをいくつか組み合わせたり，切り換えたりしてカバーする場合に分けられる．特に，ミリ波のように伝搬損が大きくなる場合はセクタ化でアンテナ利得を大きくできる利点がある．また，広帯域化に必要なダイナミックレンジの拡大のため，基地局ダイバーシチも用いられる．

5.3.2 各種アンテナの実際

（1） UHF～マイクロ波帯　基地局には半波長ダイポールアンテナや，コリニアアンテナ等の線状アンテナが普通である．図 5.14 に 5 GHz 帯の無

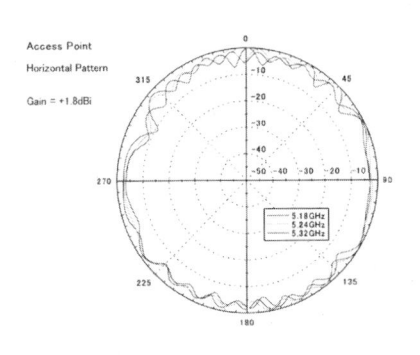

（a）基地局アンテナ水平面内指向性　　（b）基地局アンテナ垂直面内指向性

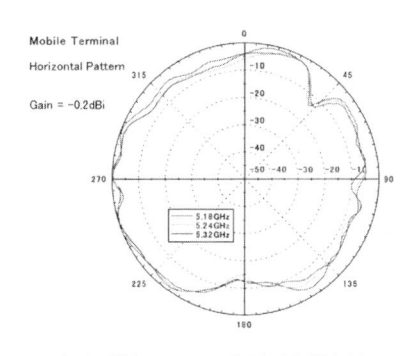

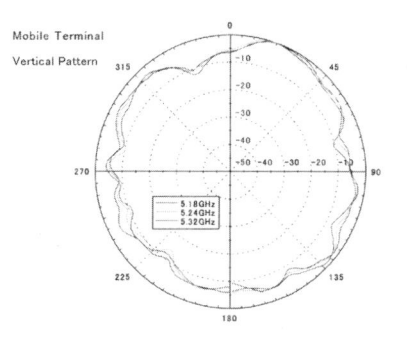

（c）端末アンテナ水平面内指向性　　（d）端末アンテナ垂直面内指向性

図 5.14　5 GHz 帯 AWA システムアンテナパターン

線LANの例（AWAシステム）を示す．(a)，(b)の基地局アンテナはダイポールであるが，水平，垂直面内ともそれぞれ無指向性，8の字パターンからずれが生じている．(c)，(d)のカードに実装された端末アンテナは，水平，垂直面ともほぼ一様であるが，10 dB程度の変動が存在している．このように，ブロードなビームは無線機やカード筐体の影響を受けやすく，アンテナ単体の指向性と異なったパターンとなる．また，2.4 GHz帯の端末アンテナをアンテナ単体，カード実装時，ノートパソコンのスロットに装着時のそれぞれについて指向性を比較している例も報告されている[6]．屋内環境ではマイクロ波帯程度までは距離に対する伝搬損の増加もそれほど厳しくなく，利得の小さいブロードなアンテナで周囲からの到来波をできるだけキャッチする方法が広く用いられている．

（2） 10 GHz〜ミリ波帯　マイクロ波帯より無線チャネルあたりの帯域幅を広くとれることから，広帯域伝送に利用される．一般的には帯域を広くすると受信機の雑音レベル増加により，所要受信レベルも高くなる．また，送信電力はそれほど大きくできず，伝搬損も増えることから，ダイナミックレンジを確保するために利得の高い指向性アンテナが利用される．四周からの到来波を受信するためには複数の指向性アンテナをセクタ状に並べて周囲360°をカバーしている．更に指向性アンテナの利用で屋内環境におけるマルチパスの影響を軽減する効果も得ている．19 GHz帯のAltairシステム[7]，

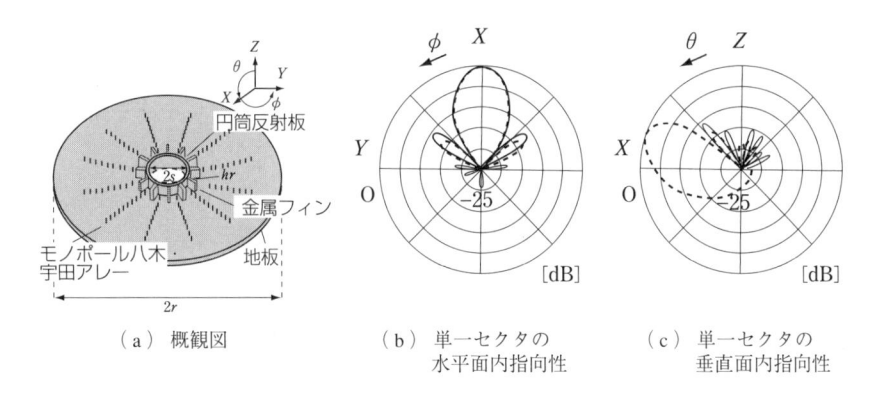

（a）概観図　　　（b）単一セクタの水平面内指向性　　　（c）単一セクタの垂直面内指向性

図5.15　19 GHz帯無線LAN用12セクタアンテナ

[8]では基地局,端末とも6セクタ,VJシステム[9]では基地局オムニ,端末12セクタ,JPLANシステム[10]では基地局12セクタ,端末6セクタの組合せが用いられている.これらのシステムは伝送速度が10 Mbit/s程度のイーサネット対応を想定しているが,それ以上の数十Mbit/s以上のシステムとして,25 GHz帯において基地局12セクタ,端末6セクタ構成のAWA[11],[12]や基地局,端末とも4セクタ構成の60 GHz帯無線LAN[13]が開発されている.図5.15はVJシステム用12セクタアンテナで,それぞれのセクタは利得約14 dBi,3 dB幅30度のビームで構成されている.垂直面内の最大放射方向は水平方向より約20度チルトさせている.

5.4 屋外システム用アンテナ

5.4.1 特　　徴

耐候性が要求されるためレドームを備え,筐体は防水である.地域によっては着雪防止対策が必要である.また,屋内に比べて対象とするエリアが広いことから,アンテナ利得を増やして長くなった送受信アンテナ間距離に対応する場合が多い.したがって,水平面内オムニの場合は垂直面内指向性を鋭くして利得を上げる.また,セクタ化,例えば水平面内ビーム幅が90°の指向性アンテナを四つ組み合わせて360°を照射する等も用いられる.NWAの場合は基地局アンテナに対する依存度が大きいが,FWAでは端末側もある程度の利得をもったアンテナの適用が可能なため,NWAに比べて広いゾーンのカバーが可能である.

5.4.2 各種アンテナの実際

面的な広帯域ワイヤレスアクセスサービスは図5.16のアンテナを用いた26 GHz帯加入者無線方式で始まったといえる[14].同図(a)の端末局(利得35 dBiのカセグレンアンテナ付)をユーザ宅またはオフィス等に設置し,(b)の基地局で収容した.基地局アンテナは図5.17のように垂直面はコセカント2乗とし,加入者局までの距離によらず一定の受信レベルが得られるように工夫されていた.水平面内は90°で,4周波で全周をカバーし,最大利得は23 dBiである.ゾーン半径は約7 kmを想定していた.図5.18は現在導入されているシステム例で,同じ準ミリ波帯を用い,装置経済化と約40

第 5 章 アンテナ

（a）加入者局装置及びアンテナ　　　　（b）基地局装置及びアンテナ
　　（30 cmϕ カセグレンアンテナ）　　　　（90° 扇形ビームアンテナ）

図 5.16　26 GHz 帯加入者無線方式アンテナ

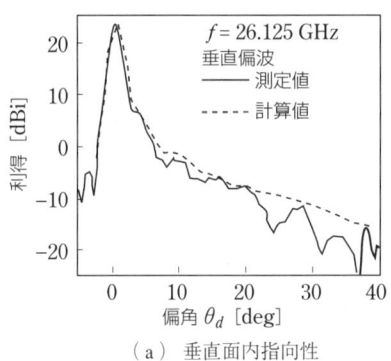

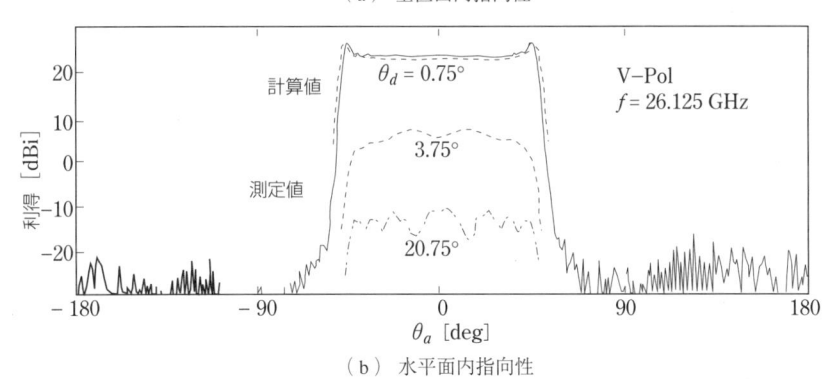

(a) 垂直面内指向性

$f = 26.125$ GHz
垂直偏波
―――― 測定値
------ 計算値

(b) 水平面内指向性

$\theta_d = 0.75°$
$3.75°$
$20.75°$
計算値
測定値
V-Pol
$f = 26.125$ GHz

図 5.17　26 GHz 帯加入者無線方式基地局アンテナ指向性

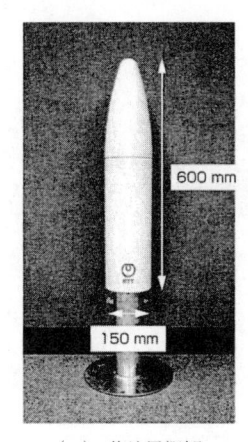

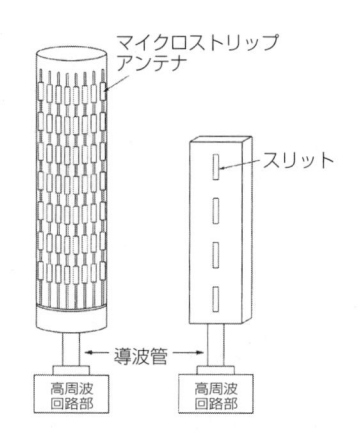

（a）基地局概観　　（b）垂直偏波用（左）及び水平偏波用（右）

図5.18　26 GHz帯ワイヤレスアクセスシステム基地局アンテナ

Mbit/sの高速化を実現したWIPAS（Wireless IP Access System）の基地局である[15]．ゾーン長を1 km程度とし，電柱上にも設置できる水平面内無指向性タイプである．水平，垂直用にそれぞれタイプの異なるアンテナを用いている．端末局は利得31 dBiのカセグレンアンテナまたは導波管スロットアンテナである[16]．

5.5　反　射　板[17]

屋外では建物等の建造物，屋内では家具等の影響で伝搬路に影領域が発生し，10 GHz以上の周波数帯では回折損も大きくなるので通信に必要なレベルが得にくくなる．このような場合，反射板を適当な位置に設置することにより，影領域へも比較的高い強度で電波を照射することができる．

図5.19に反射板を含む伝搬路モデルを示す．送信点Pからd_1の距離に反射板があり，更に距離d_2の位置に受信点Qがあるとする．

有効開口面積A_eの反射板利得Gはλを波長として次式で計算される．

$$G = \frac{4\pi \cdot A_e}{\lambda^2} \tag{5.23}$$

一般にA_eは開口効率η，入射角θ及び実際の面積Aから$A_e = \eta \times A \times \cos\theta$

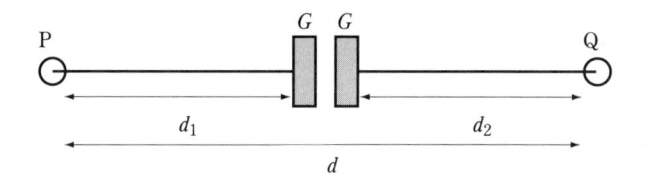

図 5.19 反射板を用いた伝搬路

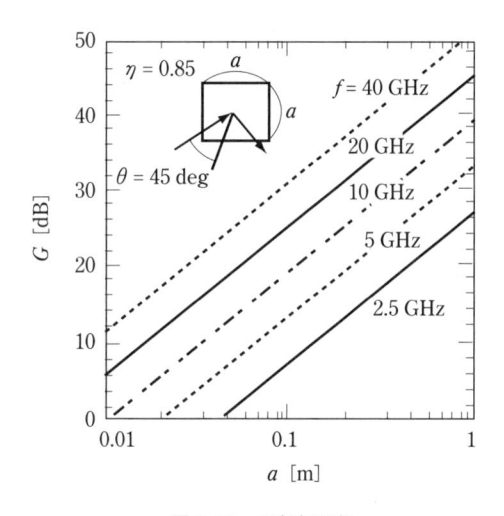

図 5.20 反射板利得

として計算される．通常の平滑な金属板平板については $\eta = 0.8 \sim 0.9$ 程度である．**図 5.20** は1辺が a[m] で $\eta = 0.85$ の正方形反射板に $\theta = 45°$ で電波が入射した場合の反射板利得を計算した例である．

図5.19の区間 d_1，d_2 における自由空間伝搬損は次式で計算される．

$$L_1 = \left(\frac{\lambda}{4\pi \cdot d_1}\right)^2, \quad L_2 = \left(\frac{\lambda}{4\pi \cdot d_2}\right)^2 \tag{5.24}$$

送信レベル P（=1）が，反射板を介して距離 d を伝搬した場合の受信レベル Q は次式で計算される．反射板利得 G は区間 d_1 においては等価的な受信アンテナ利得，区間 d_2 においては送信アンテナ利得として働き，トータルとして2乗で効く．

$$Q = P \cdot L_1 \cdot G \cdot G \cdot L_2 \qquad (5.25)$$

ここで，全区間 $(d_1 + d_2)$ で反射板を適用する必要がない場合の伝搬損 L と反射板を用いた場合の損失 L_r $(= L_1 G G L_2)$ は各々次式で表される．

$$L = \left\{ \frac{\lambda}{4\pi (d_1 + d_2)} \right\}^2$$

$$L_r = L_1 G G L_2 = \left(\frac{\lambda}{4\pi d_1} \right)^2 \left(\frac{4\pi A_e}{\lambda^2} \right)^2 \left(\frac{\lambda}{4\pi d_2} \right)^2 \qquad (5.26)$$

$$\frac{L_r}{L} = \left(\frac{\lambda}{4\pi d_1} \right)^2 \left(\frac{4\pi A_e}{\lambda^2} \right)^2 \left(\frac{\lambda}{4\pi d_2} \right)^2 \left\{ \frac{4\pi (d_1 + d_2)}{\lambda} \right\}^2$$

$$= \left\{ \frac{A_e (d_1 + d_2)}{\lambda d_1 d_2} \right\}^2 = \left(\frac{A_e}{R_1^2} \right)^2 \qquad (5.27)$$

$$R_1 = \sqrt{\frac{\lambda d_1 d_2}{d_1 + d_2}} \qquad (5.28)$$

L と L_r の比 L_r/L は反射板の採用による損失増加を表す．ここで R_1 は距離 d_1, d_2 における第1フレネル半径である．これより，反射板の有効面積が第1フレネル半径の積に等しいと，反射板を含む伝搬損は送受信点間トータル距離における自由空間損と等しくなり，反射板の挿入による損失はなくなる．

参 考 文 献

[1] 松尾　優（編），電波技術ハンドブック，日刊工業新聞社，1998．
[2] 電子情報通信学会（編），アンテナ工学ハンドブック，オーム社，1980．
[3] 安達三郎，米山　務，電波伝送工学，大学講義シリーズ，コロナ社，1981．
[4] J. D. Kraus, Antennas, McGraw-Hill, 1950.
[5] 進士昌明（編著），無線通信の伝播伝搬，電子情報通信学会，1992．
[6] C.-C. Lin and H.-R. Chuang, "A 2.4 GHz omni-directional horizontally polarized planar printed antenna for WLAN applications," IEEE Antennas Propag. Society Digest, vol. 2, pp. 42-45, June 2003.
[7] T. Tsutsumi and K. Ujiie, "ALTAIR products of 19 GHz radio LAN system," MWE'93 Microwave Workshop Digest, pp. 201-206, 1993.
[8] J. E. Mitzlaff, "Radio propagation and anti-multipath techniques in the WIN environment," IEEE Netw. Mag., vol. 5, no. 6, pp. 21-26, Nov. 1991.
[9] 白土　正，花澤轍朗，岡田　隆，丸山珠美，"高速無線 LAN 装置の開発，" NTT R&D, vol. 45, no. 8, pp. 95-104, Aug. 1996.

[10] 丸山珠美, 堀 俊和, "パーソナル化無線LANシステム用アンテナ ―MS-MPYAを用いたパーソナル化19 GHz帯高速無線LANシステム「JPLAN」用アンテナ," NTT R&D, vol. 48, no. 7, pp. 563-571, July 1999.
[11] M. Umehira, A. Hashimoto, and H. Matsue, "An ATM wireless access systems for tetherless multimedia services," Proc. ICUPC'95, Tokyo, Japan, Nov. 1995.
[12] 松江英明, 梅比良正弘, 眞部利裕, 佐藤明雄, "ATMワイヤレスアクセス試作装置の設計と構成," NTT R&D, vol. 47, no. 6, pp. 657-665, June 1998.
[13] Y. Murakami, H. Iwasaki, T. Kijima, A. Kato, T. Manabe, and T. Ihara, "Four-sector shaped-beam antenna for 60-GHz wireless LANs," IEICE Trans. Electron., vol. E82-C, no. 7, pp. 1293-1300, July 1999.
[14] 山田 隆, 鹿子嶋憲一, 伊丹裕司, "扇形/コセカント2乗ビームアンテナの設計と特性," 信学論(B), vol. J67-B, no. 12, pp. 1454-1461, Dec. 1984.
[15] 仁平勝利, 白水哲也, 本間文洋, "ワイヤレスIPアクセスシステムのアンテナ・無線技術," NTT R&D, vol. 51, no. 11, pp. 919-927, Nov. 2002.
[16] Y. Miura, T. Shirosaki, T. Taniguchi, Y. Kazama, Y. Kimura, J. Hirokawa, and M. Ando, "A low-cost and very small wireless terminal integrated on the back of a flat panel array for 26GHz band fixed wireless access systems," 2003 IEEE Topical Conference on Wireless Communication Technology Digest 139, 2003.
[17] 渋谷茂一, "マイクロウェーブ伝播算法の解説 (4)," 施設, vol. 10, no. 4, pp. 98-105, 1958.

第 6 章

アクセス方式

6.1 アクセス方式の種類

複数のユーザが同一のチャネルを使用する場合，どのように通信リソース（周波数，時間，符号等）を割り当てるかによって主に三つに分類される[1]，[2]．図 6.1 のように，周波数帯域を分割して異なる周波数で複数のユーザが通信する方法を周波数分割多元接続方式（Frequency Division Multiple Access: FDMA），時間を分割して異なる時間で複数のユーザが通信する方法を時分割多元接続方式（Time Division Multiple Access: TDMA），また，複数の符号を用意し，異なる符号で複数のユーザが通信する方法を符号分割多元接続方式（Code Division Multiple Access: CDMA）という．

あらかじめ割り当てられた通信リソースを用いて通信する方法をプリアサイン方式という．一方，通信の要求があるたびに通信リソースを割り当てる

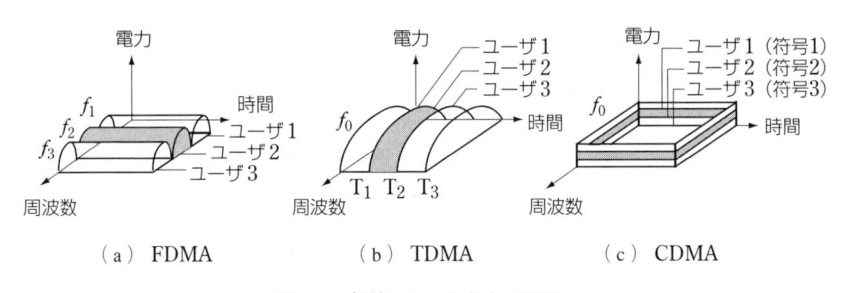

（a）FDMA　　　（b）TDMA　　　（c）CDMA

図 6.1　各種アクセス方式の概要

第6章 アクセス方式

```
                                        ┌─ ピュア ALOHA
                            ┌─ ALOHA ─┤
                            │           └─ スロット ALOHA
            ┌─ コンテンション方式 ─┤
            │               └─ CSMA
TDMA方式 ─┤
            │                    ┌─ ポーリング方式
            └─ ノンコンテンション方式 ─┤
                                 └─ 予約方式
```

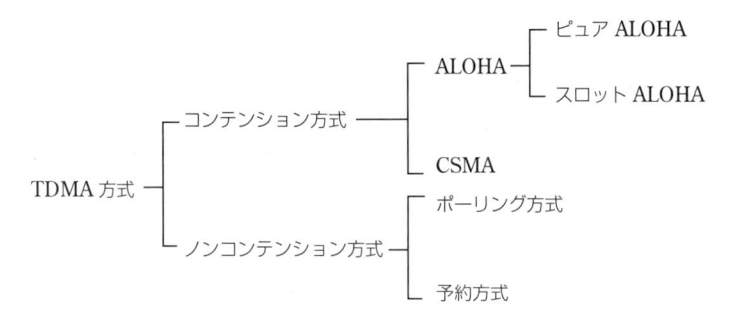

図6.2　時分割多元アクセス方式の分類

方法をデマンドアサイン方式という．デマンドアサイン方式ではプリアサイン方式に比べて通信リソースの利用効率を向上することができるため，移動通信方式，無線LAN等に広く採用されている．

図6.2に示すように，TDMA方式では複数のユーザが時間で区切って通信するためバースト状の信号を送受する．その場合，バーストの衝突を前提にした方法をコンテンション方式といい，バーストの衝突は確実に避けつつ多元アクセスする方法をノンコンテンション方式という．コンテンション方式の代表的なものにALOHA方式，CSMA（Carrier Sense Multiple Access）方式などがある．これらはランダムアクセス方式ともいう．また，ノンコンテンション方式には，ポーリング方式，予約方式等がある．

6.2　ランダムアクセス方式

ランダムアクセス方式ではバースト信号（これをパケットという）がある統計モデルに従って生成されることによるランダム性を基本にしている．複数のユーザがパケットを同時に送信しようとすると，パケットは時間的に重なってしまう．すなわち衝突する．この問題について詳しく考察する．

6.2.1　基本モデル

（1）パケットの生成　図6.3に示すように，総ステーション数をNとし，各ユーザのステーションからは各々独立にパケットが生成される．全くランダムにパケットが生成される場合ポアソン分布に従うものと仮定する．単位時間当りに発生するパケット数がλ個であるとすると

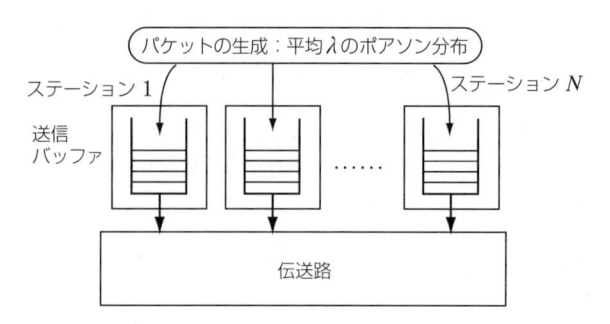

図6.3 パケットの伝送モデル

① 任意の時刻でλは変化しない．
② あるパケットの発生がそれ以降のパケットの発生に影響しない．
③ 十分短い時間内ΔTで二つ以上のパケットが発生する確率は無視できる．

の三つの条件が満たされているときΔTに到着するフレーム数はポアソン分布に従うことが知られている．ポアソン生成ではパケットの発生間隔は指数分布に従う．実際のパケット生成が必ずしもポアソン分布でないことは明らかである．例えば，パケットの発生率は時間とともに変化する場合が多いし，応答用のパケットは応答を求めるパケットの発生と独立ではない．また，ファイル転送などではある時間は集中的にパケットが発生するはずである．しかし，ポアソン生成は基本的な事項であり，しかも解析を容易にするためよく採用されている．

（2）ステーション ステーションの数Nは現実的には有限であり，このような場合有限呼源モデルと呼ぶ．Nが無限の場合には無限呼源モデルという．各ステーションで発生したパケットはそのステーションの送信バッファに入る．このバッファは時間的に先に入ったパケットが先に処理され出力されるものとする．パケット間の優先順位はアクセス方式によって異なるがこの場合すべてが対等であると仮定している．また，パケットの伝送の成功または失敗が判明するまでは次のパケットは処理されない．一方，ステーション内でパケットに優先順位を設ける場合，優先順位に応じたバッファがあるものと考えることができる．この場合，どのバッファのパケットを先に処

第6章　アクセス方式　　171

理すべきかはアクセス制御方式によって決まるものである．

　また，送信バッファが有限か無限かいずれかが仮定される．送信バッファが有限の場合，バッファがいっぱいのときに発生したパケットは廃棄され，これは伝送の失敗とは別に扱われる．また，受信バッファについては容量が十分にあるものと仮定する．すなわち，受信側ではパケットの廃棄は起こらない．

　（3）伝 送 路　すべてのステーションは単一の伝送路を通して通信されるものとする．また，現実の伝搬路ではその状況に応じて符号誤りが発生するがアクセス制御方式を考える上では伝送路で発生する符号誤りはないものと仮定する．

　（4）衝　　突　複数のステーションから同時にパケットを送信すると伝送路にて時間的に重なって衝突が起こる．衝突に関与したすべてのパケットは破壊され，その時間帯は無駄に使われたことになる．また，伝送路は理想的で誤りがないため衝突が唯一の伝送失敗要因となる．

　パケットの成功/失敗は受信側からの応答によって判定すると想定する．アクセス制御方式にこの応答の方法が明示される場合とされない場合がある．明示されない場合，何らかの方法で応答は確実になされるものとする．アクセス制御方式の解析を単純化するためにパケットの伝送終了時にその成功/失敗が送信側で判別できるものとする．

6.2.2　性 能 評 価

　（1）供給トラヒック　パケットの長さが T [bit] のとき，あるステーションが2回目に送信に成功したとするとパケットの送信を試みた総量は T [bit]×2=$2T$ となる．全ステーションで単位時間当りに送信を要求したパケットの総情報量を供給トラヒックという．供給トラヒックは新規に生成されたパケットと再送によるパケットの情報量の合計である．トラヒックは伝送路の伝送速度で正規化されたトラヒックを G で表す．

　（2）スループット　伝送路が空きの状態の間と衝突によって無駄に使われている間は本来伝送しようとした情報は全く受信側に届かない．すなわちパケットの伝送の成功によってのみ実質的な情報伝送が行われたと考えることができる．パケットの長さが T [bit] のときパケットの伝送の成功によ

る情報伝送量は T [bit] である．単位時間当たりの実質的な情報伝送量をスループットという．一般にスループットは伝送路の伝送速度 R [bit/s] で正規化され，S で表す．伝送がすき間なく理想的に行われかつ衝突が起こらなければスループット S は1となり，一方，全く伝送がないかまたは伝送がすべて衝突によって破壊された場合は S は0となる．なお，パケットのヘッダ等の制御情報を取り除いた情報量のみをスループットと定義する場合もある．

（3） 平均伝送遅延 ある一つのパケットが生成されてから送信され受信側に受け取られるまでの時間を伝送遅延という．伝送遅延は伝送路を獲得するまでの待ち時間，再送がある場合には再送による遅延時間，伝送路上で一つのパケットを伝送するのに必要な伝送時間などによる．個々のパケットの伝送時間は異なるため伝送遅延の平均値をその遅延量と考える．一般に，平均遅延時間はパケット長で正規化され D で表す．伝搬遅延は無視できるものとし，生成されたパケットが直ちに送信され衝突が一切起こらない場合には D は1となる．トラヒックが増えるにつれ伝送路の獲得までの時間，再送のための時間がかかり平均遅延時間は大きくなる[3]，[4]．

（4） ALOHA方式 ALOHA方式にはピュアALOHA方式とスロットALOHA方式の2通りがある．ピュアALOHA方式では**図6.4**に示すように伝送するパケットがある場合，各ステーションが全く勝手にパケットを送信開始する方式である．

（a） ピュアALOHA方式 送信パケットの開始時刻が，平均生成率 λ パケット/s のポアソン過程であり，パケットの時間長を T [bit] とすると供給トラヒック G は次式で表される．

$$G = \lambda T \tag{6.1}$$

衝突を制御することができるプロトコルとしてAbramsonによるものを考察する．衝突したパケットはある遅延 τ の後に再送される．ここで，τ はランダムに選ばれた値であり，その確率密度関数 $p(\tau)$ は次式で表される．

$$p(\tau) = \alpha e^{-\alpha \tau} \tag{6.2}$$

第6章 アクセス方式

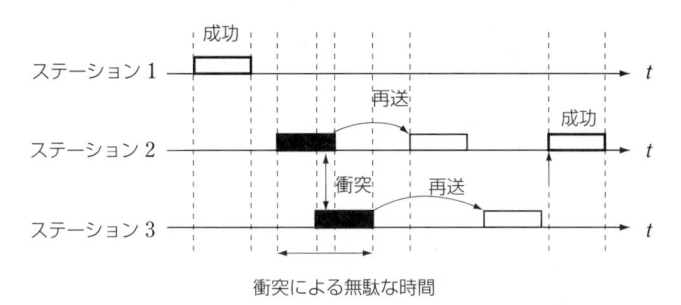

図6.4 ピュアALOHA方式の概要

ここで，aは定数である．ランダム遅延τだけ送信開始時刻を遅らせて送信することによって確率的に衝突を回避しようとするものである．もし再び衝突が起こった場合，新たにτの値をランダムに選択し2番目の送信開始時刻からの新しい遅延時間後に送信され，この過程はパケット送信が成功するまで続けられる．

さて，$\lambda'(\lambda' \leq \lambda)$を成功したパケット比率とすると伝送路のスループットSは以下のようになる．

$$S = \lambda' T \tag{6.3}$$

ここで，ある送信パケットに他のパケットが重ならない確率は単にそのパケットの送信開始時刻の前後T (*bit*) の間に他のパケットが存在しない確率である．全パケットの送信開始時刻はポアソン分布であるからパケットが重ならない確率は$\exp(-2\lambda T) = \exp(-2G)$である．したがってスループットは

$$S = Ge^{-2G} \tag{6.4}$$

となる．この関係を**図6.5**に示す．最大スループットS_{max}は$S_{max} = 1/2e = 0.184$であり，$G = 1/2$のときである．すなわち$G < 1/2$まではGの増加に伴ってスループットは増加するが，逆に$G > 1/2$ではGが増加しても衝突によりスループットが減少することが分かる．ピュアALOHA方式ではスループットは十分ではなくその改善を目的にスロットALOHA方式が考案された．

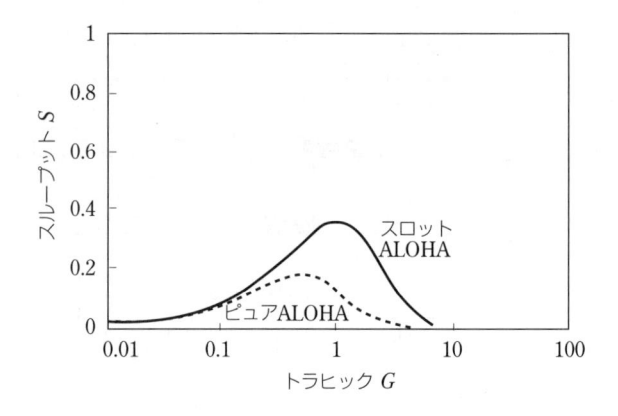

図6.5 ALOHA方式のトラヒック対スループット特性

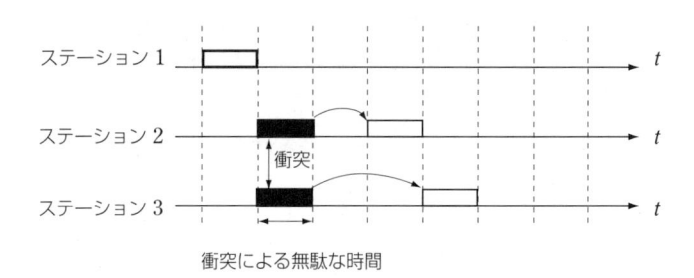

図6.6 スロットALOHA方式の概要

（b）スロットALOHA方式　　ピュアALOHA方式のようにパケットの送信が任意の時刻に開始されたが，送信時刻をある一定の間隔，例えばパケット長に相当する長さに区切ってすべての端末が共通に認識される場合，**図6.6**に示すように衝突時間が最小化されスループット向上が期待される．

スロットALOHA方式のスループットを求めるために，i番目のステーションがあるスロットでパケットを送信する確率をG_iとする．全Kステーションが独立に動作し，かつ現スロットのパケットの送信とそれ以前のスロットにおけるパケットの送信との間に統計的な依存性がない，すなわち独立であるとすると全供給トラヒックは次式となる．

$$G = \sum_{i=1}^{K} G_i \tag{6.5}$$

次に，S_i をあるタイムスロットで送信されたパケットが衝突なしに受信された確率とする．このとき伝送路のスループットは

$$S = \sum_{i=1}^{K} S_i \tag{6.6}$$

となる．i 番目の端末からのパケットが他のパケットと衝突しない確率は次式となる．

$$Q_i = \prod_{\substack{j=1 \\ j \neq i}}^{K} (1 - G_j) \tag{6.7}$$

であるから

$$S_i = G_i Q_i \tag{6.8}$$

同様に K ステーションを考えると

$$S_i = \frac{S}{K}, \quad G_i = \frac{G}{K} \tag{6.9}$$

であるから，

$$S = G\left(1 - \frac{G}{K}\right)^{K-1} \tag{6.10}$$

となる．ここでステーション数 K が $K \to \infty$ とするとスループットは次式となる．

$$S = Ge^{-G} \tag{6.11}$$

この計算結果を図6.5に併せて示す．S は $G = 1$ において最大スループットとなり $S_{\max} = 1/e = 0.368$ となる．この値はピュアALOHA方式の場合の2倍であり，スループットが改善されていることが分かる．しかし，Abramson の

プロトコルの基本的な問題点は衝突を積極的に回避するものではないためスループットの改善にも限界があることである[5], [6]. これを解決したものが以下に述べる CSMA である.

（5） **CSMA（Carrier Sense Multiple Access）方式** 　無線通信で電波の有無を検出する機能をキャリヤセンス（carrier sense）機能と呼ぶ. 通常, パケットを送信している以外は電波を送信しないので, キャリヤセンスの結果は他のステーションからの伝送中の有無を示すことになる. キャリヤが検出される状態をビジー状態, 検出されない状態をアイドル状態という. CSMA はステーションがキャリヤセンスによって伝送路の使用状況を見てからパケットを送信するかどうかを決定する方式である. すなわち, 各ステーションは送信するパケットがあると, 送信前に搬送波を検出し, このとき伝送路がアイドルなら他のステーションが送信していないと判断し, パケットの送信を開始する. もし, 伝送路がビジーであればほかに送信中のパケットがあると判断して自分の送信を見合わせる.

CSMA を用いてもパケットの衝突を完全になくすことはできない. あるステーションが送信されたとき他のステーションではそれと同時にキャリヤが検出されるわけではなく信号が伝搬する時間分だけ遅れた時点からキャリヤが検出されるからである. この信号の伝搬に要する時間を伝搬遅延時間と呼ぶ. あるパケットの送信開始時刻から伝搬遅延時間の間はそのキャリヤが検出されないので, この間に他のステーションが送信してしまう可能性がある. その場合, パケットが衝突する.

以上のように, キャリヤセンスを利用したアクセス制御方式では伝搬遅延時間が影響する. 伝搬遅延時間はパケット長 T で正規化されたもの γ (= τ/T) が用いられる.

CSMA 方式では, 伝送路がビジーならとりあえずその時点でのパケット送信が見送られるが, どのようなタイミングで再びパケットを送信しようと試みるかによって二つの考え方がある.

第1は, チャネルがビジーであればいったんキャリヤセンスを中止し, ある再送時間だけ待ってから改めて再びキャリヤセンスからやり直す. この方式を non-persistent CSMA（待時型 CSMA）方式という.

第2は伝送路がビジーのときは,そのままキャリヤセンスを続けてアイドルになるまで待つ方式である.伝送路がビジーからアイドルに変わったことを検出したとき,必ずパケットの送信を開始する場合と更に待つ場合がある.すなわち,ステーションはアイドル待ちの後,確率pでパケットを送信し,確率$(1-p)$で送信を見合わせると考える.このような方式をp-persistent CSMA(p即時型CSMA)方式と呼ぶ.特に,$p=1$のときを1-persistent CSMA方式と呼び,IEEE802.3のCSMA/CD(carrier sense multiple access with collision detection)の基礎になった方式である.

ノンパーシステントCSMA方式のスループットは次式で表される[7],[8].

$$S = \frac{Ge^{-\gamma G}}{G(1+2\gamma) + e^{-\gamma G}} \quad (6.12)$$

ただし,パラメータ$\gamma = \tau/T$であり,正規化伝搬遅延時間と呼ぶ.$\gamma \to 0$のとき$S \to G/(1+G)$である.

また,1パーシステントCSMA方式のスループットはKleinrock and Tobagiによって算出され,次式で表される[7],[8].

$$S = \frac{G\left[1 + G + \gamma G\left(1 + G + \frac{1}{2}\gamma G\right)\right]e^{-G(1+2\gamma)}}{G(1+2\gamma) - (1 - e^{-\gamma G}) + (1+\gamma G)e^{-G(1+\gamma)}} \quad (6.13)$$

ノンパーシステントCSMA方式及び1パーシステントCSMA方式のスループット特性を図6.7,図6.8にそれぞれ示す.供給トラヒックが増加するにつれスループットも増加していくがある値を超えると急激にスループットは減少するというコンテンション方式特有の特性を示すことが分かる.また,伝搬遅延も大きく影響しており,それが増加することでスループット特性が大きく減少する.しかし,ALOHA方式と比較すると大幅にスループット特性が改善されていることが分かる.

CSMAには適用するシステムによりいくつかの改良型がある.有線LAN(IEEE802.3準拠のもの)において広く用いられているCSMA/CD(carrier sense multiple access with collision detection)方式はその一例である.

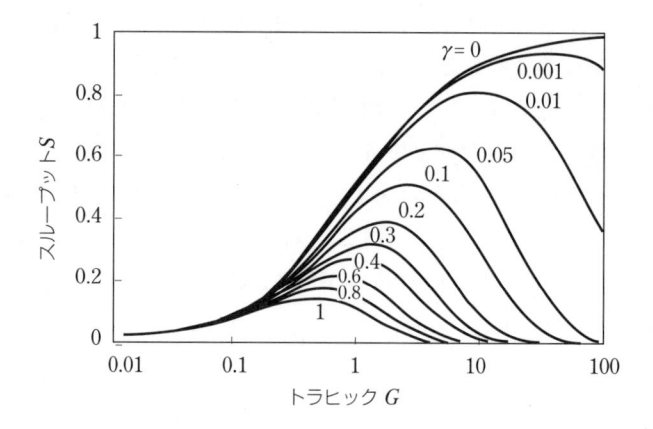

図6.7 ノンパーシステントCSMA方式のトラヒック-スループット特性

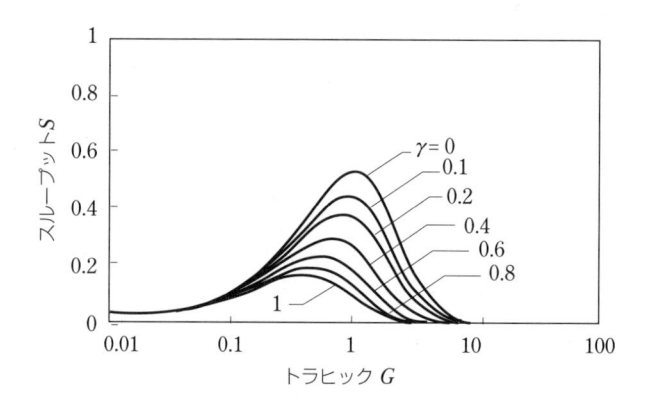

図6.8 1パーシステントCSMA方式のトラヒック-スループット特性

　CSMA/CD方式は1パーシステントCSMA方式をベースに衝突検出によってパケットの送信を中断するものである．

　一方，無線LANにおいては伝送路上でのパケットの衝突を検出することは事実上不可能である．なぜなら，衝突によるレベルの変動に比べ無線の伝搬路におけるレベル変動の方が圧倒的に大きいため衝突が検出できないのである．したがって，IEEE802.11無線LANではCSMA/CA（carrier sense multiple access with collision avoidance）と称して衝突をできるだけ確実

第6章　アクセス方式

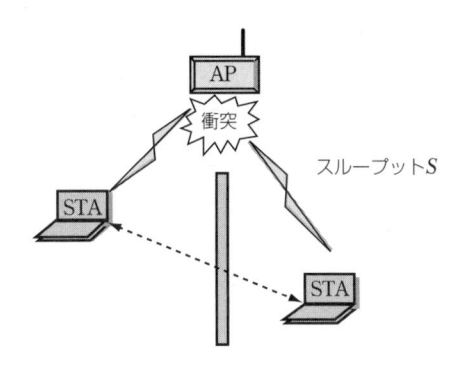

図6.9 隠れ端末問題

に避けるような工夫がなされている．例えば，低トラヒック時には1パーシステントCSMA方式として動作し，高トラヒック時にはpパーシステントCSMA若しくはノンパーシステントCSMAに移行するような方式が考えられる．（詳しくは7.2節を参照のこと）

（6）隠れ端末問題　無線通信において，図6.9に示すように端末間に壁などの遮へい物が存在する場合，お互いの送信信号が到達しないことがある．このように互いに送信信号が到達しない端末を隠れ端末という．隠れ端末が存在すると，隠れ端末に対してのキャリヤセンスが働かなくなりパケットの衝突頻度が増えスループット特性を劣化させる．この問題を隠れ端末問題という[9]．この問題を解決するために，端末全体が見えているものを中心としてその端末を介して送信要求を隠れ端末にも通知するようなものが適用されている．（詳しくは7.2節を参照のこと）

6.3　ノンコンテンション方式

ノンコンテンション方式としては，ポーリング方式，予約方式がある．複数のステーションが同時に通信要求した場合，コンテンション方式では伝送路の獲得に向けた競合が起こるが，ノンコンテンション方式ではステーションに間で事前に何らかの調整機能を設けることでパケットの衝突を回避できる[1], [2]．

6.3.1　ポーリング方式

ポーリング方式では，中心となるステーション（これを中央ステーションという）が存在して他のステーションに対して送信パケットの有無を順次尋ねていくことを繰り返す方式である．本方式は，送信すべきパケットの有無にかかわらず順番にすべてのステーションに対して送信する意思があるかを問い合わせるため，伝送遅延時間の無駄を生じる反面，方法がシンプルであるという特徴を有している．

6.3.2　予約方式

予約方式では，データパケットの伝送に先立って，何らかの方法で伝送路を予約し，その予約が成立してから実際の伝送を開始する方式である．いったんパケット送信の予約が成立すると，データパケットの衝突は基本的には発生しない．

6.4　自動再送方式

6.4.1　自動再送方式の概要

送信したパケットに伝送誤りがあると送信側（Transmitter）が受信側（Reciever）の要求に基づいてパケットを送り直す方式をARQ（automatic repeat request）という[1], [2], [10]．これは一種の時間ダイバーシチである．受信側では誤り検出した結果を送信側にフィードバックするものである．応答には伝送誤りなくパケットを受け取ったことを表す肯定応答（positive acknowledgement: ACK）と誤りがあったことを表す否定応答（negative acknowledgement: NACK）の2種類がある．ARQでは受信側から送信側へのACK若しくはNACK信号を返すための伝送路を必要とする．

ARQ方式には主に3種類の方式がある．

6.4.2　Stop and Wait 方式

図6.10に示すように，送信側では，パケットを一つ送信するごとにそのパケットに対する受信側の応答を待つ方式である．受信側では，受信したパケットごとに肯定応答/否定応答を返すものである．送信側では肯定応答を受け取った場合には次のパケットを送信し，否定応答を受け取った場合には再度そのパケットを送信する．そして，そのパケットが誤りなく正常に受信

第6章　アクセス方式

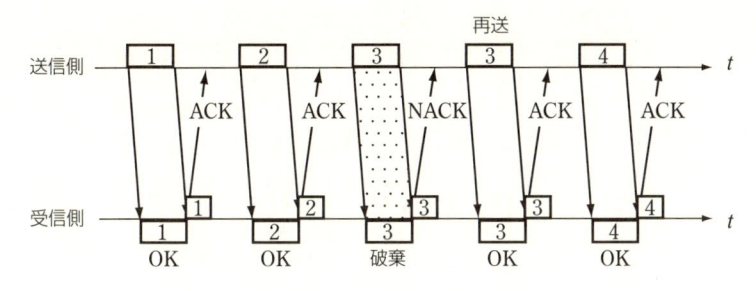

図6.10　Stop and Wait方式

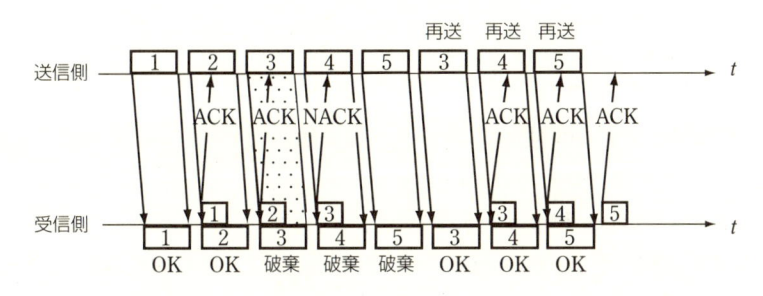

図6.11　Go Back N方式

されるまで同じパケットの送信を繰り返す方式である．この方式は連続してパケットを送信できないので伝送効率の点で他の方式に劣っているが，アルゴリズムがシンプルであり，IEEE802.11系無線LANでは本方式が採用されている．

6.4.3　Go Back N方式

図6.11に示すように，送信側では，個々のパケットに対する受信側からの応答を待たずに，次のパケットを送信する．これらのパケットには順にパケット番号が付与されていて送信側と受信側でどのパケットに伝送誤りが生じたかが特定できる．受信側では，パケットに誤りがない限りパケットを受信バッファに取り込み続ける．パケット番号nに伝送誤りがあった場合受信側ではパケットnとそれ以降のパケットを破棄し，パケット番号nを付加した否定応答を送信側に返す．送信側ではこの否定応答を受信すると新しいパケットの送信を中断し，パケットnとそれ以降のパケットを再度まとめて送

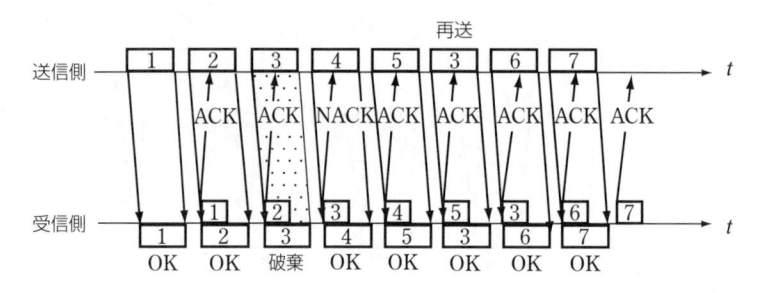

図6.12 Selective Repeat方式

信し直す.受信側では送信側が改めて送ったパケットnとそれ以降のパケットを受信バッファに格納する.

この方式はStop and Wait方式に比べると伝送効率は改善されるが,その分受信バッファのサイズが必要になる.

6.4.4 Selective Repeat方式

図6.12に示すように,Go Back N方式と同様に,送信側では個々のパケットに対する応答を待たずに次々と番号の付いたパケットを送信する.受信側では,誤りのないパケットは受信バッファに取り込み,誤りのあるパケットだけを破棄し,そのパケット番号nを付加した否定応答を送信側に返す.送信側がこの否定応答を受信すると,いったん新しいパケットnも送信を中断し,誤りのあったパケットだけを再度送信する.その後,未送信パケットから送信を開始する.

この方式では誤りのあったパケットだけ再送するため効率は他の2方式に比べ優れているが,再送されるパケットを待つ間,既に受信したパケットは受信バッファ内で待機しなければならず,また,その順を直す必要があるためより多くの受信バッファを必要とするとともに制御も複雑になる.

参 考 文 献

[1] J. G. プロアキス(著),坂庭好一,鈴木 博,荒木純道,酒井善則,渋谷智治(訳),ディジタルコミュニケーション,科学技術出版,1999.
[2] 羽鳥光俊,小林岳彦(監修),移動通信基礎技術ハンドブック,丸善,2002.
[3] L. Kleinrock, "Packet switching in radio channels, Part-1 carrier sense multiple access modes and their throughput-delay characteristics," IEEE Trans. Commun.,

vol. COM-23, no. 12, pp. 1400-1416, 1975.
- [4] M. Schwartz, Computer Communication Network Design and Analysis, Prentice-Hall, 1977.
- [5] N. Abramson, "The ALOHA system—Another alternative for computer Communications," AFIPS FJCC 70, 1975.
- [6] N. Abramson, "Development of the ALOHANET," IEEE Trans. Inf. Theory, vol. IT-31, no. 3, pp. 119-123, March 1985.
- [7] F. A. Tobagi, "Performance analysis of carrier sense multiple access with collision detection," Proc. LACN Symposium, pp. 217-244, May 1979.
- [8] 重野 寛（著），無線LAN技術講座，松下 温（監修），（株）ソフトリサーチセンタ，1994.
- [9] F. A. Tobagi and L. Kleinrock, "Packet switching in radio channels, Part-2 the hidden terminal problem in carrier sense multiple access and the busy-tone solution," IEEE Trans. Commun., vol. COM-23, no.12, pp. 1417-1433, 1975.
- [10] A. M. Michelson and A. H. Levesque, Error Control Techniques for Digital Communication, A Wiley InterScience Publication, John Wiley & Sons, 1985.

応用編

ワイヤレスアクセスシステムの技術概要

第7章

無線LANシステム技術

7.1 IEEE802.11系無線LANの概要と標準化動向

7.1.1 IEEE802.11標準の概要

無線LANの普及が急速に拡大しているが，これらの無線LANの大部分は，IEEE（Institute of Electrical and Electronics Engineers）802委員会のワーキンググループ（WG）11が制定した標準規格に準拠している．IEEE802.11の標準化対象は**図7.1**に示した範囲であり，データリンク層の分散アクセス制御などのプロトコルに関するMAC（Medium Access Control）レイヤと，

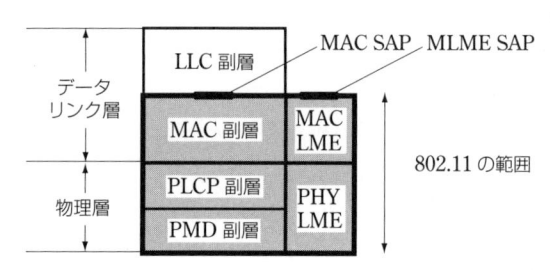

LLC: Logical Link Control
MAC: Medium Access Control
PLCP: Physical Layer Convergence Protocol
PMD: Physical Medium Dependent
LME: Layer Management Entity
SAP: Service Access Point

図7.1 IEEE802.11無線LANのレイヤ構造

物理層のデータ伝送方式に関するPHY (Physical) レイヤ，及び各層のマネジメント機能が規定されている．

IEEE802.11 WGは，最初の標準規格「IEEE 802.11」を1997年に完成した．この標準化には1990年のWG設立から7年の歳月を要している．MACレイヤには，イーサネットの自律分散制御方法を踏襲したCSMA/CA (Carrier Sense Multiple Access with Collision Avoidance) 方式が用いられ，オプションとしてポーリング方式の規定も含む．物理レイヤは，(1) 2.4 GHz帯を用いた直接拡散方式 (DSSS), (2) 2.4 GHz帯を用いた周波数ホッピング方式 (FHSS), (3) 赤外線通信方式 (IR) の3種類が規定された．2.4 GHz帯を用いる方式では，ISM (Industrial, Scientific and Medical applications) バンドと呼ぶ多目的な周波数帯域を利用するため，耐干渉性に優れたスペクトル拡散方式が採用された．伝送速度はそれぞれ1 Mbit/sと2 Mbit/sの2種類の規定がある．

7.1.2 PHYレイヤの高速化 (IEEE802.11bとIEEE802.11a)

1997年に最初のIEEE 802.11標準が完成した後，IEEE 802.11WGは物理レイヤの高速化の検討に着手した．これには，従来の2.4 GHz帯を用いてPHYレイヤの高速化を行うタスクグループb (TGb) と，無線LAN用に新たに開放された5 GHz帯のPHYレイヤを扱うタスクグループa (TGa) が構成され，二つのPHYレイヤの標準化が並行して進められた．

その結果，2.4 GHz帯の高速化を進めたTGbは，Intersil社とLucent Technologies社の共同提案によるCCK (Complementary Code Keying) 方式を採択し，最大11 Mbit/sの伝送速度をもつIEEE802.11b標準を1999年に完成した[1]．また，5 GHz帯のPHYレイヤを標準化するTGaは，NTTとLucent Technologies社の共同提案[2]によるOFDM (Orthogonal Frequency Division Multiplexing) 方式を採択し，最大54 Mbit/sの伝送速度を有するIEEE802.11a標準[3]をIEEE802.11bと同時に完成した．

7.1.3 ワーキンググループ (WG) の構成と標準化動向[4]

各タスクグループの活動をレイヤ構造に対応して図7.2に図示する．IEEE802委員会は，基本的にMACレイヤの種別ごとにWGが構成されており，IEEE 802.11 WGはMACレイヤがCSMA/CA方式である無線LANを扱う．MAC

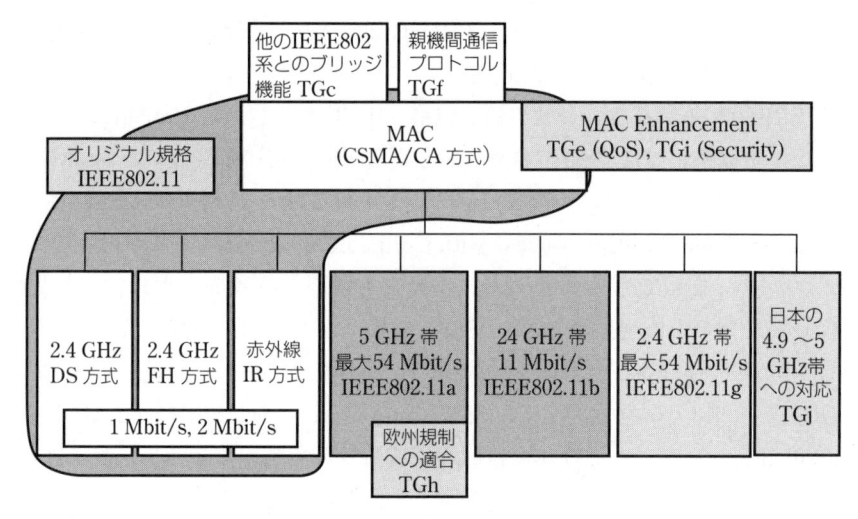

図7.2 IEEE802.11の検討グループ構成

レイヤは一つであるが，媒体（周波数帯域の違い）や変調方式の違いによって複数のPHYレイヤ方式を規定している．

IEEE 802.11a/bの高速無線LAN標準規格が承認された後も，IEEE 802.11 WGでは，PHYレイヤの更なる高速化とMACレイヤの高機能化，高効率化に向けた検討が進められている．2003年7月現在の主なタスクグループの検討状況は以下のとおりである．

（1）タスクグループg（TGg）：IEEE802.11bの更なる高速化　2.4 GHz帯の無線LANにてIEEE802.11b規格との後方互換性を保ちつつ，802.11aなみの伝送速度を提供する新たなPHYレイヤIEEE802.11gの標準化作業を2003年6月に完成した．IEEE802.11gはIEEE802.11bのCCK方式とIEEE802.11aと同じOFDM方式を必須とし，両者混在時の後方互換性を保つために，DSSS-OFDM方式とPBCC方式をオプションとして規定している．

（2）タスクグループe（TGe）：QoSサポート　既存のMACレイヤを拡張し，従来のDCF（Distribution Coordination Function）とPCF（Point Coordination Function）の機能を統合したHCF（Hybrid Coordination

Function) による QoS (Quality of Service) のサポートを行う．HCFでは，提供する QoS の性質に応じて「HCF 競合チャネルアクセス (HCF contention-based channel access)」と「HCF ポールドアクセス (HCF polled channel access)」の2種類のアクセス制御方法をもつ．HCF 競合チャネルアクセスとは，CSMA/CA 方式を拡張したアクセス制御方式であり，データ送信時に優先制御を行うプライオリティベースの QoS である．HCF ポールドアクセスは従来のポーリング手順を拡張し，指定された帯域幅や遅延時間などのパラメータを保証するアクセス制御方法である．

（3） タスクグループ i (TGi)：セキュリティ機能拡張　セキュリティ機能の拡張について，上位レイヤ認証機能と暗号化アルゴリズムの強化を検討している．セキュリティ機能を提供するために，認証と鍵配送に IEEE802.1X 規格を使用する RSN (Robust Security Network) を規定する．認証については，従来の IEEE802.11 における MAC レイヤ認証処理は行わず，IEEE802.1X に規定された EAPOL (Extensible Authentication Protocol over LAN) の利用を想定している．また，暗号化については，パケットごとに暗号鍵を導出する TKIP (Temporal Key Integrity Protocol) 方式と，現時点で非常に強力な暗号とされる AES (Advanced Encryption Standard) の適用を規定する．

（4） タスクグループ f (TGf)：AP 間通信プロトコル　同一ネットワークに存在する AP 間で STA のモビリティをサポートする AP 間通信プロトコル IAPP (Inter-Access Point Protocol) を標準化した．

（5） タスクグループ h (TGh)：5 GHz 帯無線 LAN における欧州の周波数規則への対応　5 GHz 帯無線 LAN に関する欧州の周波数規則への対応を目的とし，IEEE 802.11a 規格に送信電力制御機能 (Transmission Power Control: TPC) と，動的周波数選択機能 (Dynamic Frequency Selection: DFS) を追加する．

（6） タスクグループ j (TGj)：日本の 4.9～5 GHz 帯への対応　日本における屋外利用可能な周波数帯域として，4.9～5.0 GHz と 5.03～5.091 GHz が 2002 年 9 月に開放されたことを受け，この周波数帯の法令に適合する技術的条件を検討している．

（7）　タスクグループk（TGk）：無線リソースマネジメント　　VoIPをはじめとするアプリケーションが無線区間のQoSや信頼性に関する情報を利用するために，PHYレイヤやMACレイヤの情報を上位レイヤに提供するためのインタフェースを規定する．

　（8）　タスクグループm（TGm）：メンテナンス　　IEEE 802.11標準規格のメンテナンスを行う．

　（9）　ハイスループットスタディグループ（HT SG）　　100 Mbit/s程度の高スループット化を目的とし，次期高速無線LANの規格検討を行うTGnが2003年9月に設立された．

　（10）　ワイヤレスLANネクストジェネレーションスタンディングコミティ（WNG SC）　　将来の無線LANシステムについて，世界統一規格の検討を目的の一つとして，要求条件の抽出やシステムコンセプト等の基礎的な議論を行う．

7.2　IEEE802.11の無線アクセス制御（MAC制御）

7.2.1　IEEE802.11系無線LANのネットワーク構成

　IEEE802.11系無線LANのネットワーク構成について説明する．IEEE802.11系無線LANでは，主にインフラモードとアドホックモードの2種類のネットワーク構成がある．

　（1）　インフラモード　　図7.3にインフラモードのネットワーク構成例を示す．インフラモードは基地局と，その電波到達範囲（無線セル）内に存在する端末局により構成され，基本となる一つの基地局と配下の複数の端末で構成されるネットワークをBSS（Basic Service Set）と呼ぶ．端末局は，マネジメント機能により特定の一つの基地局と論理的な接続関係（Association）を確立する．基地局はイーサネット等のバックボーンネットワークに接続しており，接続関係を確立している配下の端末局がバックボーンネットワークと通信する際に，バックボーンネットワークと端末局間のパケットの中継を行う．また，配下の端末局同士が通信する際のパケットの中継も行う．また，端末局は他の無線セルへ移動した場合，独自に移動を検出して移動先の基地局へ接続関係を切り換えるハンドオフ機能を一般に備えて

第7章　無線LANシステム技術

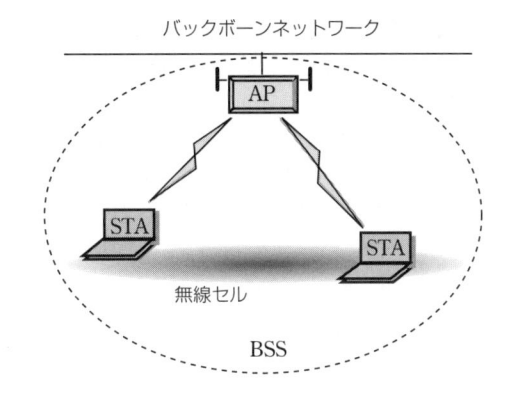

図7.3 インフラストラクチャモードのネットワーク構成

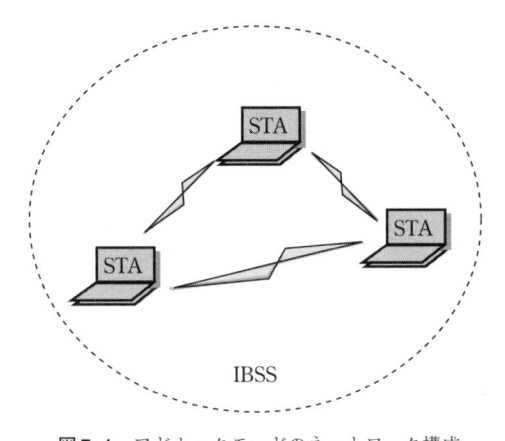

図7.4 アドホックモードのネットワーク構成

おり，無線環境で特有の移動性が確保されている．このようなBSSの集合で構成されるネットワークをESS（Extended Service Set）と呼ぶ．

（2）**アドホックモード**　　図7.4にアドホックモードのネットワーク構成を示す．アドホックモードは基地局を必要とせず，端末局のみにより構成され，インフラモードのBSSと区別してIBSS（Independent BSS）と呼ぶ．端末局は一般に無線パケットを中継する機能をもたず直接互いに無線パケットをやり取りして通信を行う．外出先等基地局のない環境においてもネットワークを随時構築することが可能である．

7.2.2 MACレイヤの基本機能

MAC（Medium Access Control）レイヤの基本機能は，無線チャネルアクセス制御機能と，基地局（Access Point: AP）と端末局（Station: STA）間のマネジメント機能に大別される．

IEEE802.11系無線LANの無線チャネルアクセス制御はランダムアクセスによるコンテンション方式をベースとしたCSMA/CA（Carrier Sense Multiple Access with Collision Avoidance）を中心にしている．

無線チャネルアクセス制御の主な機能としては
- ランダムアクセスによる無線チャネル競合時の送信機会の平等化
- ランダムアクセス時の隠れ端末対策：RTS/CTS制御
- ポーリングによる非競合アクセス（オプション）
- パケット同士の衝突発生時や無線伝搬誤り時の再送制御

である．無線チャネルアクセス制御については次項で詳しく説明する．

また，基地局と端末局間のマネジメントの主な機能としては
- 端末局の認証と暗号化
- 端末局と基地局間の従属関係の管理
- ハンドオフ（端末局と基地局間の従属関係の更新）

がある．

また，MACフレームには
- マネジメントフレーム
- 制御フレーム
- データフレーム

がある．

マネジメントフレームには主に，
- 無線セルの存在を報知するためのビーコンフレーム
- 認証のためのオーセンティケーションフレーム
- 基地局と端末間で情報をやり取りするためのアソシエーションフレーム

がある．

また，制御フレームには主に
- 応答確認のためのACKフレーム

・隠れ端末問題対策用の RTS/CTS フレーム
がある.
　更にデータフレームはユーザデータを転送するために用いられる.

7.2.3　CSMA/CA 制御方式

　無線チャネルアクセス制御では CSMA/CA という方式を適用する. CSMA/CA は各端末がフレームの送信を行う場合, 事前にキャリヤセンスを行い, 無線チャネルの使用状況を確認する. 他の端末の送信信号が存在する間は送信を待機し, 衝突を回避する. フレームを送信していない無線局は電波を送信していないため, キャリヤの使用状況をセンス (検出) し, 一定期間未使用 (Idle) であればキャリヤをだれも使用していないと判断し送信を開始する. 無線チャネルが使用中 (Busy) であれば Idle になるまで送信を延期する. このキャリヤセンスによりチャネルが使用中かどうかを各無線基地局, 無線端末は判断する.

　（1）キャリヤセンスレベル　キャリヤセンスを行うにあたって, 受信信号の電力レベルを用いてチャネル使用状況を判断するキャリヤセンスレベルが設定されている. 例として, IEEE802.11a では① IEEE802.11a 信号の Preamble を検出した場合は信号の受信を行うので Busy となる. ② IEEE802.11a 信号の Preamble を検出できなかった場合はキャリヤセンスレベルは -62 dBm と規定されていて, キャリヤセンスエリア内からの -62 dBm 以上の電力レベル (干渉波 1) が検出された場合は Busy と判断し, 送信を待機する. また, -62 dBm 未満の電力レベル (干渉波 2) であれば, Idle と判断する. これを物理的なキャリヤセンスという. キャリヤセンスレベルが極端に低く設定されている場合にはキャリヤセンスのエリアも広がり, 遠方からの微少な信号に対しても敏感に反応するため, 信号の送信機会を減らすことになる. 一方, レベルを高く設定した場合には干渉波が強くても Idle と判断し信号の送信を行うため, 頻繁に受信誤りが発生することになりる. このため, CSMA が正常に動作するために IEEE802.11 系無線 LAN にはキャリヤセンスレベルを適当な値に設定する必要がある.

　（2）IFS による優先制御　IEEE 802.11 標準には信号を送信する前に最低限の送出信号間隔として IFS (Inter Frame Space, フレーム間隔) が定義

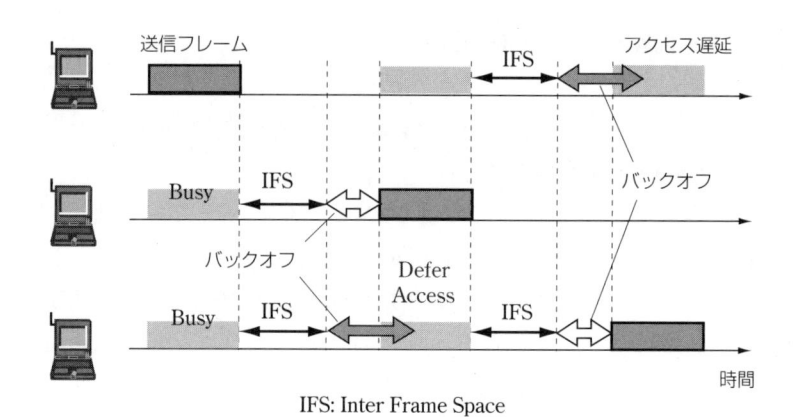

図7.5 CSMA/CAの説明

されている．CSMA/CAの基本的なアクセス手順を**図7.5**に示す．BusyからIdleの移行を契機にIFSの時間だけ待ち，引き続きバックオフと呼ばれるランダムな時間のキャリヤセンスを行って継続してIdleであることを確認した無線局のみが信号の送信権利を得る．

なお，IFS時間は固定長で，キャリヤセンスを効果的に行うためにその長さを複数定義して使い分けることで無線局間の優先権をコントロールすることが可能である．IFS時間による優先制御を**図7.6**に示す．最優先権の送出信号間の間隔としてSIFS（Short IFS, 短フレーム間隔），次に送出信号間の間隔が短く優先権の高いPIFS（PCF IFS, ポーリング用フレーム間隔），そして送出信号間の間隔が長く最低優先権のDIFS（DCF IFS, 分散制御用フレーム間隔）時間が用意されている．DCFで用いられる通常のデータフレームは一番優先度の低いフレーム間隔のDIFS時間を使用し，応答については正しくデータフレームを受け取り次第送信側に正常受信したことを知らせるためのACKフレーム（ACKnowledgment frame）を最優先のSIFS時間を用いて送信する．

DIFS時間より短いSIFS時間を用いることにより，データフレーム送信後に他の無線局に割り込まれることなくACKフレームを送信することができ通信を完了することができる．

3種類のフレーム間隔（=優先度）を定義
SIFS（短フレーム間隔）：応答（ACK）などに使用，最高優先
PIFS（ポーリング用フレーム間隔）：集中制御（PCF）に使用
（オプション規定）
DIFS（分散制御用フレーム間隔）：分散制御（DCF）に使用，最低優先

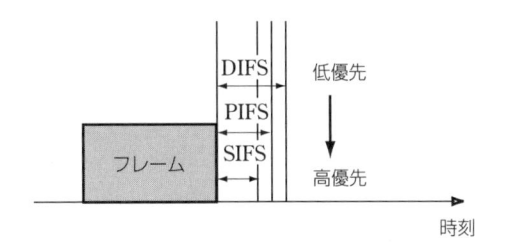

図7.6 IFSによる優先制御

IEEE802.11規格では分散制御のDCF以外にポーリングモードによる集中制御方式（Point Coordination Function: PCF）がオプションとして定義されており，ポーリングを用いるこの制御はPIFS時間を使用する．DIFS時間より短いPIFS時間を用いてDCF期間にPCF期間が割り込むことができ，DCF/PCFの制御期間を時間分離し周期的に運用することが可能となる．

DCFには更にEIFS（Extended IFS）と呼ばれる送出信号間の間隔が用意されていて，フレームの送信を試みようとする無線局は無線チャネルの使用状況がBusyで，かつBusyの原因となったフレームがエラーと検出された場合にBusyの後はDIFSの代わりにEIFSを使用する．Busyと判断された原因がフレームエラーと検出されなければDIFSを使用する．EIFS Time = SIFS Time + ACKフレーム長 + DIFS Timeがセットされる．

（3）バックオフ制御　　バックオフ制御はキャリヤセンスに加えて衝突を回避するための方法として，IEEE802.11規格で定められている．バックオフ制御では，チャネルがDIFS時間若しくはEIFS時間だけIdleになった後，フレームを送信しようとする無線局は規定のCW（Contention Window）範囲内で乱数を発生させ，その乱数値をもとにしたランダム時間（バックオフ時間）が決められ．バックオフ時間は一定時間（Slot Time）の倍数であり，Idleであれば乱数値をSlot Timeごとに減算していき，最後に0となった無

線局が送信を行うといった制御を行う．キャリヤセンスをランダム時間だけ行うことにより，各無線局には公平な送信機会が与えられる．フレームが衝突した場合は，再送ごとにバックオフ制御のCWの範囲は2倍に増加する2進指数バックオフのためフレームの再衝突する確率を低減させることができる．

ここで，バックオフ時間は

$$\text{バックオフ時間} = \text{Random}() \times \text{Slot Time} \qquad (7.1)$$

とする．Random()（乱数値）は［0, CW］範囲の一様な分布から生成されたランダムな整数値である．CWは最小値がCW_{min}と最大値がCW_{max}の値の範囲内の整数で，$CW_{min} \leqq CW \leqq CW_{max}$となる．フレームの衝突などによる再送ごとに

$$CW = (CW_{min} + 1) \times 2^n - 1 \quad (n\text{ は再送回数} \geqq 0) \qquad (7.2)$$

の指数関数（2進指数）でCWの範囲は増加し，例えばCWの最小値CW_{min} = 15から最大値CW_{max} = 1,023とした場合，**図7.7**のようにCWの範囲を広げ，CW_{max}に達したときはあらかじめパラメータで決められた最大再送回数M回となるまでCWの範囲を広げずCW_{max}のままとし，M回再送に失敗したフレームは破棄される．**表7.1**にIEEE802.11aとIEEE802.11bで用いられている各種パラメータを示す．

（4）**DCFの通信手順例** DCFにおける通信手順の例を**図7.8**に示す．無線端末（STA1，STA2，STA3）から無線基地局（AP）へのデータ送信手順①の例では，DIFS時間とSTAごとにセットされたバックオフ時間キャリヤセンスして無線チャネルがIdleであれば，データフレームを基地局APへ送信する．ここではSTA1のバックオフ時間が一番短いためキャリヤセンス後データフレームを送信し，データフレーム受信完了後SIFS時間あけてAPからSTA1あてのACKフレームが送信され通信を完了する．

次に，衝突発生時②の例では，STA2とSTA3はDIFS時間後，残りの持ち越されたバックオフ時間のバックオフ制御を行う．バックオフに用いられる

第 7 章　無線 LAN システム技術

初送信　CWmin = 15　バックオフ時間 = 最大 15 Slot Time
1st 再送　CW = 31　バックオフ時間 = 最大 31 Slot Time
2nd 再送　CW = 63　バックオフ時間 = 最大 63 Slot Time
3rd 再送　CW = 127　バックオフ時間 = 最大 127 Slot Time
4th 再送　CW = 255　バックオフ時間 = 最大 255 Slot Time
5th 再送　CW = 511　バックオフ時間 = 最大 511 Slot Time
6th 再送　CW_{max} = 1,023　バックオフ時間 = 最大 1,023 Slot Time
Mth 再送　CW_{max} = 1,023　バックオフ時間 = 最大 1,023 Slot Time

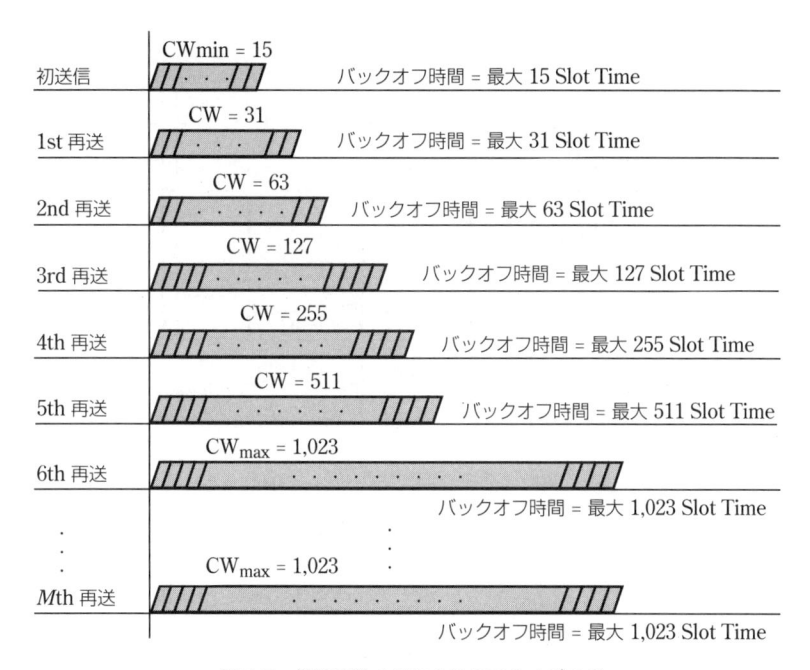

図 7.7　指数関数で増加する CW サイズの例

表 7.1　各種パラメータとその関係

パラメータ	.11a Value	.11b Value
Slot Time	9 μs	20 μs
SIFS Time	16 μs	10 μs
PIFS Time	25 μs	30 μs
DIFS Time	34 μs	50 μs
Contention Window size	15 ~ 1023	31 ~ 1023

PIFS Time = SIFS Time + Slot Time
DIFS Time = SIFS Time + Slot Time + Slot Time
EIFS Time = SIFS Time + ACK フレーム長 + DIFS Time

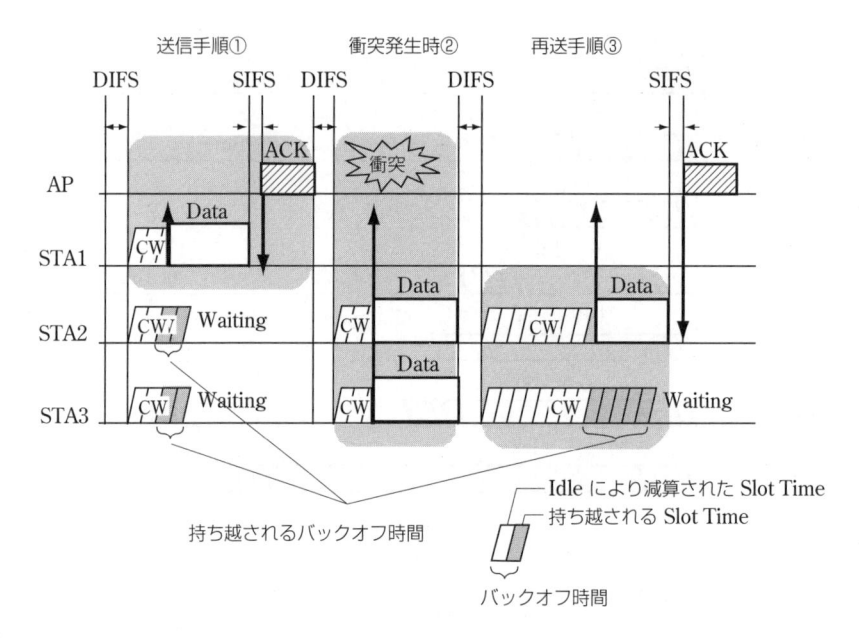

図7.8 DCFを用いた通信手順例

乱数値が同じであれば，STA2，STA3のようにデータフレームを同時に送信し衝突が発生する．STA数が増加したとき，同じ乱数値を生成する確率が増えるためフレームの衝突する確率も増加することになる．衝突後にはAPからのACKフレームを受信できずSTA2，STA3は再送手順③を行う必要がある．

再送手順③においてSTA2，STA3はバックオフ時間をセットし直し，再送信時には指数関数的にCWの範囲を広げることにより同時送信による再衝突の確率を低減する．ここではSTA2のバックオフ時間がSTA3よりも短いためキャリヤセンス後，STA2はデータフレームを送信し，ACKフレームを受信して通信を完了する．連続した再送を繰り返すごとに，CWの範囲は広がり再衝突の確率を低減することができる．

（5） 隠れ端末問題　無線通信では無線端末間の距離，電波を通さない障害物などの影響により互いの無線信号が到達しない状態（キャリヤセンスが機能しない伝搬環境）が起こる場合がある．これを隠れ端末問題（hidden terminal problem）と呼ぶ（6.2節参照）．**図7.9**に示すように，STA1と

第 7 章　無線 LAN システム技術

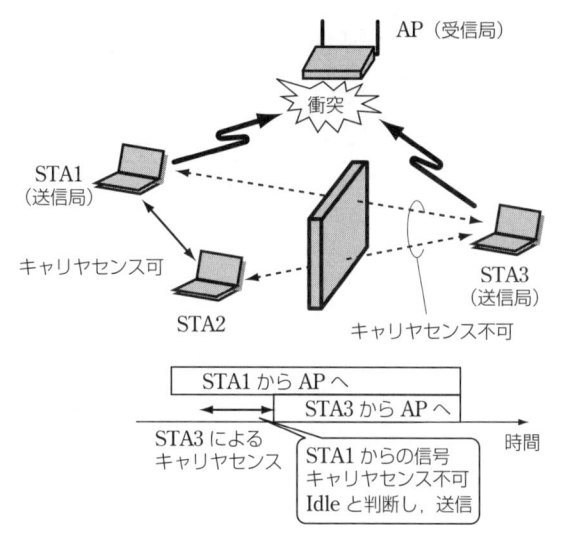

図 7.9 隠れ端末問題

STA3，STA2 と STA3 は障害物により互いが見えないため，キャリヤセンスが不可能であり，チャネルの使用状態を知ることができない．そのため，STA1 が AP に送信しているにもかかわらず STA3 も AP へ送信を行い AP ではフレームの衝突が生じる．隠れ端末が存在すると，キャリヤセンスが有効に機能しないため CSMA/CA 方式ではフレームの衝突の頻度が増し，スループット特性を悪化させる原因となる．

そこで，IEEE802.11 規格ではキャリヤセンスが有効に機能しない伝搬環境に対応するために RTS（Request to Send）/CTS（Clear to Send）と呼ばれる対策機能が定義されている．RTS，CTS のフレームフォーマットを図 **7.10** に示し，その動作手順を図 **7.11** に示す．

STA1 はデータフレーム送信前に DIFS+ バックオフ時間キャリヤセンスして① RTS をデータフレームのあて先である AP あてに送信する．STA1 と STA2 は互いにキャリヤセンスできる伝搬環境下にあるため，STA1 送信の①′RTS を STA2 も受信することができる．RTS，CTS フレームには Duration フィールドに無線回線を使用する予定期間が記載されており，STA2 は RTS フレームに記載されている期間だけ送信を禁止（Network

```
                    ────────── 20 Octets ──────────
         2        2          6              6           4       Octets
      ┌──────┬────────┬──────────────┬──────────────┬──────┐
      │Frame │Duration│   Receiver   │ Transmitter  │ FCS  │
RTS   │Control│ [μs]  │   Address    │   Address    │      │
      └──────┴────────┴──────────────┴──────────────┴──────┘
              ────── MAC Header ──────
```

無線回線を使用する予定期間

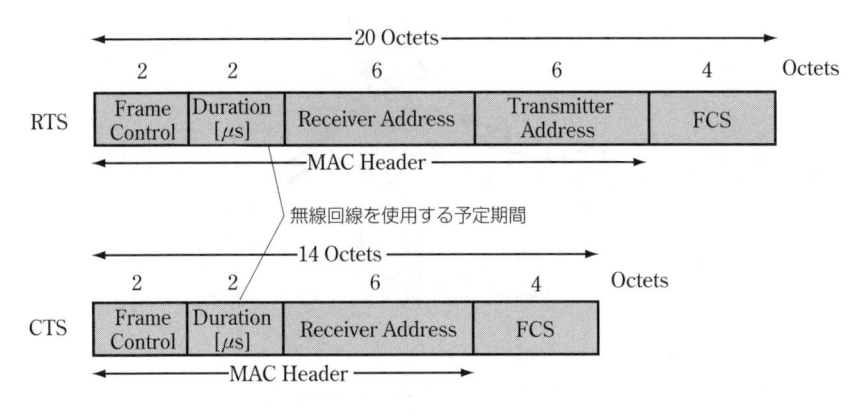

```
              ────── 14 Octets ──────
         2        2          6           4       Octets
      ┌──────┬────────┬──────────────┬──────┐
      │Frame │Duration│   Receiver   │ FCS  │
CTS   │Control│ [μs]  │   Address    │      │
      └──────┴────────┴──────────────┴──────┘
              ── MAC Header ──
```

RTS: Request to Send, CTS: Clear to Send

図7.10 RTS, CTS フレームフォーマット

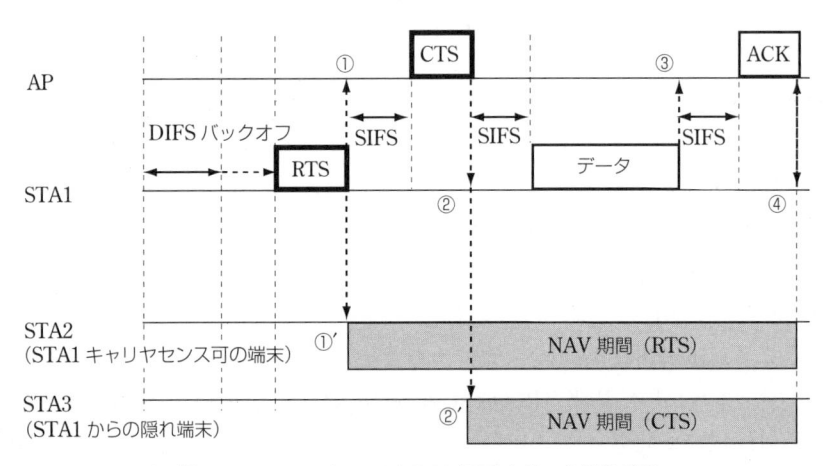

図7.11 CSMA/CA with RTS/CTS を用いた通信手順

Allocation Vector: NAV) することにより衝突を防止できる．これを仮想的なキャリヤセンスという．

一方，データフレームのあて先である AP は RTS 受信後 SIFS 時間空けて STA1 あてに②CTS を返す．AP 送信の②'CTS は STA3 も受信することができるので STA3 は CTS フレームに記載されている期間だけ NAV をセットす

ることにより衝突を防止できる．

　CTSを受信したSTA1はSIFS後に③データフレームを送信する．ここで，SIFS，DIFSはSIFS<DIFSの関係にあるため，短い時間のSIFSを使って優先権をもたせることによっていったんRTSが正常受信されると以後の手順中のフレームは妨害されることなく交換される．データフレーム受信完了後，④ACKフレームをAPは返して通信を終了する．

　データフレームの送信元STA1，受信先AP1以外の周辺無線局（STA2，STA3）はRTSあるいはCTSを受信するとDurationフィールド記載されている期間は無線回線が使用されているとみなしNAVをセットすることにより衝突を防止できる．RTS/CTSを用いることにより，送信端末の信号をキャリヤセンスできない環境の端末が存在しても受信局が送信するCTSを受信できれば送信局の存在を知ることができるため，隠れ端末問題を解決する手段となる．隠れ端末のケースでは，フレームのサイズが大きいほど衝突する確率が高くなるため，送信するデータフレーム長がパラメータRTS Thresholdの大きさを超える（フレーム長>RTS Threshold）の場合にRTS/CTSを使用することが一般的である．

7.2.4　集中制御方式

　DCF（Distributed Coordination Function）では，基地局や端末局は自律分散的にCSMA/CAによりパケット送信を行い無線チャネルを共有して通信を行うことを前項で述べた．IEEE 802.11系無線LANでは，オプションとしてPCF（Point Coordination Function）が用意されている．PCFでは，無線セル内においてポーリングに基づく集中制御によるアクセス制御が行われる．基地局が配下の端末局に対して順番にポーリングを行うため，端末局が送信するパケット同士の衝突は発生しない．ただし，周辺に同一チャネルを利用する無線セルが存在した場合は，基地局の送信するポーリング信号同士が衝突してしまう可能性は残る．なお，同一無線セル内でDCFによるアクセス制御時間とPCFによるアクセス制御時間を時間分離し周期的に運用することが可能であり，時間分離はCSMA/CAにより行われる．

　（1）**PCFの基本動作**　PCFではポーリングに基づく集中制御によりアクセス制御が行われる．ポーリングを行う局はPoint Coordinatorと定義

されており，一般に基地局がPoint Coordinatorになり，自無線セル配下の端末局を集中制御する．端末局は基地局と接続関係を確立する際にAssociation Requestフレームを用いてPCFに参加することを要請する．基地局は端末局からの要請に基づきポーリングする端末局のリスト（ポーリングリスト）を作成し管理する．基地局は端末局との接続関係を解除したとき，ポーリングリストから当該端末局を削除する．基地局はポーリングリストに基づき端末局を順番にポーリングする．端末局はポーリングで自局が指定されたときパケットの送信を行い，指定されない場合は送信しない．このため，周辺に同一無線チャネルを使用する無線セルが存在しない場合は，DCFのように端末局や基地局の送信するパケット同士が衝突することはない．基地局は，ポーリングリストが終わるまで，あるいはあらかじめ定められたPCF制御の最大継続時間が経過するまでポーリングを繰り返す．

図7.12にPCFのタイムチャートを示す．PCFにより制御される時間帯をCFP（Contention Free Period）と呼ぶ．基地局はCFPの先頭でCFPの先頭を示す特別なBeacon，具体的にはBeacon内の情報要素CF Parameter SetのCFP Count = 0のBeaconを送信する．基地局は通常BeaconをDCFに基づき送信するが，このCFPの先頭を示すBeaconに関しては，基地局は

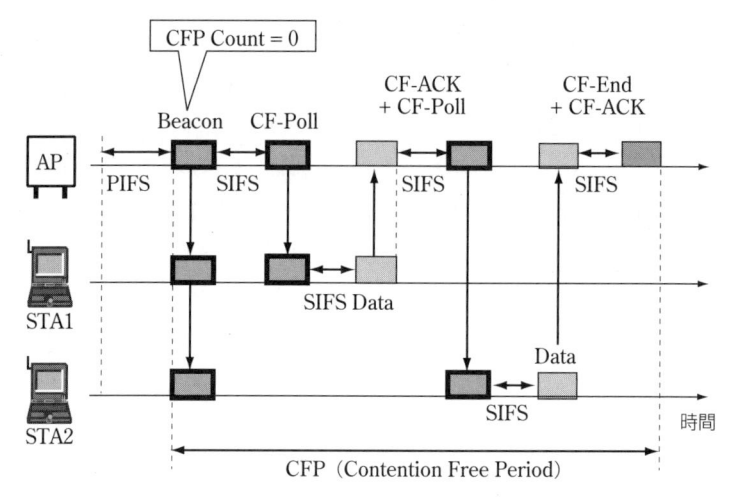

図7.12 PCFのタイムチャート

DIFSではなくPIFS間キャリヤセンスを行いidleの場合，直ちに送信する．すなわち，PIFSはDIFSより1 Slot Time短いため，他のDCFに基づいて送信されるパケットに優先して送信することができる．基地局は本Beacon送信後，SIFS間隔でCF-Pollを送信する．CF-Pollのあて先MACアドレスはポーリングリストに基づき決定される．図7.12では最初にSTA1がポーリングされる例を示している．STA1は受信したCF-Pollのあて先MACアドレスにより自局がポーリングされたことを認識し，SIFS間隔で，送信データがある場合はDataを，ない場合はNull Function送信する．ここではDataを送信する例を示していて，基地局はポーリング時にSTA1あてのデータがある場合は，CF-Pollの代わりにData+CF-Pollを使ってポーリングと同時にデータを送信することも可能である．この場合，STA1は送信データがある場合はData+CF-ACKを，ない場合はCF-ACKを送信する．基地局は再びポーリングリストから次にポーリングする端末局を決定して，SIFS間隔でCF-ACK+CF-Pollを送信する．CF-ACK+CF-PollはSTA2に対するポーリングの役割に加えて，直前に受信したDataの確認応答をSTA1に対して通知する役割をもっている．STA2は，STA1同様，SIFS間隔で，送信データがある場合はDataを，ない場合はNull Function送信する．ここではDataを送信する例を示しており，基地局は，PCFを終了するために，SIFS間隔でCF-End+CF-ACKを送信する．CF-End+CF-ACKはPCFによる制御時間，すなわちCFPの終了を報知する役割に加えて，直前に受信したDataの確認応答をSTA2に対して通知する役割をもっている．直前に受信したフレームがNull Functionの場合は，CF-Endを送信する．

　CFPでは基本的にSIFS間隔で連続してパケット送信が行われるため，他のDCFに基づいて送信されるパケットに優先して送信することができ，PCFを継続することができる．ただし，隠れ端末問題により，キャリヤを検出できない場合も起こり得る．そこで，端末局は，CFP先頭でNAVの値をBeacon内の情報要素CF Parameter Setにて報知されるCFPの最大継続時間CFP Max Durationの値に設定し，仮想的キャリヤセンスによりDCFに基づくパケット送信を停止する仕組みが実装されている．端末局はCF-EndまたはCF-End+CF-ACKを受信した場合は，NAVの値をリセットしてDCFに基

づくパケット送信を開始する.

(2) DCFとPCFの共存　PCFはDCFと同一無線セル内で共存して利用される．同一無線セル内でDCFによるアクセス制御時間とPCFによるアクセス制御時間をCSMA/CAにより時間分離し周期的に運用することが可能である．図7.13にDCFとPCFの共存の様子を示す．PCFによる制御時間はCFP，DCFによる制御時間はCP（Contention Period）と呼ばれる．PCFのPoint Coordinatorである基地局は，CFPをあらかじめ定められたCFP Intervalの間隔で周期的に設定する．CFP Intervalの値はBeacon内の情報要素CF Parameter SetのCFP Periodにより報知され，Beacon周期の整数倍になる．CFPの先頭のBeaconはPIFS間キャリヤセンスしてidleの場合直ちに送信されるため，他のDCFに基づいて送信されるパケットに比べて優先して送信でき，PCFを開始できる．なお，CFPの先頭のBeaconを送信するタイミングでbusyだった場合は，busy終了後PIFS間idleになるのを待ってから送信するためCFPの開始が遅れる場合もある．

(3) 周辺に同一無線チャネルの無線セルがある場合　周辺に同一無線チャネルを使用する無線セルのない，単独の無線セルでは，PCFはDCFに優先してパケットを送信できるため，CFPにおいてパケット同士の衝突は起こり得ない．しかし，周辺に同一無線チャネルを利用する無線セルが存在し

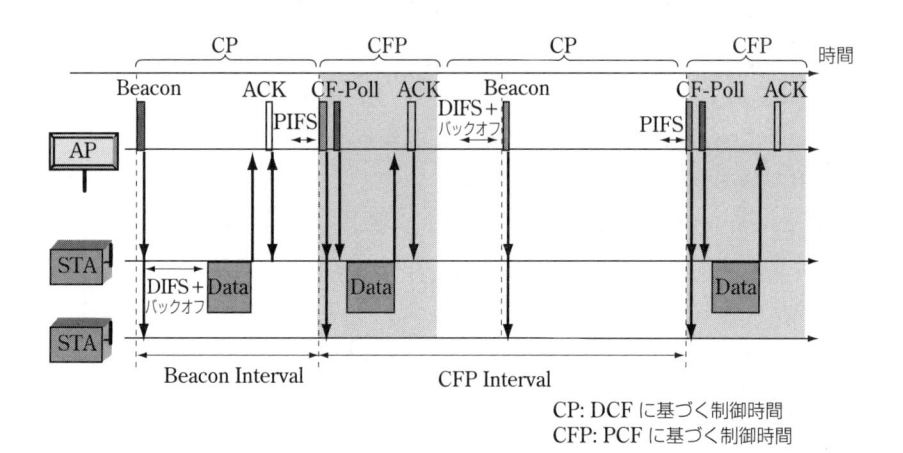

図7.13　DCFとPCFの共存

た場合，各無線セルの基地局は独立にCFPの先頭タイミングを決定してPIFS間idle後直ちにBeaconを送信するため，CFP先頭のタイミングが一致しない場合は互いにCSMA/CAによりすみ分けることができるがCFP先頭のBeacon同士が衝突することになる．引き続きSIFS間隔で送信されるCF-Pollも互いに衝突するため，端末局はCF-Pollを正常受信できずにDataを送信できなくなる．CFPの先頭タイミングの決定アルゴリズムについては，IEEE802.11では規定していないので，無線LANベンダが独自に実装する必要がある．

7.2.5 IEEE802.11系無線LANのスループット評価

IEEE802.11系無線LANの無線伝送レートは，IEEE802.11aでは最大54 Mbit/s，IEEE802.11bでは最大11 Mbit/sであるが，IPレイヤ等の上位レイヤレベルでのスループットはPHYレイヤ及びMACレイヤのオーバヘッドのため無線伝送レートより低い値になる．PHYレイヤ及びMACレイヤのオーバヘッドを考慮したIEEE802.11系無線LANのスループットについて述べる．

（1）理論特性　スループット特性は，送信しようとするデータトラヒックの量に対する送信成功したデータトラヒックの量として定義されることは第6章で述べた．図7.14にDCFを用いた場合のIPレベル，UDPレベル，TCPレベルのスループットの計算モデルを示す．ここでは，1対1のユニキャスト通信を想定しており，IEEE802.11のデータフレームに対してIEEE802.11 ACKフレームが返送される．後続するデータパケットはDCFのバックオフ制御に基づき送信される．無線伝搬誤りやパケット同士の衝突による再送なしと仮定すると，DCFのバックオフ制御の平均時間はDIFS+CW_{min}×SlotTime/2となる．なお，TCPレベルのスループット計算モデルでは，TCPデータ受信側はTCPデータパケットを二つ受信するごとにTCP-ACKパケットを一つ応答するものと仮定して計算する．IEEE802.11aでは，フレーム長はOFDM Symbol（4 μs）の整数倍（詳しくは7.3節を参照のこと）となるようパディングビットにより調整される．またIEEE802.11bでは，PLCPプリアンブルとしてロングプリアンブルとショートプリアンブル（オプション）の2種類定義されている．

(1) IP レベルスループット

802.11 ヘッダ	LLC ヘッダ	IP ヘッダ	IP ペイロード	802.11 FCS*		802.11 ACK	

← IPパケット長 →
← 802.11データフレーム → SIFS ← DCFバックオフ 制御時間** → 次フレーム
← 1周期 T →

IPパケット長をイーサネット最大の 1,500 [oct] として
IPレベルスループット = 1500 [oct] / T

(2) UDP レベルスループット

802.11 ヘッダ	LLC ヘッダ	IP ヘッダ	UDP ヘッダ	UDP ペイロード	802.11 FCS*		802.11 ACK	

← IPパケット長 →
← 802.11データフレーム → SIFS ← DCFバックオフ 制御時間 → 次フレーム
← 1周期 T →

UDPペイロード長をイーサネット最大の 1,472 [oct] として
UDPレベルスループット = 1472 [oct] / T

(3) TCP レベルスループット

802.11 ヘッダ	LLC ヘッダ	IP ヘッダ	TCP ヘッダ	TCP ペイロード	802.11 FCS*		802.11 ACK		802.11 ヘッダ	LLC ヘッダ	IP ヘッダ	TCP ヘッダ	802.11 FCS*		802.11 ACK	

← IPパケット長 →
← 802.11データフレーム → SIFS ← DCFバックオフ 制御時間 → ← 802.11データフレーム → SIFS ← DCFバックオフ 制御時間 → 次フレーム
← 1周期 T →

TCPペイロード長をイーサネット最大の 1,460 [oct] として,TCPレベルスループット = 2×1,460 [oct] / T

*IEEE802.11a では Tail, Pad bit 含む
**DCFバックオフ制御時間の平均 = DIFS + CWmin × SlotTime / 2

図 7.14 スループットの計算モデル

図7.15,図7.16にスループットの計算結果を示す.IEEE802.11aとIEEE802.11bはともに無線伝送レートが大きくなるにつれてPHYレイヤとMACレイヤのオーバヘッドの影響が大きくなり効率が低下するが,IEEE802.11aはIEEE802.11b(ロングプリアンブル)に比べて,最大で約5倍のスループットとなる.またTCPレイヤレベルで比較すると,IEEE802.11b(ロングプリアンブル)の最大伝送速度11 Mbit/sのスループットは,IEEE802.11aの最低伝送速度6Mbit/sのスループットとほぼ同等である.

(2) シミュレーション特性

(a) IEEE 802.11系無線LANのスループット特性　CSMA/CA方式では,データを送信しようとする無線局は2進指数バックオフにより同時にデータの送信を行うことを回避することを前項で述べたが,2進指数バックオフではCWの値を大きくすることでパケットの衝突確率は低減されるがバックオフ制御にかかる時間が長くなり大きな乱数を発生させることにより無線チャネルの利用効率が下がる場合が想定される.バックオフ制御はCSMA/CA方式によるスループットに大きな影響を与えることになる.ここでは2進指数バックオフによるデータパケットの衝突を含めたオーバヘッドを考慮した,IEEE 802.11a及びIEEE 802.11b無線LANにおけるスループ

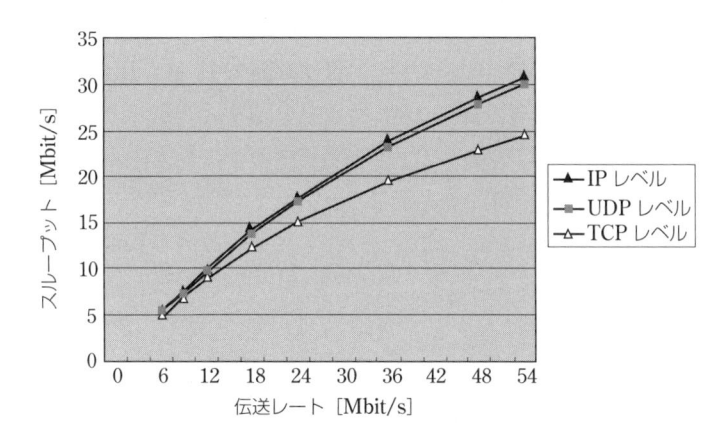

図7.15 スループットの計算結果(IEEE 802.11a)

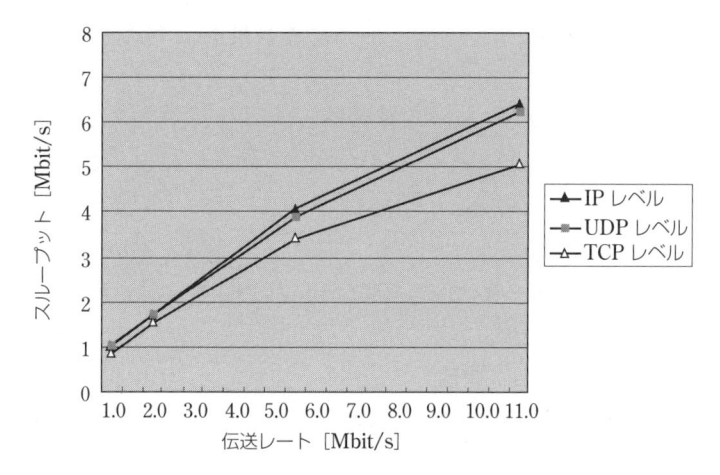

図7.16　スループットの計算結果（IEEE 802.11b（ロングプリアンブル））

ットを計算機シミュレーションを用いて評価した．

シミュレーションモデルとして，1台の無線基地局の配下に10台の無線端末が存在し無線基地局が送信する下り方向のトラヒック量は10台の無線端末が送信する上り方向のトラヒック量の和に等しく，各無線端末が送信しようとする上り方向のトラヒック量はすべて等しいものと仮定した．また，データサイズを1500 Octとし，それ以外のパラメータはそれぞれIEEE 802.11a（**表7.2**），IEEE 802.11b（**表7.3**）に従うものとする．

IEEE 802.11a 無線 LAN スループット特性を**図7.17**に，IEEE 802.11b 無線 LAN スループット特性を**図7.18**にそれぞれ示す．送信しようとするデータ量が増加するとともにスループットも増加するが，最大スループットを達成後更にトラヒック量が増加するとスループットが低下する．ただし，上述の2進指数バックオフにより再送データパケットが衝突する確率が低減されるためスループットの低下は小さくなっている．

（b）干渉波存在時のスループット特性への影響　2.4 GHz帯ではIEEE802.11b無線LANのみならず医用，産業機器で使用されるため手軽に使用できる反面，異なるシステム間の干渉問題が常に存在する．電子レンジとIEEE 802.11b無線LANシステムを同時に使用した場合の無線LANのス

第7章　無線LANシステム技術

表7.2 IEEE 802.11a諸元

Bit Rate	24 Mbit/s
Preamble Length	16 μs
PLCP Header	4 μs
Slot Time	9 μs
SIFS Time	16 μs
DIFS Time	34 μs
MAC Header	24 Oct
FCS	4 Oct
Data size	1500 Oct
ACK size	14 Oct
CW_{min}	15
CW_{max}	1023

表7.3 IEEE 802.11b諸元

Bit Rate	11 Mbit/s
Preamble Length	144 μs
PLCP Header	48 bit
Slot Time	20 μs
SIFS Time	10 μs
DIFS Time	50 μs
MAC Header	24 Oct
FCS	4 Oct
Data size	1500 Oct
ACK size	14 Oct
CW_{min}	31
CW_{max}	1023

ループット特性に与える影響を評価した．**図7.19**に示すようにパルス状の波形は周期的に現れることが確認されている．これを**図7.20**(a)に示す波形にモデル化し計算した．その結果を図7.20(b)に示す．入力トラヒックが3 Mbit/s以下程度であれば干渉の影響は全く受けないがそれ以上のトラヒ

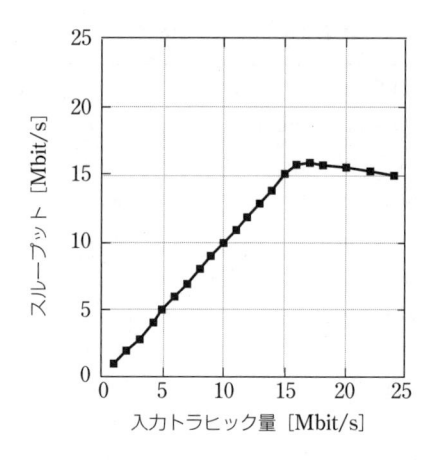

図7.17 IEEE 802.11a 無線LAN スループット特性

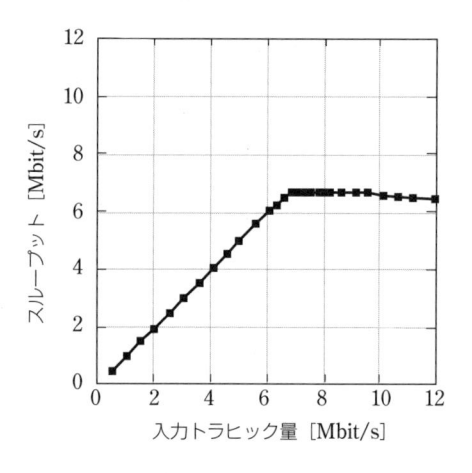

図7.18 IEEE 802.11b 無線LAN スループット特性

ックが入力された場合，スループットは約 3 Mbit/s で一定となってしまい，それ以上増加しない．すなわち，干渉の影響により最大約56%のスループットが低下することが分かる[5]．

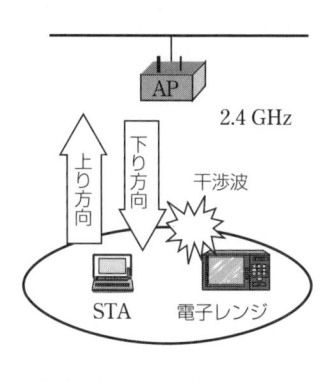

(a) シミュレーションモデル 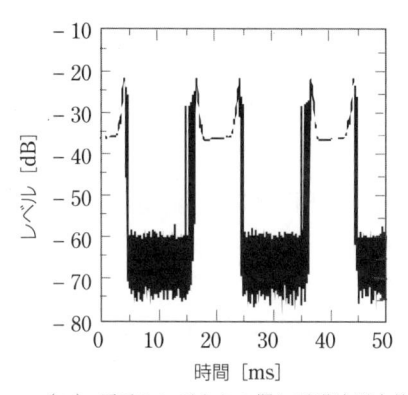　　　　(b) 電子レンジからの漏れ電磁波測定値

図7.19　電子レンジからの干渉波形例

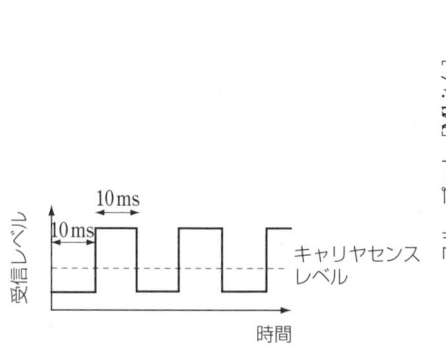

(a) 電子レンジからの漏れ電磁波の時間変化のモデル 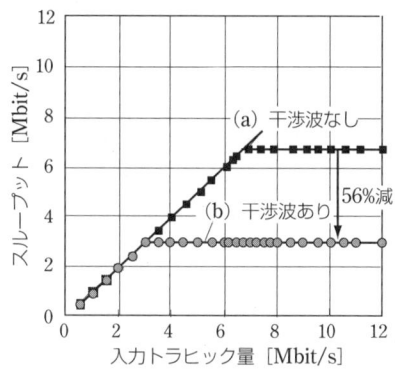　　　(b) 電子レンジからの漏れ電磁波存在時のデータスループット特性

図7.20　IEEE802.11b無線LANの電子レンジからの影響評価

7.3　IEEE802.11の変復調 ——スペクトル拡散変調方式——

　IEEE 802.11 WGが1997年6月に制定した最初の標準規格は，2.4 GHz帯を用いた直接拡散（Direct Sequence: DS）方式及び周波数ホッピング（Frequency Hopping: FH）方式と，赤外線（Infra-Red: IR）を用いたPPM（Pulse Position Modulation，パルス位置変調）方式の三つの物理層にて1 Mbit/sまたは2 Mbit/sの伝送速度をもつ標準規格である．

2.4 GHz帯はISM (Industrial Scientific and Medical) 帯と呼ぶ多目的周波数帯域であり，電子レンジや工業用電子焼却装置，医療用機器などにも用いられるため，2.4GHz帯を用いる無線LAN標準には電波干渉に強いスペクトル拡散 (Spread Spectrum: SS) 方式の適用が規定されている．

最初のIEEE802.11標準が完成すると，IEEE 802.11 WGはタスクグループb (TGb) にて伝送速度の高速化の検討を開始した．その結果，2.4 GHz帯で最大11 Mbit/sの伝送速度をもつIEEE 802.11b標準が1999年9月に完成した．IEEE 802.11bは従来の標準規格との後方互換性をもち，CCK (Complementary Code Keying) 方式の適用により5.5 Mbit/s及び11 Mbit/sの伝送速度を有する．

7.3.1 適用周波数

日本における2.4 GHz帯の周波数割当を図7.21に示す．日本では，当初

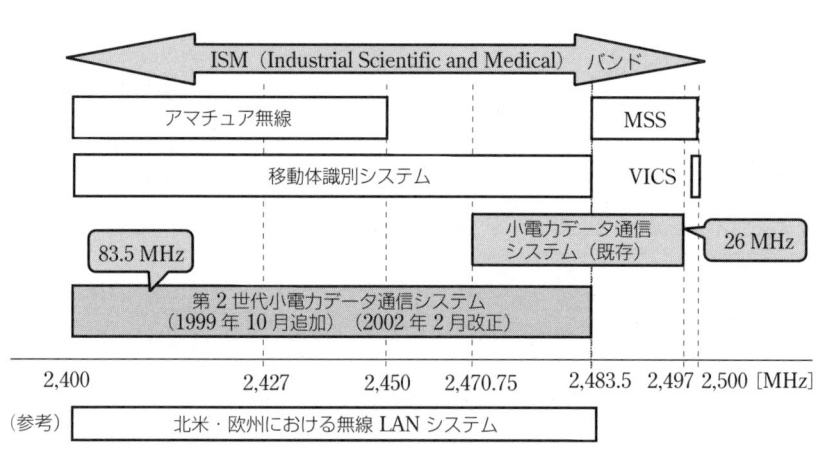

図7.21 日本の2.4 GHz帯周波数割当の現状

主な使用機器の現状
- 小電力データ通信システム：無線LAN, 屋外の画像等のデータ伝送システム (免許不要局)
- 移動体識別システム：ファクトリオートメーション (FA) 等
  (小電力の免許不要局と免許要局の2種類)
- ISM機器：電子レンジが代表例 (周波数2,450 ± 50 MHz)
- MSS : Mobile Satellite Serviceのサービスリンク (下り)
- ISMバンド
- VICS

第7章　無線LANシステム技術

図7.22　日本の2.4 GHz帯無線LANチャネル配置

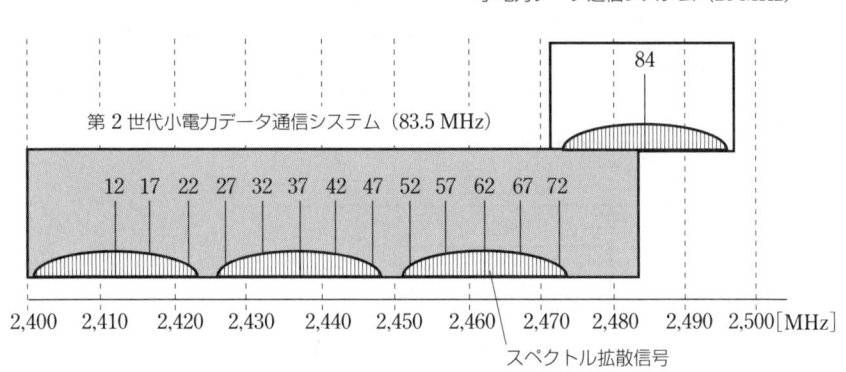

開放された26 MHzの帯域に加え，1999年10月の省令改正により日米欧共通バンドである83.5 MHzが無線LANに利用可能となった．この帯域拡大とIEEE 802.11b標準化の時期が合致したこともあって，IEEE 802.11b準拠の無線LANは日本でも急速に市場を拡大した．

図7.22にIEEE 802.11b標準によるスペクトル拡散変調波のチャネル配置例を示す．無線チャネルの中心周波数は5 MHz間隔で規定されており，中心周波数の設定変更により他システムからの電波干渉を避けることが可能である．他の干渉が存在しない場合には，2400～2483.5 MHzの83.5 MHz帯域に図7.22のように3チャネルを配置することが標準的である．日本では，既存の小電力データ通信システムの帯域と合わせて4チャネルの利用が可能である．

7.3.2　IEEE802.11bのフレーム形式

IEEE802.11b無線LAN送信信号のフレーム構成を図7.23に示す．フレーム構成には，必須規定のロングフレーム形式とオプション規定のショートフレーム形式がある．PPDU（PLCP Protocol Data Unit）フレームは，次の三つの部分から構成される．

（1）PLCPプリアンブル（Physical Layer Convergence Protocol Preamble）：到来する無線パケット信号を検出し，受信処理に要する同期処理を行うため

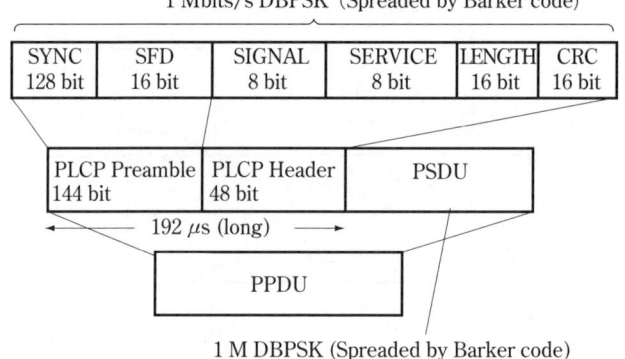

```
         1 Mbits/s DBPSK (Spreaded by Barker code)
┌─────────────────────────────────────────────────────┐
│ SYNC   │ SFD   │ SIGNAL │ SERVICE │ LENGTH │ CRC   │
│ 128 bit│ 16 bit│ 8 bit  │ 8 bit   │ 16 bit │ 16 bit│
└─────────────────────────────────────────────────────┘
```

| PLCP Preamble 144 bit | PLCP Header 48 bit | PSDU |

←── 192 μs (long) ──→

PPDU

1 M DBPSK (Spreaded by Barker code)
2 M DQPSK (Spreaded by Barker code)
5.5 M or 11 M (CCK modulation, PBCC modulation)

(a) ロングパケットフォーマット（必須）

1 Mbits/s DBPSK   2 Mbits/s DBPSK (Spreaded by Barker code)
(Spreaded by Barker code)

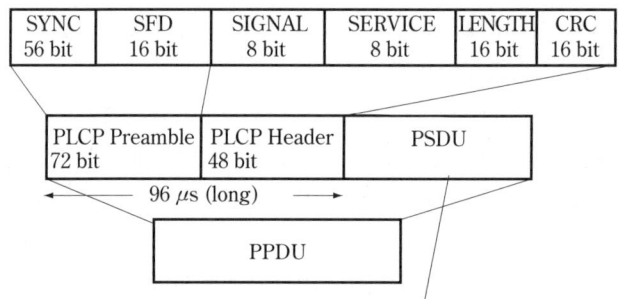

| SYNC 56 bit | SFD 16 bit | SIGNAL 8 bit | SERVICE 8 bit | LENGTH 16 bit | CRC 16 bit |

| PLCP Preamble 72 bit | PLCP Header 48 bit | PSDU |

←── 96 μs (long) ──→

PPDU

2 M DQPSK (Spreaded by Barker code)
5.5 M or 11 M (CCK modulation, PBCC modulation)

(b) ショートパケットフォーマット（オプション）

図 7.23 IEEE802.11b 無線 LAN のパケット構成

に用いられるプリアンブル信号部.

（2）PLCP ヘッダ部：48 ビット長であり，PSDU の伝送速度やオクテット長の情報を含む．

（3）PSDU（PLCP Service Data Unit）：PHY レイヤが伝送するデータ情報．

ロングフレーム形式の場合，PLCPプリアンブルは144ビット長であり，PLCPプリアンブルとPLCPヘッダ部は1 Mbit/sで伝送される．したがって，両者の時間長は192 μsである．データ本体であるPSDUは，1 Mbit/s，2 Mbit/s，5.5 Mbit/s，11 Mbit/sのいずれかの伝送速度で送信される．ショートフレーム形式の場合には，PLCPプリアンブルは72ビット長であり，PLCPヘッダ部は2 Mbit/sで伝送される．両者の時間長はロングフレーム形式の半分の96 μsとなる．PSDUは2 Mbit/s，5.5 Mbit/s，11 Mbit/sのいずれかの伝送速度が選択されて送信される．ショートフレーム形式を用いる場合は，1 Mbit/sの伝送速度が利用できないため通信可能な範囲は狭まるが，PLCPプリアンブル及びPLCPヘッダ部を半減できるため，データ伝送効率が改善しスループットは向上する．PLCPプリアンブルは，SYNC（Synchronization）フィールドとSFD（Start Field Delimiter）から構成される．SYNCフィールドは，空きチャネル監視，信号検出，タイミング同期，周波数同期，マルチパス推定，デスクランブラ同期等の受信処理に用いられる．PLCPヘッダ部には，引き続き送信されるPSDUの伝送速度と変調方式及びオクテット長が含まれ，受信側ではPLCPヘッダを見て伝送速度や変調方式を設定する．そのため，サポートしている複数の変調方式や伝送速度の中から，通信路の状況に応じて送信フレームごとに変調方式を適応的に選択することが可能である．

7.3.3 DSSS方式

DSSS方式は，最初のIEEE802.11標準に規定された物理レイヤの一つであり，IEEE802.11b標準においても必須方式である．後述するCCK方式はDSSSを拡張した方式である．

DSSS変復調器の構成を図7.24に示す．1 Mbit/sまたは2 Mbit/sの入力データ信号は，スクランブラを通過後，1 Mbit/sモードではDBPSK，2 Mbit/sではDQPSK変調される．これらの変調信号を，符号長11のBarker符号により拡散することで，チップ速度11 Mchip/sのDSSS信号を生成する．IEEE802.11に規定された符号長11のBarker符号は，{+1, −1, +1, +1, −1, +1, +1, +1, −1, −1, −1}であり，自己相関特性に優れている．復調器では，プリアンブルでタイミング同期及び周波数同期をとった後，

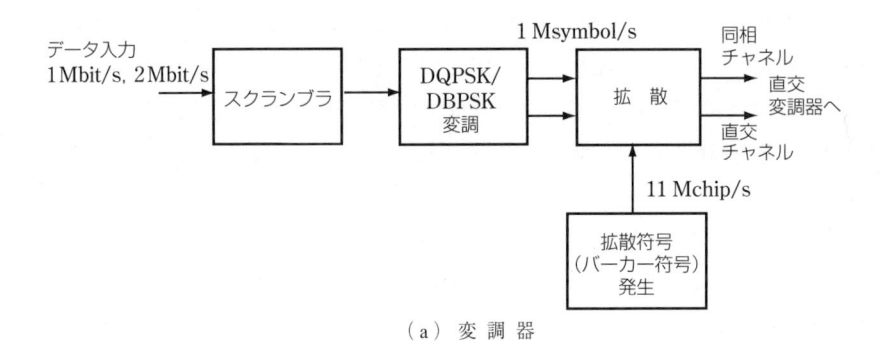

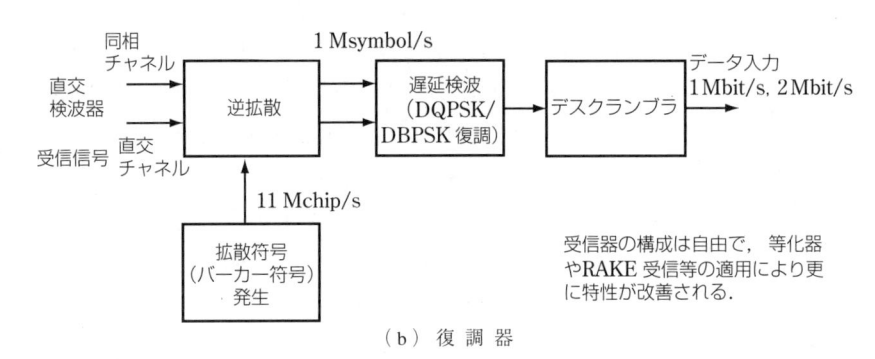

図7.24 DSSS変調器,復調器の構成

Barkerコードを乗算し,逆拡散処理を行う.その後,DBPSKまたはDQPSK信号を遅延検波し,デスクランブラにより送信データを得る.

スペクトル拡散方式は狭帯域干渉を抑圧する効果がある.医用機器や電子レンジ等の干渉波が存在するISMバンドで利用する通信方式としてスペクトル拡散方式は適している.

7.3.4 CCK方式

CCK方式はコンプリメンタリ(Complementary)符号を用いてDQPSK信号を拡散する方式であり,拡散符号であるコンプリメンタリ符号にも情報をもたせることにより高速化を実現する.コンプリメンタリ符号は,赤外マルチスリットスペクトル分析用にゴーレイ(M. J. E. Golay)が考案した符号列であり,二つの符号列を比較した場合に一致する符号と不一致の符号が

第7章 無線LANシステム技術

号である．

CCK変復調器の構成を図7.25に示す．CCK方式では，11 Mbit/sの送信ビット列を8ビットごとにシンボル化して伝送する．すなわち，シンボル速度は1.375 Msymbol/sである．シンボルを構成する8ビットのうち，2ビットはDQPSK変調される．また，残りの6ビットは拡散符号の選択に用いられ，8チップからなる拡散符号に埋め込まれて伝送される．CCK変調された8チップの複素ベースバンド信号は次式にて規定される．

$$C = \{e^{j(\phi_1+\phi_2+\phi_3+\phi_4)}, e^{j(\phi_1+\phi_3+\phi_4)}, e^{j(\phi_1+\phi_2+\phi_4)}, -e^{j(\phi_1+\phi_4)}, e^{j(\phi_1+\phi_2+\phi_3)},$$
$$e^{j(\phi_1+\phi_3)}, -e^{j(\phi_1+\phi_2)}, e^{j\phi_1}\} \tag{7.3}$$

ここで，ϕ_1は信号全体に対する位相回転を与えており，2ビットのDQPSK変調を示す．位相ϕ_2, ϕ_3, ϕ_4には各々が2ビットずつQPSK表現された合計

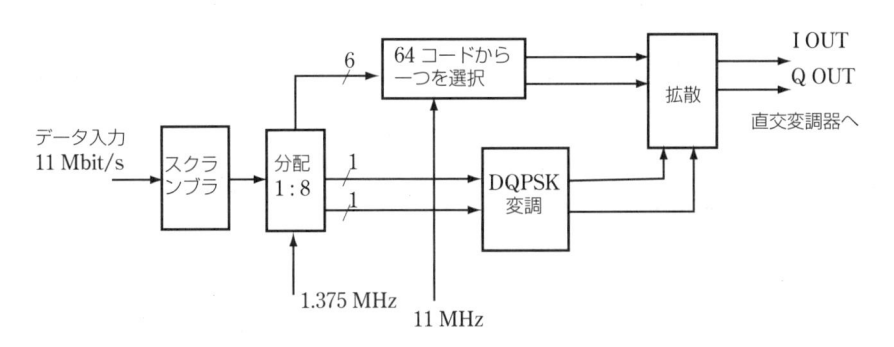

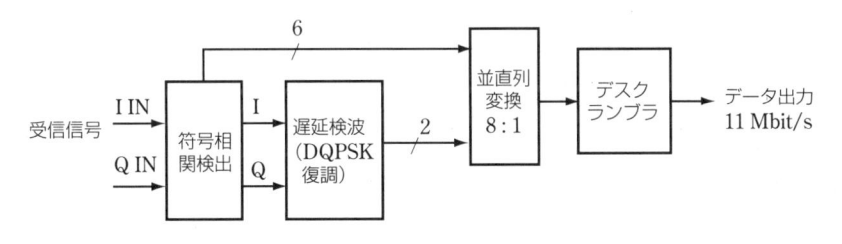

図7.25　CCK方式の変復調器構成

6ビットが割り当てられ，$2^6 = 64$種類の拡散符号を定めている．

5.5 Mbit/s伝送の場合には，5.5 Mbit/sの送信ビット列を4ビットごとにシンボル化する．このうち2ビットは11 Mbit/sと同様にDQPSK変調される．残りの2ビットは，8チップのコンプリメンタリ符号の中で互いの相関の小さい拡散符号セットの中の一つを規定に従って選択する．

復調器では，回路規模の小さい加算器により構成可能な高速ウォルシュ変換回路により，変調器が備えている拡散符号（11 Mbit/s伝送の場合64種，5.5 Mbit/s伝送の場合4種）との相関をとり，最も相関が高い符号を選択し，11 Mbit/s伝送の場合6ビット，5.5 Mbit/s伝送の場合2ビットのデータへ変換する．一方，逆拡散により復元されたDQPSK信号は遅延検波により復調され2ビットのデータを得る．

11 Mbit/sと5.5 Mbit/s伝送のどちらも，チップ速度は1.375 Msymbol/s×8 chip/symbol = 11 Mchip/sでありDSSS方式と等しい．したがって，DSSS方式とCCK方式の変調スペクトル帯幅は等しく，アナログ回路部品の新規開発は不要であった．そのため，CCK方式は開発期間・コストを抑えることができ，早期の低価格製品投入により普及が拡大した．

7.4 IEEE802.11変復調：OFDM変調方式

7.4.1 適用周波数

米FCC（Federal Communications Commission）は1997年1月に5.15～5.35 GHz，5.725～5.825 GHzの合計300 MHzの周波数帯域を無線LANへ開放する規則改正を行った[6]．これらの周波数はU-NII（Unlicensed National Information Infrastructure）帯と呼ばれ，無線LANや無線アクセスに免許不要で利用できる．このU-NII帯開放を受け，IEEE 802.11 WGは20 Mbit/s以上の伝送速度をもつ高速無線LAN標準の策定に向けた技術検討を開始した．IEEE 802.11 WGは複数の提案方式を十分に比較検討した結果，NTTとLucent Technologies社の共同提案[2]によるパケットモードOFDM（Orthogonal Frequency Division Multiplexing）方式を1998年7月に採択し，1999年9月にIEEE 802.11a標準規格[3]の策定を完了した．

この5 GHz帯の電波利用に関して，日本でも2000年3月に電波法設備規則

第7章 無線LANシステム技術

が省令改正され，$5.15 \sim 5.25$ GHz の 100 MHz が高速無線 LAN 用に屋内限定のアンライセンス周波数として利用可能となった．屋内に限定された理由は $5.15 \sim 5.25$ GHz 帯を共用する移動体衛星通信システムとの干渉条件を満たすためである．ただし，$5.25 \sim 5.35$ GHz 帯は日本では気象レーダの運用に利用されているため，無線 LAN への割当がない．5 GHz 帯の日米欧での周波数割当て状況を図 7.26 に示す．

日本における屋外利用可能な周波数割当については，2002 年 5 月の情報通信審議会の答申「5 GHz 帯無線アクセス・システムの技術的条件」を受け，$4.9 \sim 5.0$ GHz と $5.03 \sim 5.091$ GHz の二つの周波数帯が通信事業者によるライセンス取得を前提とした屋内外での無線アクセスサービスに利用することが可能となった．ただし，$4.9 \sim 5.0$ GHz は既存システムとの共用条件を満

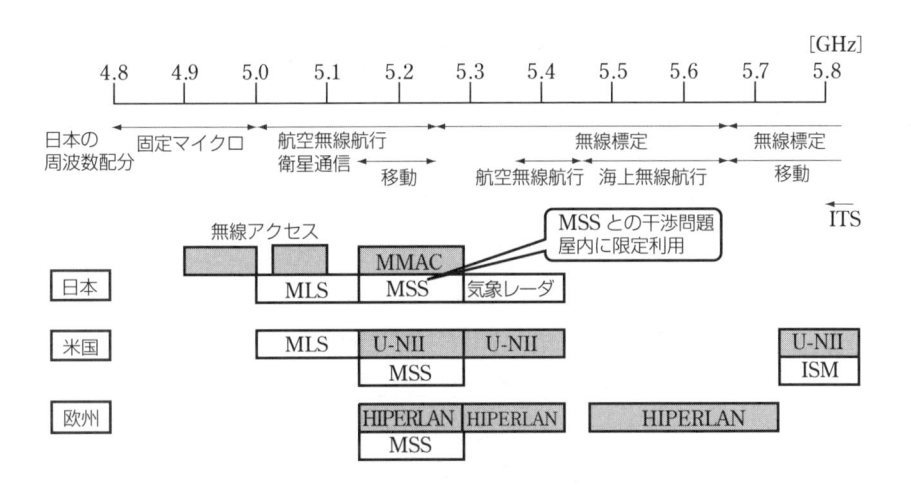

- MLS: Microwave Landing System, マイクロ波を用いた航空機の進入・着陸の誘導システム
- MSS: Mobile Satellite System, 移動体衛星通信システム
- MMAC: Multimedia Mobile Access Communication, マルチメディア移動アクセス推進協議会
- U-NII: Unlicensed National Information Infrastructure, 全米情報基盤構想に基づいて割り当てられた免許不要の周波数
- HIPERLAN: 欧州で標準化されている高速無線 LAN 規格

図 7.26 5 GHz 帯無線 LAN 周波数割当

足する必要があり，当初から利用可能な地域は限られている．5.03〜5.091 GHz はその代替として暫定的に割り当てられている．これらの周波数では，公衆無線 LAN サービスで屋内利用の 5.2 GHz 帯と組み合わせて利用することや，光ファイバの配線に代わる固定無線アクセス（FWA）への利用が考えられる．

7.4.2 OFDM 変調方式の基礎

（1） マルチパス干渉問題　無線システムの高速化を妨げる最大要因の一つがマルチパス伝搬であることを 4.1 節で述べた．マルチパス伝搬とは，送信波が複数の経路の合成波として受信される伝搬環境をいう．無線 LAN の利用環境では，各到来波の受信レベルや位相，到来時間は周囲の人や物，あるいは自分自身の移動とともに時々刻々と変動し，あらかじめその状態を推定することは極めて困難である．

このようなマルチパス伝搬環境で，従来のシングルキャリヤ変調方式によって高速伝送を行う場合のマルチパス干渉の影響を**図 7.27** により説明する．

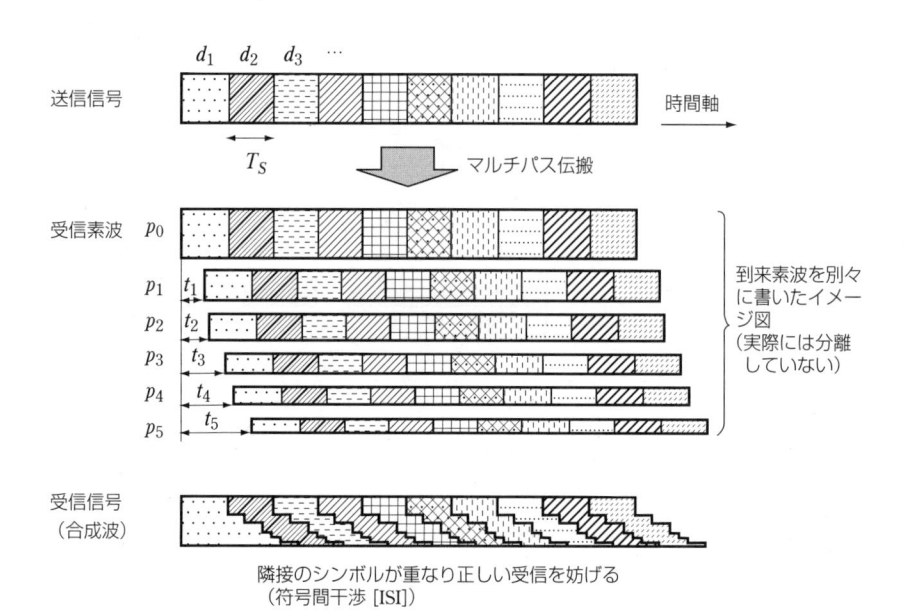

図 7.27　シングルキャリヤ変調時のマルチパス干渉問題

マルチパス伝搬による遅延波がシンボル長と同程度になると，隣接シンボルの信号成分の復調シンボルへの重なり（符号間干渉）が大きくなり，復調特性が劣化してしまう．この傾向は，シンボル伝送速度が更に高速になり，マルチパス遅延波の遅延時間に比してシンボル長（T_S）が相対的に短くなるほど深刻になる．ディジタル信号処理によって，遅延波による符号間干渉をキャンセルする等化器の適用も検討されたが，無線LAN環境で数十Mbit/s以上の高速伝送を行う場合には装置規模が大きくなってしまうため，等化器の適用は困難であった．

（2） マルチパス干渉に強いOFDM方式　OFDM方式などのマルチキャリヤ方式は，高速の伝送データを複数の低速なデータ列に分割し，複数のサブキャリヤを用いて並列伝送を行うことにより，マルチパス伝搬環境でも伝送速度の高速化を可能とする（数式表現については3.7節を参照）[7]．

更に，OFDM方式では，ガードインターバルを挿入することにより，マルチパス遅延波の干渉を効率良く回避している．**図7.28**上部にガードインターバル拡張の概念図を示す．ガードインターバル信号は，一般に高速逆フーリエ変換（IFFT）出力信号列の後端の一定期間をコピーしてIFFT出力信号列の先端につなぎ合わせた信号であり，IFFT出力信号列を循環的に時間拡張している．この時間拡張されたOFDMシンボルを用いると，その中から任意に切り出したFFT信号期間長の信号によって完全な受信処理を行うことができる．図7.28下部にはマルチパス伝送路を通過した受信OFDM信号の一例を示す．図で最も遅延の大きな遅延波の遅延時間はt_5であるが，t_5よりガードインターバル長の方が大きいため，遅延波の隣接シンボル成分が重ならない信号部分を用いてマルチパス遅延波による符号間干渉を受けない受信が可能となる．

上記の処理によりOFDM方式では，マルチパス遅延時間以上のガードインターバル長を確保する場合，受信信号のサブキャリヤ1本1本はマルチパスひずみの影響を受けずに済む．しかし，各サブキャリヤの信号レベルは遅延波の位相合成の状況によりサブキャリヤごとに大きく異なり，信号レベルが落ち込んだサブキャリヤは雑音による符号誤りを生じやすい．このような符号誤りを救済するため，OFDM方式は誤り訂正符号化と組み合わせて用い

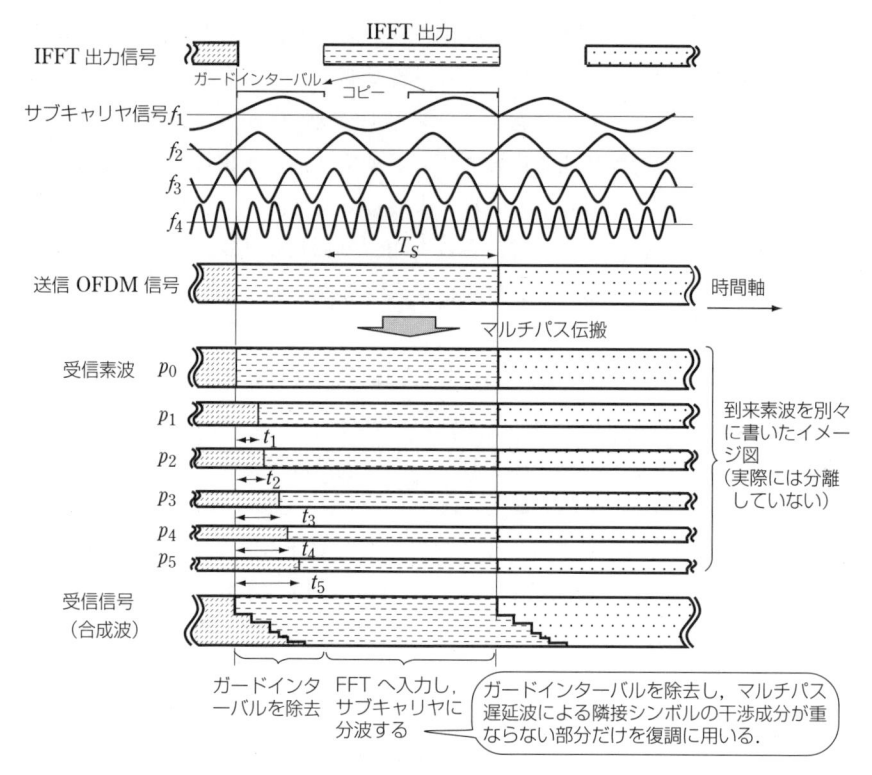

図7.28 OFDMの基本原理

ることが効果的である．

（3） OFDM変調の適用例　OFDMの歴史は古く，基本理論は1960年代に考案された[8]．しかし，多数のサブキャリヤを一括して変復調するフーリエ変換などの信号処理量が大きいため，マスユーザ向けの装置として実用化できるようになったのは最近のLSIプロセス技術の進展によるところが大きい．OFDMは1980年代に欧州ディジタル音声放送（DAB）プロジェクトに適用されたほか，1990年代に欧州で標準化された地上波ディジタルテレビ放送にも用いられた．また，ADSLやVDSLなどのディジタル加入者線の分野でもDMT（Discrete Multi-Tone）技術と呼ばれ広く適用されている．

　無線通信の分野ではIEEE 802.11aの実用化をきっかけに，適用範囲が拡大しつつある．IEEE 802.11aは，複数の提案方式を比較検討した結果，マル

第 7 章 無線 LAN システム技術

チパス伝搬環境で 20 Mbit/s 以上の高速かつ高品質な無線伝送を比較的低コストに実現する技術として OFDM 方式を採択した．OFDM は，上述のように，既に放送や有線の分野で適用されていたが，無線 LAN への適用は無線パケットの到来時間や対向装置の情報がない状態でのバースト受信が要求されるという技術課題を克服した点に大きな特長があった．

OFDM 方式は IEEE 802.11a に引き続き，欧州の ETSI-BRAN で HIPERLAN/2 の物理レイヤに採用された．また，2.4 GHz 帯無線 LAN を更に高速化した IEEE 802.11g 標準は IEEE 802.11a の OFDM 方式を適用している．これらの OFDM による高速無線 LAN はオフィスや家庭での構内ネットワークの構築に用いられるばかりでなく，喫茶店や駅などの公衆スポットでの公衆アクセスサービスへの展開も始まっている．更には，面的なサービスエリアの提供を目指して CDMA 技術と OFDM 技術の融合も検討が進められており，第 4 世代移動通信の基盤技術への発展が期待されている．公衆無線 LAN サービスに導入された IEEE802.11a/b デュアルモード無線 LAN 基地局装置の例を図 7.29 に示す [9]，[10]．

7.4.3 IEEE 802.11a 標準規格の概要

U-NII 帯にて 20 Mbit/s 以上の無線伝送速度を実現することを目的とし，新たに制定された物理レイヤ標準規格が IEEE 802.11a である．IEEE

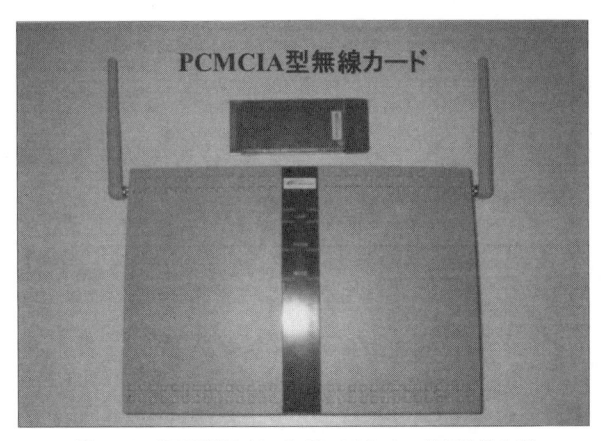

図 7.29　IEEE802.11a/b デュアルモード基地局の例

802.11a 標準規格(4)の主要諸元を**表7.4**に示す．変調方式は OFDM (Othogonal Frequency Division Multiplex) を適用し，サブキャリヤの変調方式は無線伝送速度に応じて BPSK, QPSK, 16 QAM, 64 QAM を用いる．IEEE 802.11aでは，制御の簡易さのため，すべてのサブキャリヤは同じ変調方式を用いる．サブキャリヤ数は48本の情報伝送用サブキャリヤと復調動作を補助する4本のパイロット信号用サブキャリヤの合計52本である．

OFDMでは，マルチキャリヤ化とガードインターバルの挿入により，符号間干渉を取り除くことができる．更に，OFDMでは，マルチパスひずみによって各サブキャリヤの受信レベルが大きく異なる場合が多いことから，誤り訂正符号化と組み合わせることにより受信レベルの低下したサブキャリヤの符号誤りを効果的に救済することが可能である．IEEE 802.11aでは，ビタビ

表7.4　IEEE802.11aの5GHz帯無線LAN主要諸元

変調方式	OFDM 方式 (各サブキャリヤの変調方式：BPSK, QPSK, 16QAM, 64QAM)
サブキャリヤ数	52サブキャリヤ(4パイロット信号を含む) 64ポイントFFTの利用を想定
誤り訂正方式	畳込み符号化(拘束長：$K=7$，符号化率：$R=1/2, 2/3, 3/4$) ビタビ復号方式 シンボル内インタリーブ
伝送レート	6 Mbit/s (BPSK, $R=1/2$) 必須 9 Mbit/s (BPSK, $R=3/4$) オプション 12 Mbit/s (QPSK, $R=1/2$) 必須 18 Mbit/s (QPSK, $R=3/4$) オプション 24 Mbit/s (16-QAM, $R=1/2$) 必須 36 Mbit/s (16-QAM, $R=3/4$) オプション 48 Mbit/s (64-QAM, $R=2/3$) オプション 54 Mbit/s (64-QAM, $R=3/4$) オプション
OFDMシンボル長	$4.0\,\mu\text{s}$
ガードインターバル	$0.8\,\mu\text{s}$
占有周波数帯域幅	16.6 MHz
チャネル数	4 (周波数帯域：5,150～5,250 MHz [日本]) チャネル間隔：20 MHz

復号法の適用を想定して，畳込み符号化が規定されている．

　IEEE 802.11aでは複数の情報伝送レートが規定されており，伝送路の状態に応じて適切な伝送レートを選択して利用する．この選択はフレーム誤りの観測などにより一般的には自動的に行われる．情報伝送レートはサブキャリヤの変調方式と畳込み符号化の符号化率の組合せにより表7.4のとおり6～54 Mbit/sの8種のレートが規定されている．このうち，6，12，24 Mbit/sが必須であり，その他はオプション設定である．

7.4.4　OFDM変調信号の規定

（1）　送受信処理の全体像　　図7.30にIEEE 802.11a送受信機の構成を示す．変復調処理の全体像をつかむため，構成図に沿って処理手順を簡単に説明する．

　送信データは，まず畳込み符号化され，インターリーブ処理される．畳込み符号の符号化率は伝送レートによって，1/2，2/3，3/4から選択される．符号化されたデータは各サブキャリヤに割り当てられ，伝送レートにより定められたBPSK，QPSK，16QAM，64QAMのいずれかの信号点配置に複素マッピングされる．これらの周波数軸上に並んだサブキャリヤ変調信号を逆フーリエ変換すると，入力したすべてのサブキャリヤ変調信号を合成した複素ベースバンド信号の時間波形を得る．次に，7.4.2項 (2) で説明したように，逆フーリエ変換出力信号を循環的に時間拡張するように，ガードインターバルを付加する．また，帯域外スペクトルを低減するために簡単なウィンドウ整形処理を行い，送信ベースバンド信号が完成する．そして，直交変調や周波数変換を行い，5 GHz帯の変調波として送信される．上記は1回の逆フーリエ変換にて作られる1 OFDMシンボルの生成手順であるが，実際には複数のOFDMシンボルを連結して無線パケット信号を構成する．また，無線パケット信号には受信処理に必要となる既定のプリアンブル信号をパケットの先頭に付加するが，プリアンブル信号を含むフレーム構成については7.4.5項で説明する．

　受信機では送信機とは逆の処理を行い，ガードインターバル除去，FFTによる分波処理，サブキャリヤ検波，デインタリーブ，ビタビ復号という手順で復調処理を行う．また，受信機側でこれらの復調処理を行うためには，次

226　　　　　　　　　　高速ワイヤレスアクセス技術

(a) 送信機

送信データ → 畳込み符号化 → インタリーブ処理 → サブキャリヤ変調 → IFFT → ガードインターバル付加 → シンボル整形 → D-A / D-A → 直交変調 → HPA → アンテナ

6～54 Mbit/s

48サブキャリヤ 64ポイント

同期信号付加（フレーム処理）

(b) 受信機

アンテナ → LNA → 直交検波 → AGC → A-D / A-D → AFC → ガードインターバル除去 → FFT → チャネル等化 → サブキャリヤ検波 → デインタリーブ処理 → ビタビ復号 → 復号データ

タイミング検出

チャネル推定

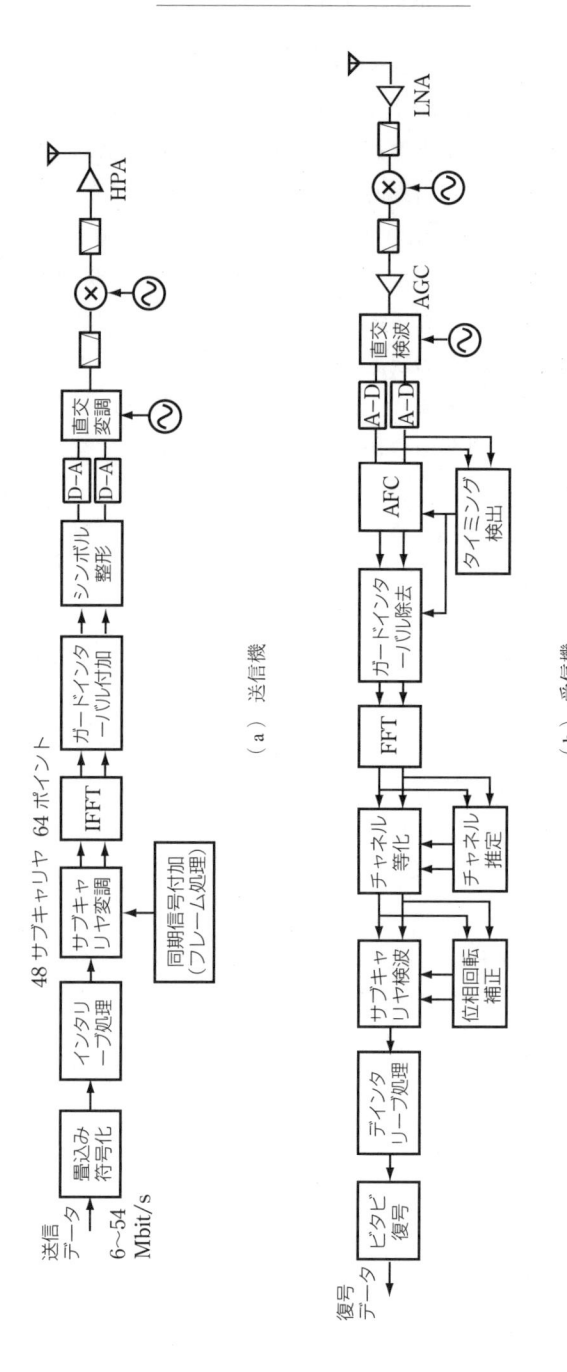

位相回転補正

図7.30　IEEE802.11a送受信機の構成

のような同期処理を行う回路が必要である．

（a）送受信機間のキャリヤ周波数偏差を補正するAFC（Automatic Frequency Control）回路

（b）受信したOFDMシンボルからガードインターバルを除去し，FFT回路に入力する信号を切り出す時間ウィンドウ位置を得るシンボルタイミング検出回路

（c）サブキャリヤごとに異なる伝搬路の伝達関数を推定し，得られた伝達関数によって受信信号から送信信号を逆算するチャネル推定・等化回路

（d）AFC回路で補償しきれない周波数偏差によって生じる受信信号の位相回転を補正するための位相トラッキング回路

（2） 畳込み符号化とサブキャリヤ変調　　畳込み符号器の構成を**図7.31**に示す．入力ビット列X_nをA_n，B_nの二つのデータ列に符号化する符号化率1/2，拘束長7の畳込み符号器である．符号化率1/2の場合には，得られたAとBのビット列を交互に出力する．その他の符号化率の場合は，この符号化率1/2の畳込み符号を基本としてパンクチャード処理を行う．**図7.32**に符号化率3/4の場合のパンクチャード処理を示す．符号化率1/2の出力ビット列から規則的にビットを削り所望の符号化率のビット列を得る．受信側ではパンクチャード処理を行ったビット位置にビット判定に中立なダミーデータを挿入し，ビタビ復号を行う．

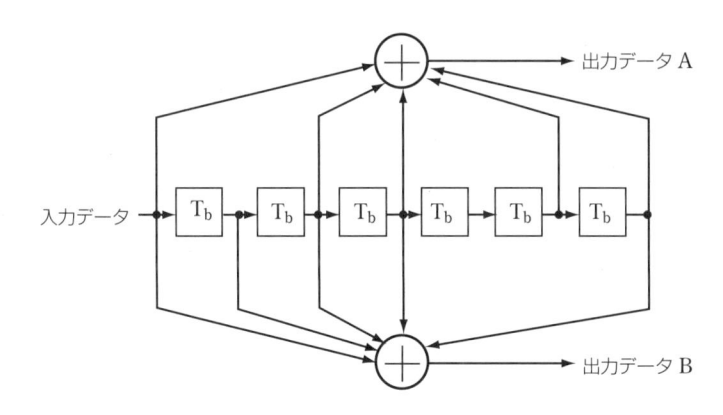

図7.31　畳込み符号器の構成

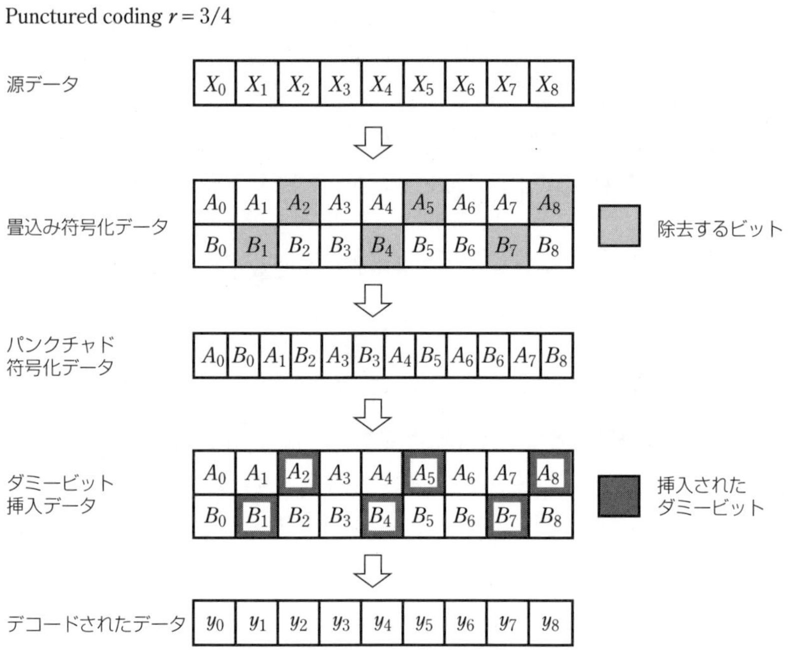

Punctured coding $r = 3/4$

源データ: X_0 X_1 X_2 X_3 X_4 X_5 X_6 X_7 X_8

畳込み符号化データ:
A_0 A_1 A_2 A_3 A_4 A_5 A_6 A_7 A_8
B_0 B_1 B_2 B_3 B_4 B_5 B_6 B_7 B_8

除去するビット

パンクチャド符号化データ: A_0 B_0 A_1 B_2 A_3 B_3 A_4 B_5 A_6 B_6 A_7 B_8

ダミービット挿入データ:
A_0 A_1 A_2 A_3 A_4 A_5 A_6 A_7 A_8
B_0 B_1 B_2 B_3 B_4 B_5 B_6 B_7 B_8

挿入されたダミービット

デコードされたデータ: y_0 y_1 y_2 y_3 y_4 y_5 y_6 y_7 y_8

図7.32　パンクチャード符号化

畳込み符号化されたビット列は次にインターリーブ処理される．畳込み符号化ビタビ復号法は連続符号誤りに対する訂正能力が低い．インターリーブとは，符号化後の隣接ビットの伝送をなるべく周波数の離れたサブキャリヤで行うように，OFDMシンボル内に閉じてビット入換えを行う処理である．

インターリーブ処理は2段階の並べ換え処理が規定されている．第1の並べ換え前の符号化ビット番号をkとし，第1の並べ換え後で第2の並べ換え前のビット番号をi，そして第2の並べ換え後すなわち変調マッピングの直前のビット番号をjと表示すると，第1の並べ換えは次式にて規定される．

$$i = (N_{CBPS}/16)(k \bmod 16) + \mathrm{floor}(k/16) \quad k = 0, 1, \cdots, N_{CBPS} - 1 \quad (7.4)$$

ここで，N_{CBPS}は1 OFDMシンボル中のビット数であり，関数floor(.)は引き数を超えない最大の整数である．第2の並べ換えは次式にて規定される．

第 7 章　無線 LAN システム技術

$$j = s \times \text{floor}\,(i/s) + (i + N_{CBPS} - \text{floor}\,(16 \times i/N_{CBPS}))\,\text{mod}\,s$$
$$i = 0, 1, \cdots, N_{CBPS} - 1 \quad (7.5)$$

ここで，s はサブキャリヤ当りの符号化ビット数 N_{BPSC} により次式に従い決定される．

$$s = \max\,(N_{CBPS}/2, 1) \quad (7.6)$$

第1の並べ換えは，隣接する符号化ビットが離れたサブキャリヤに割り当てるようにビット入換えを行っている．第2の並べ換えは，次に行うサブキャリヤ変調において，信号点距離の短いビットが連続することを避けるビット入換えを行っている．

サブキャリヤ変調の信号点配置を**図7.33**に示す．一般的なシングルキャリヤ変調方式と同じく，隣り合う信号点同士が1ビットの違いとなる「グレー符号配置」をとる．ここで，16 QAM と 64 QAM には平均信号点距離が離れていて相対的に誤りにくい上位ビットと平均信号点距離が近くて相対的に誤りやすい下位ビットがある．例えば，図7.33の16 QAMでは b_0 と b_2 が上位ビットであり，b_1 と b_3 が下位ビットである．前述したインタリーブ処理の第2の並べ換えは，符号化ビットが連続してこの下位ビットに割り当てられることを防いでいる．

（3）OFDM シンボルの生成　　OFDM シンボルの複素ベースバンド信号 $r_{SYM}(t)$ は，複素マッピングされたサブキャリヤ信号列 C_k の逆フーリエ変換により次式にて表される．

$$r_{SYM}(t) = \omega_T(t) \sum_{k=-N_{ST}/2}^{N_{ST}/2} C_k \exp(j2\pi k \Delta_F (t - T_{GI})) \quad (7.7)$$

Δ_F はサブキャリヤ周波数間隔であり，N_{ST} は全サブキャリヤ数である．得られる波形は周期 $T_{FFT} = 1/\Delta_F$ の周期波形となる．また，T_{GI} の時間シフトと時間窓関数 $\omega_T(t)$ による OFDM シンボル長 T_{SYM} の設定により，ガードインターバルを付加した OFDM シンボルを作り出している．

時間窓関数 $\omega_T(t)$ は，次式にて表される．

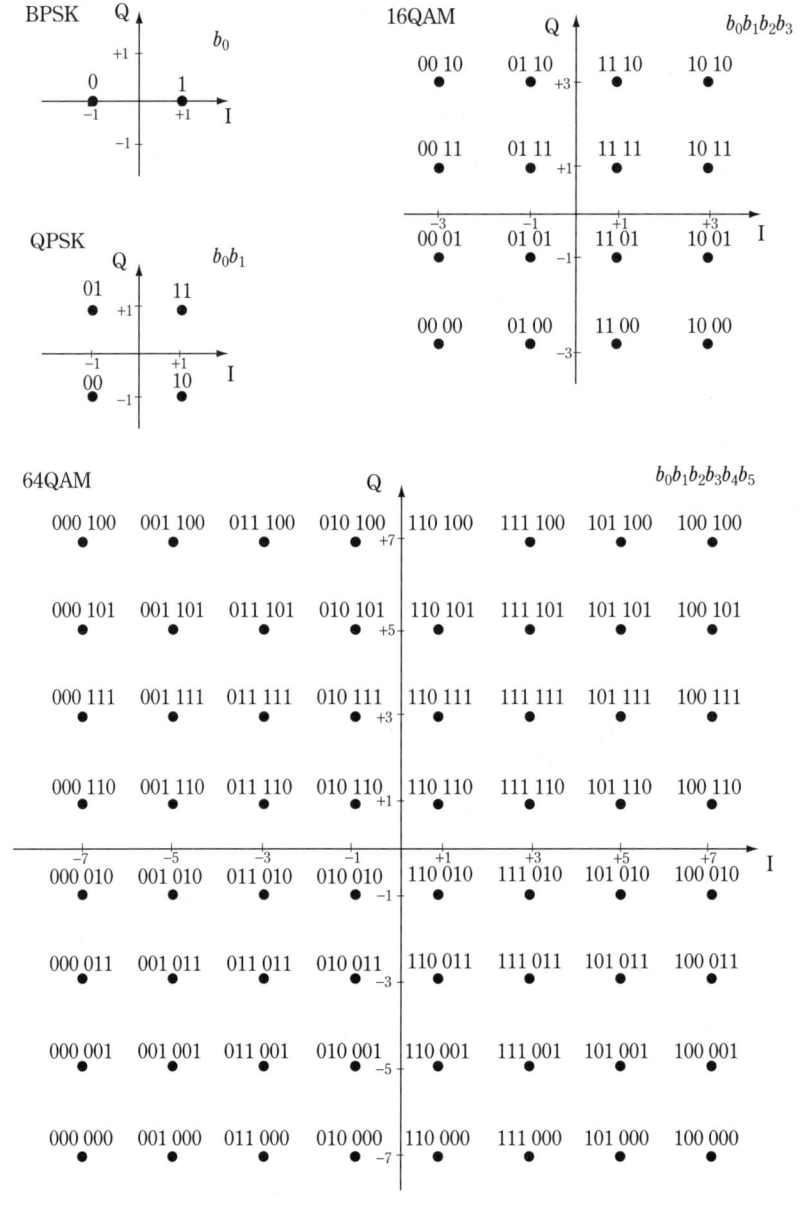

図 7.33 サブキャリヤ変調の信号点配置

第7章　無線LANシステム技術

$$\omega_T(t) = \begin{cases} \sin^2\left(\frac{\pi}{2}\left(0.5 + \frac{t}{T_{TR}}\right)\right) & \left(-\frac{T_{TR}}{2} < t < \frac{T_{TR}}{2}\right) \\ 1 & \left(\frac{T_{TR}}{2} \le t < T - \frac{T_{TR}}{2}\right) \\ \sin^2\left(\frac{\pi}{2}\left(0.5 - \frac{t-T}{T_{TR}}\right)\right) & \left(T - \frac{T_{TR}}{2} \le t < T + \frac{T_{TR}}{2}\right) \end{cases} \quad (7.8)$$

ここで，$T = T_{SYM} = T_{FFT} + T_{GI}$である．図7.34にOFDMシンボルフォーマットを示し，表7.5に関連パラメータの規定を示す．

（a）ガードインターバル長T_{GI}の設定　ガードインターバル長はOFDMの特徴であるマルチパス遅延耐性を決めるパラメータであり，利用する電波環境に合わせて決定される．図7.28で説明したとおり，ガードインターバル長は想定するマルチパス遅延波の最大遅延時間以上を確保することが望ましい．しかし，ガードインターバルは受信時に除去する冗長信号のため，信号

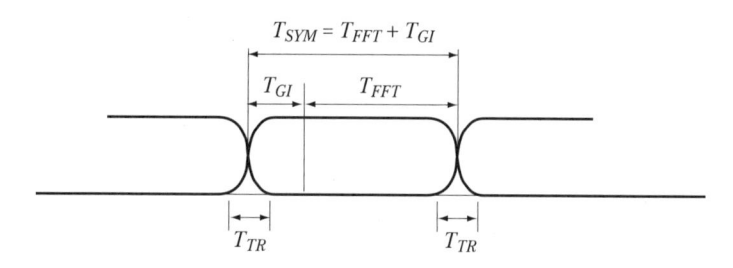

図7.34　OFDMシンボルフォーマット

表7.5　OFDMシンボルパラメータ

パラメータ	数値
N_{SD}：データサブキャリヤ数	48
N_{SP}：パイロットサブキャリヤ数	4
N_{ST}：トータルサブキャリヤ数	52 ($N_{SD} + N_{SP}$)
Δ_F：サブキャリヤ周波数間隔	0.3125 MHz (= 20 MHz/64)
T_{FFT}：FFT周期	3.2 μs ($1/\Delta_F$)
T_{GI}：ガードインターバル長	0.8 μs ($T_{FFT}/4$)
T_{SYM}：OFDMシンボル周期	4 μs ($T_{GI} + T_{FFT}$)

電力の損失になる.例えば,OFDM シンボル長のうちガードインターバルの占める割合を 20% とする場合,ガードインターバルの挿入による受信信号電力の損失は約 1 dB である.無線 LAN は様々な場所で利用されることが考えられるが,IEEE 802.11a では,マルチパス遅延の大きなホールや倉庫での遅延広がり 150 ns 程度 の伝搬環境を想定し,その約 5 倍の 800 ns をガードインターバル長に設定した.伝搬環境によっては遅延時間 800 ns 以上の遅延波を生じることもあるが,そのような遅延波は壁などに複数回反射してレベルが低く,問題にならない場合が多い.

(b) OFDM シンボル長 T_{SYM} の設定　　次に,OFDM シンボル長 T_{SYM} について考える.ガードインターバル挿入による電力損をなるべく少なくするには,信号本体である FFT 信号期間 T_{FFT} をなるべく長くしたい.しかし,T_{FFT} を長くして,一つの OFDM シンボルが運ぶデータビット数を増やすことは無線 LAN にとって必ずしも都合が良くない.
これには次の二つの理由がある.

(i) OFDM でのデータ送信は OFDM シンボル単位のデータブロックで行われるため,送信データが少ない場合などに情報伝送に使われない余りのビットが発生し,データ伝送効率が悪くなる.

(ii) CSMA/CA では,7.2.3 項で述べたように,送信タイミングの決定を自律分散的に行うが,このときの待ち時間は端末の送信や受信の処理時間をもとにした IFS (Inter-Frame Space) によって規定されるため,送受信の処理時間を短くしないとアクセス制御効率の低下を招く.この観点からも OFDM シンボル長は長すぎないことが求められる.

上記のとおり,必要となるガードインターバル長に対してガードインターバルの占める割合をある程度以下に保ちつつ OFDM シンボル長はなるべく短くしたいというトレードオフを考慮し,ガードインターバルの挿入損が 1 dB 程度となるように OFDM シンボル長は 4 μs と規定された.

(c) 時間ウィンドウ整形 $\omega_T(t)$ の実装と効果　　IFFT 出力信号を拡張してガードインターバル信号を付加した後,変調信号の帯域外スペクトルを低減するために,式 (7.8) に示す時間領域ウィンドウ $\omega_T(t)$ の乗算によるシンボル整形処理を行う.移行時間 T_{TR} の規定はないが,100 ns 程度が適切な

値とされる．一般的な実装に利用される64ポイントIFFTを用いた20 Msample/sの離散信号処理を考えると，$T = T_{SYM} = 4.0~\mu\text{s}$，$T_{TR} = 100~\text{ns}$のとき，式(7.8)の窓関数は次式となる．

$$\omega_T[n] = \omega_T(nT_s) = \begin{cases} 1 & 1 \leq n \leq 79 \\ 0.5 & n = 0, 80 \\ 0 & \text{その他} \end{cases} \tag{7.9}$$

すなわち，OFDMシンボルの先端と後端の1サンプルを0.5倍とするだけの簡単な処理でよい．図7.35にこの整形処理を行わず方形ウィンドウ（T_{TR} = 0）とする場合と，式(7.5)のとおり行う場合のスペクトル波形を比較した．簡単な処理であるが，帯域外スペクトルの減少に大変有効である．ロールオフ時間T_{TR}を更に長くすれば帯域外スペクトルは減少するが，その場合には出力増幅器の非線形性によって生じる帯域外スペクトル（7.4.6項参照）が通常は支配的となるため，実際にはこれ以上の効果は見込めない．

（4）サブキャリヤ信号配置 中心周波数のサブキャリヤ番号を0として上下に-26から+26までの52本のサブキャリヤ（中心のサブキャリヤは除く）から構成される．このうち，サブキャリヤ番号-21，-7，+7，+21の4サブキャリヤは受信の位相回転補正に必要なパイロット信号の送信に用いられる．また，中心のサブキャリヤ0は使用しない．これは，送信機でのD-A

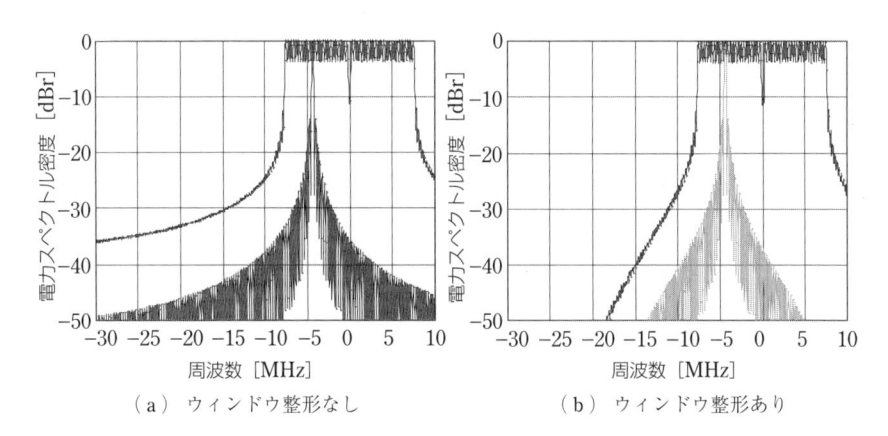

（a）ウィンドウ整形なし　　　　（b）ウィンドウ整形あり

図7.35 ウィンドウ整形による送信スペクトルの帯域外減衰量の改善

変換器や直交変調器，受信機での直交検波器やA–D変換器のDCオフセット成分，あるいは高周波回路のキャリヤ信号漏れによる劣化が大きいためである．サブキャリヤ間隔は，$\Delta_F = 1/T_{FFT} = 312.5$ kHzであり，変調信号の占有周波数帯域幅は $53 \cdot \Delta_F \fallingdotseq 16.6$ MHzとなる．

（5） **無線チャネル配置**　日本では，図7.36に示すとおり5.15～5.25 GHzの無線LAN用周波数帯域に20 MHz幅の4チャネルが規定されている．

米国のU-NII帯では5.15～5.35 GHzの200 MHz帯が連続しており，下の100 MHzは屋内限定，上の100 MHzは屋外でも条件付きで使用可能となっている．この連続した200 MHz帯に対して，帯域外への不要ふく射の低減のため帯域の両端には10 MHzのガードバンドを設けている．

（6） **スペクトルマスク規定**　OFDMの送信信号は複数のサブキャリヤの合成信号であるため，その時間波形は図7.37に示すように大きく変動する．その振幅確率密度分布はガウス分布状となる．このように瞬時的な振幅値が平均振幅に比べて非常に大きい波形を忠実に伝送するためには，平均電力よりも大きな信号電力まで余裕をもって出力可能な増幅器を用いる必要がある．この余裕分を増幅器のバックオフ値という．図7.38にIEEE 802.11a信号をAB級増幅器で出力した場合のスペクトルを示す．バックオフを小さくすると，帯域外漏れ電力が次第に大きくなる．この図によれば，バックオフを5 dB確保すれば，IEEE 802.11aに規定されたスペクトルマスクを満足する．OFDM方式は増幅器のバックオフをある程度確保する必要があるが，

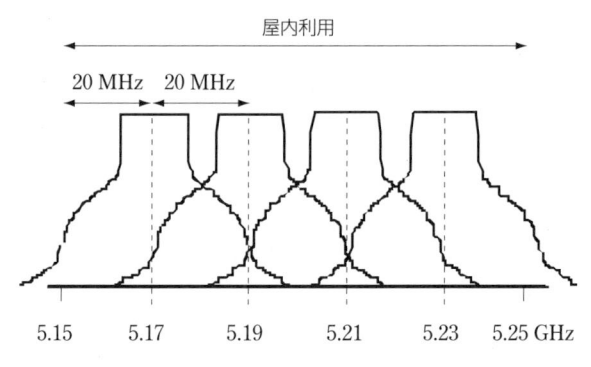

図7.36　日本における5.2GHz帯のチャネル配置

OFDM変調信号スペクトル　　　　サブキャリヤ

周波数

OFDM変調信号時間波形

時間

振幅確率密度分布

RMS振幅値

ガウス分布近似

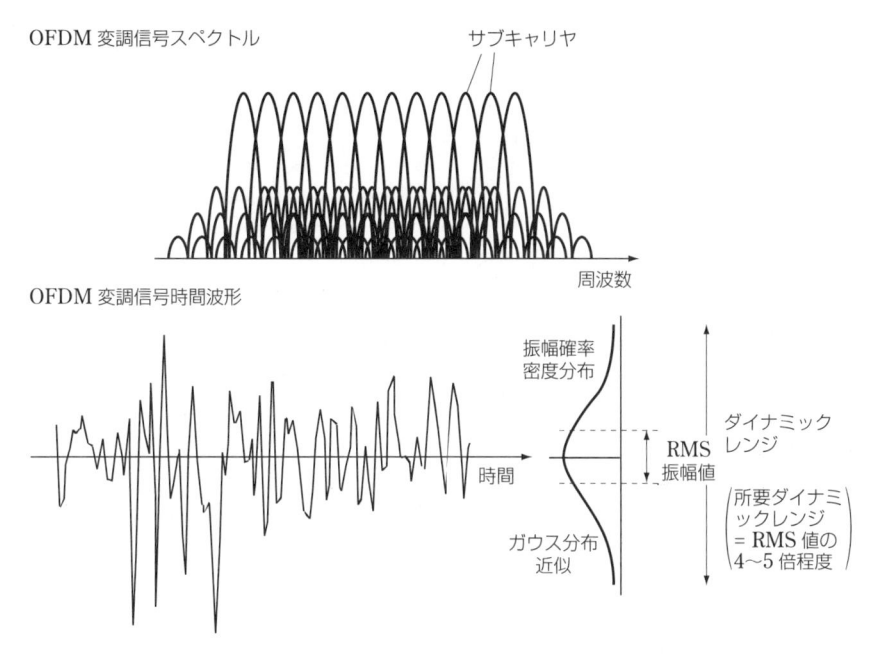

ダイナミックレンジ

(所要ダイナミックレンジ = RMS値の4〜5倍程度)

図7.37 OFDM信号の特徴

同等の無線伝送速度を他の変調方式で実現するには受信機側で複雑な等化処理が必要になるなどの問題があり，総合的には効率的な変調方式であるといえる．

7.4.5　フレーム構成とバースト復調技術

CSMA/CAを用いる無線LANの受信機は，周囲の複数の端末から，いつ到来するのか分からないパケット信号を受信する必要がある．また，その同期処理を含めた受信信号の復調処理はできるだけ短い時間で行う必要がある．CSMA/CAでは，送受信処理に時間を要するとパケットの間ぎきの待ち時間が増え，アクセス制御の効率が悪くなるためである．

OFDMは無線LANに用いられる以前にも地上波ディジタル放送やxDSLへの適用が進んでいたが，これらは送受信の対向装置が通信期間中に変わらないため，必要な時間をかけて受信同期処理を行えばよいシステムであった．一方，パケット信号ごとの受信処理が必要な無線LANにOFDMを適用する

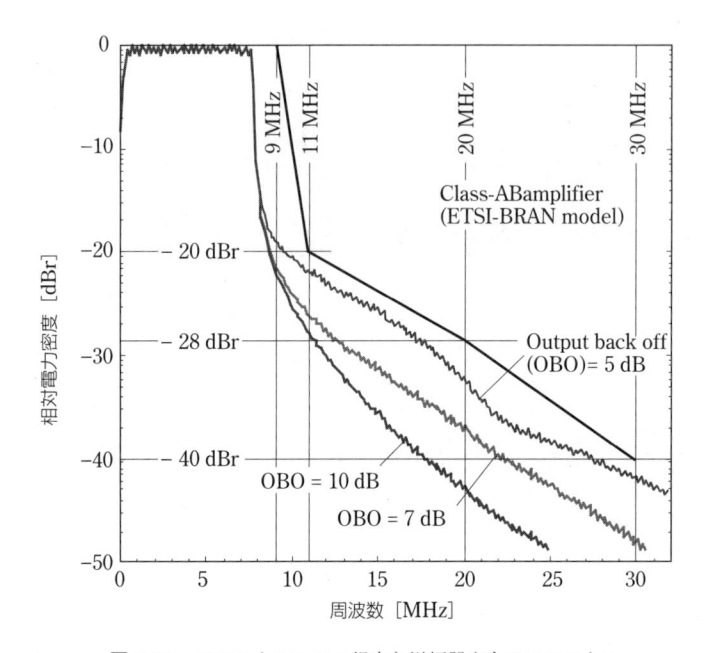

図7.38 スペクトルマスク規定と増幅器出力のスペクトル

ためには，同期処理を確実かつ迅速に行う方法の確立が必要であった．これらの同期処理は，パケット信号に付与される既定のプリアンブル信号を利用して行われる．

（1） フレームフォーマット　　IEEE 802.11a のフレーム構成を**図7.39**に示す．

最初に送信されるPLCPプリアンブルは，無線パケット信号の受信同期処理に必要な16 μs の既知信号である．次に，データ部の伝送速度とデータ長の情報を受信側へ提供する SIGNAL と呼ぶヘッダ信号が送られる．SIGNALに続いて，情報データで変調された所要数のOFDMシンボルが送信される．

（a） PLCPプリアンブル　　PLCPプリアンブルは10個のショートトレーニングシンボルと二つのロングトレーニングシンボルからなる．これらの信号は受信同期処理に用いられる固定波形であり，8 μs ずつ計16 μs の信号である．

ショートトレーニングシンボルは周期0.8 μs の既知固定パターン信号であ

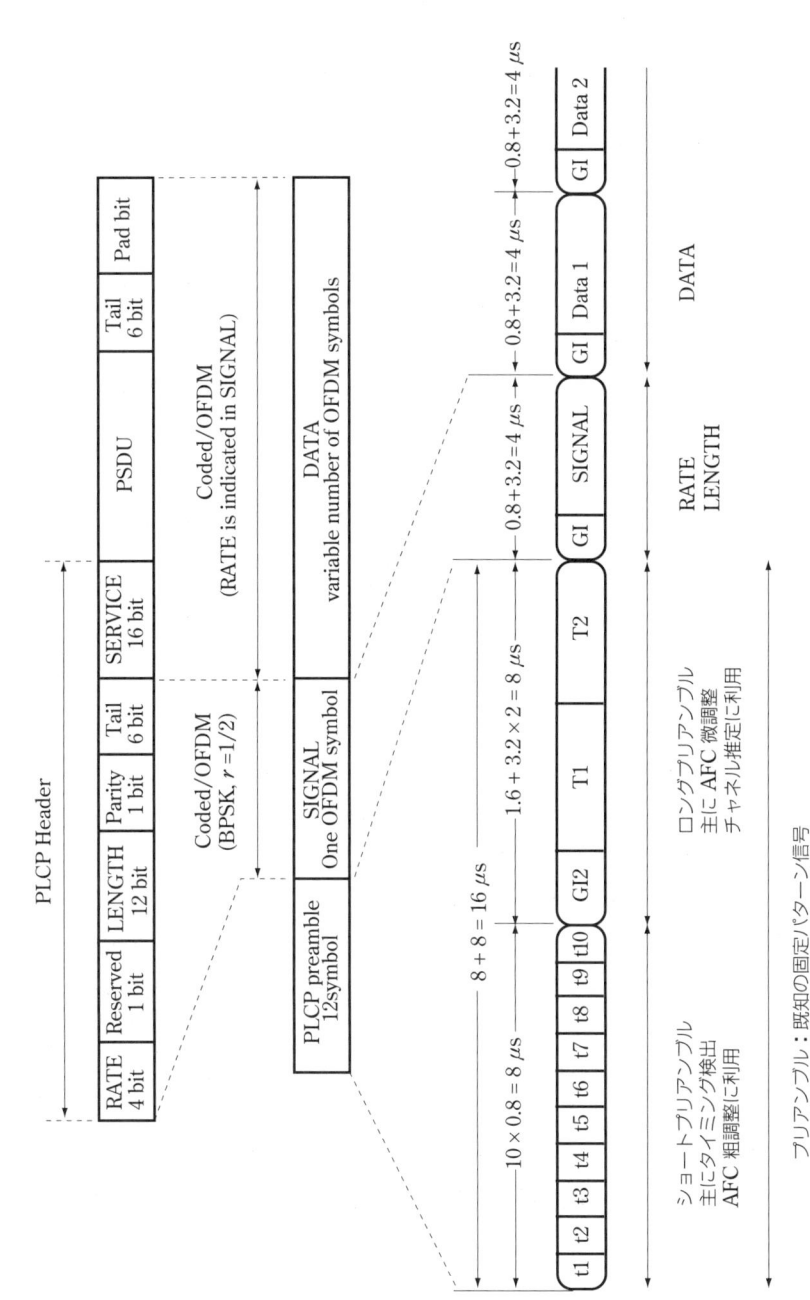

図 7.39　IEEE802.11a のフレーム構成

り，サブキャリヤ数を12本に間引いた信号として規定される．ショートトレーニングシンボルは無線パケット信号の検出，受信機の自動利得制御(Automatic Gain Control: AGC)，キャリヤ周波数誤差の粗調整，シンボルタイミング検出などに利用することを想定している．

次に，通常のOFDMシンボルを二つ並べた形式のロングトレーニングシンボルが送信される．ロングトレーニングシンボルは52本のサブキャリヤすべてに既知パターンを割り当てた信号として規定される．2シンボルの繰返し信号であるロングトレーニングシンボルは，キャリヤ周波数誤差の微調整に利用され，また，振幅・位相の基準信号としてサブキャリヤごとの伝達関数の推定に用いられる．

（b）PLCPヘッダ（SIGNAL部）　PLCPプリアンブルの次には，SIGNALと呼ぶヘッダ信号が送られる．SIGNALは一つのOFDMシンボルから構成され，引き続き送信されるデータ信号の伝送速度とデータ長の情報が含まれる．SIGNAL部は信頼性の高い伝送が要求されるため，6 Mbit/sモードで伝送される．また，畳込み符号化はSIGNAL部に閉じて行われ，Tailビットを付加して終端される．

（c）位相パイロット信号　各サブキャリヤの基準位相はロングトレーニングシンボルを用いて推定するが，長いパケットを復調する場合には，基準位相の回転が問題となる．これはキャリヤ周波数誤差補正回路で補正しきれなかった残留周波数誤差や，送受信機の高周波発振器の位相雑音[11]が原因となって生じる位相回転であり，どのサブキャリヤにも等しい位相回転が加わる．これを補正するため，データ部のOFDMシンボルにも既知トレーニング信号である4本のパイロットサブキャリヤが挿入される．受信側では，パイロットサブキャリヤ信号の観測により全サブキャリヤ共通の位相回転を検出して，基準位相の回転を補正する位相トラッキング処理[12]を行う．

図7.40にIEEE 802.11aのフレーム構成を周波数領域と時間領域の二次元表現で示す．図の網掛け部分が既知トレーニング信号である．

（2）キャリヤ周波数偏差補正回路　OFDM信号は，送受信機間のキャリヤ周波数偏差が存在すると，サブキャリヤ間の直交条件が崩れてサブキャリヤ間干渉を引き起こすため，受信特性が大きく劣化する．したがって，

第7章　無線LANシステム技術

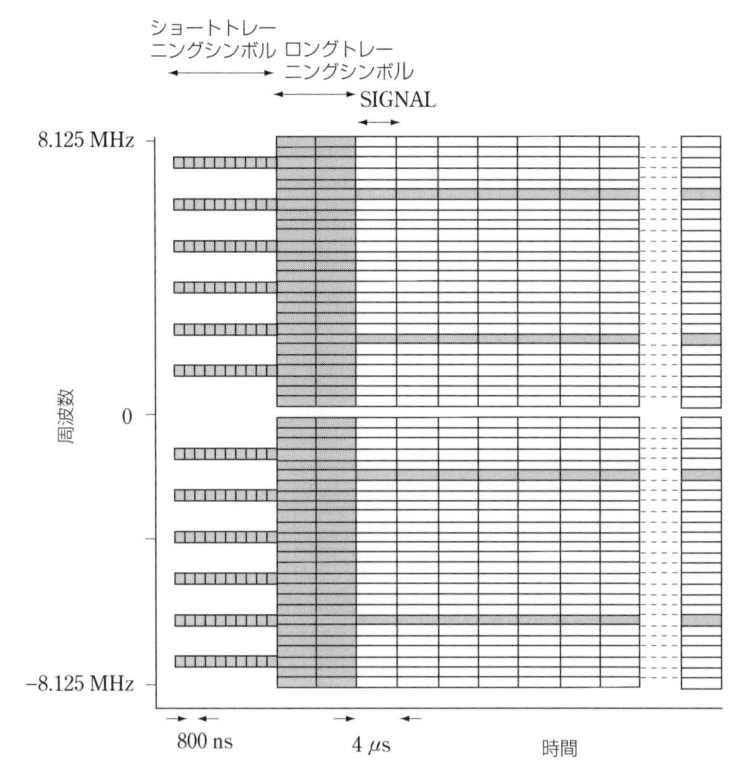

図7.40　二次元表現によるIEEE802.11aフレーム構成

OFDM復調器ではキャリヤ周波数偏差の補正を高精度に行うことが極めて重要である[13]．IEEE 802.11aのキャリヤ周波数偏差は±20 ppm以下と規定されており，±20 ppmまでの偏差を許容して受信側で補正を行う必要がある．

キャリヤ周波数偏差補正（Automatic Frequency Control: AFC）回路の基本構成を**図7.41**に示す．AFC回路にはPLCPプリアンブルの繰返し信号部分を用い，繰返し周期時間での位相回転の検出により，周波数偏差を検出する．図7.41のAFC回路では，入力信号を繰返し周期前の複素共役信号と複素乗算し位相回転量を得る．次に，その位相回転量を繰返し信号区間にわたり平均し，キャリヤ周波数偏差を検出する．そして，得られたキャリヤ周波数偏差を補償するため，受信信号に逆方向の位相回転を加える．ここで，

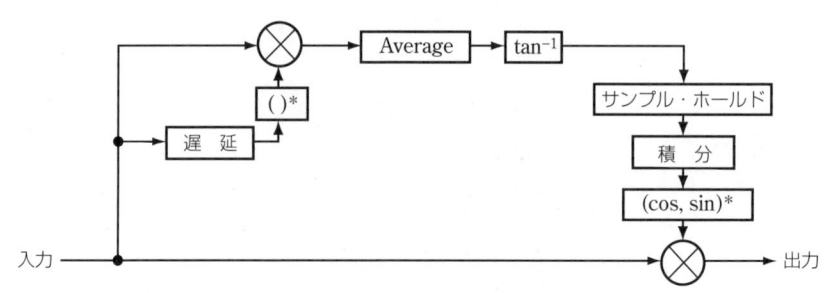

```
          ┌─────────────⊗───── Average ── tan⁻¹ ─┐
          │             │                         │
          │           ( )*                  サンプル・ホールド
          │             │                         │
          │            遅延                       積 分
          │             │                         │
          │             │                      (cos, sin)*
          │             │                         │
入力 ──────┴─────────────┴─────────────────────────⊗────── 出力
```

( )*：複素共役演算による逆方向に位相回転を与える
(cos, sin)*：複素共役とベクトル変換演算

図7.41 AFC回路の基本構成

AFC回路の検出精度は平均処理の期間に依存する．AFC回路の周波数補正範囲は繰返し信号周期の逆数の半分であり，ショートトレーニングシンボルを用いる場合の周波数補正範囲は，$\pm (1/2) \times (1/0.8\ \mu s) = \pm 625$ kHzである．また，ロングトレーニングシンボルを用いる場合の周波数補正範囲は $\pm (1/2) \times (1/3.2\ \mu s) = \pm 156.25$ kHzである．ロングトレーニングシンボルを用いる周波数補正だけでは規定された ± 20 ppmの偏差（5.2 GHzで送受信の合計で ± 208 kHzの偏差）に対応できないため，IEEE 802.11aではショートトレーニングシンボルを用いる粗調AFCと，ロングトレーニングシンボルを用いる粗調AFCの2段階の周波数偏差補正処理が必要となる．

（3）シンボルタイミング検出回路　OFDM信号を復調するには，OFDMシンボルごとにフーリエ変換処理を行う．この際，OFDM方式の耐マルチパス特性を生かすためには，なるべく正確にガードインターバル部分を除去し，すなわち，マルチパス遅延信号の含まれない部分を切り出してフーリエ変換処理を行う必要がある[14]，[15]．シンボルタイミング検出回路は，この切出しを行うウィンドウ位置の決定を行う．

シンボルタイミング検出が受信特性に及ぼす影響を，**図7.42**により説明する．最適なシンボルタイミング同期位置は，先行して到来する直接波のOFDMシンボルの最後部をウィンドウ位置とするタイミングである．このタイミングであれば，遅延時間がガードインターバル長以下であるマルチパス遅延波はすべて同一OFDMシンボル内の信号となり，隣接するOFDMシン

第7章 無線LANシステム技術

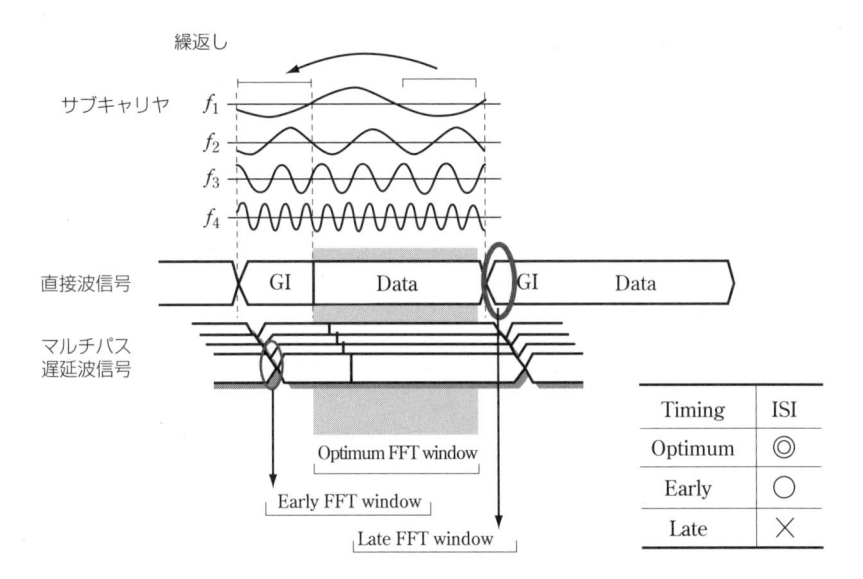

図7.42 シンボルタイミング検出位置

ボル成分は含まれない．

　この位置より早めのウィンドウ位置となると，ウィンドウが前方にずれた分だけ実効的なガードインターバル長が短くなる．すなわち，ガードインターバル長と同等の遅延時間をもつマルチパス波が到来した場合は，シンボル間干渉を生じてしまう．しかし，遅延時間の大きなマルチパス波の信号電力は小さいことが多いので，あまり大きな劣化にはならない．逆に，最適なウィンドウ位置よりも遅れた位置のウィンドウとなると，直接波をはじめとする高いレベルの隣接シンボル成分がウィンドウ内に入力されるため，大きく劣化する．

　シンボルタイミング検出回路の構成例[16]を**図7.43**に示す．本回路構成はショートトレーニング信号波形の相関検出を行い，シンボルタイミングを得る．受信信号は，まず既知のショートトレーニングシンボル波形を相関検出するマッチトフィルタに入力される．PLCPプリアンブルが受信されると，マッチトフィルタ出力にはショートシンボル周期で相関ピーク信号が観測される．この相関ピーク信号はロングトレーニングシンボル期間になると消滅

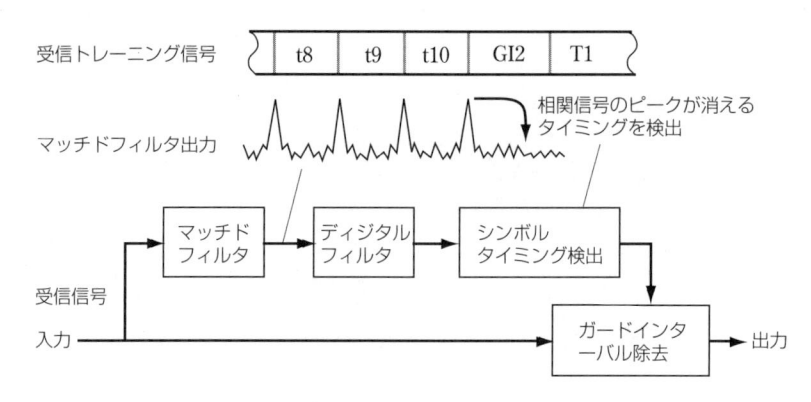

図7.43 シンボルタイミング検出回路の構成例

するので，相関出力がショートシンボル周期で一定以上のピーク値を複数回検出した後に相関ピーク信号が消滅することを検出してロングトレーニングシンボルの開始タイミングを推定する．なお，マルチパス伝搬環境下でも高精度にシンボルタイミングを検出するため，タイミング検出に有効な相関信号成分を強調するディジタルフィルタの挿入も行っている．

（4）チャネル推定・等化回路 フーリエ変換によって分波されたサブキャリヤ信号を復調するためには，サブキャリヤごとに異なる伝搬路の伝達関数を推定し，伝達関数の等化処理を行うことが必要になる．

チャネル推定・等化回路の構成例を**図7.44**に示す．チャネル推定回路は受信信号からロングトレーニングシンボルを取り出し，既知のトレーニング信号パターンとの比較を複素除算回路により行い，サブキャリヤごとの伝達関数を算出する．この際，2シンボルあるロングトレーニングシンボル信号を平均し，チャネル推定の精度を高めることができる．以上の処理で得られた推定伝達関数を用いて，プリアンブル信号に続いて受信されるデータ部のOFDM信号を等化するチャネル推定・等化回路が一般的である．

図7.44に示したチャネル推定・等化回路は，上記の処理に加えて，推定されたサブキャリヤごとの伝達関数を周波数軸方向に平滑する処理を追加し，更にチャネル推定の精度を高めている[17]．これは隣接サブキャリヤの伝達関数は相関が高いことを利用しており，周波数方向の平滑処理を行うことに

第7章 無線LANシステム技術

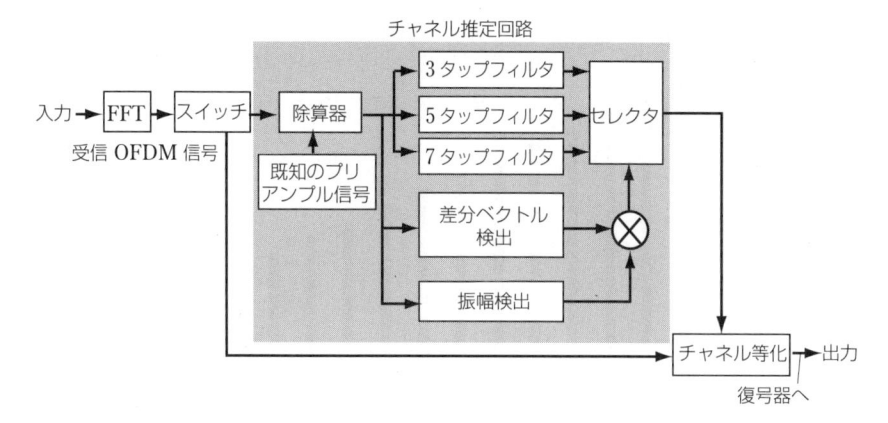

図7.44 チャネル推定・等化回路の構成例

より，熱雑音によるチャネル推定誤差を低減することができる．しかし，隣接サブキャリヤ間で伝達関数が大きく相違する低相関チャネルの場合には，平滑処理によって伝達関数の誤差を増やしてしまう．そこで，図7.44のサブキャリヤ間平滑処理付きチャネル推定回路では，(i) 各サブキャリヤの振幅値と，(ii) 各サブキャリヤ伝達関数の隣接サブキャリヤ間差分ベクトル，の二つの特徴量に応じて，平滑特性の異なる複数のフィルタを適応的に選択し，伝送路の状態に応じたチャネル推定精度の向上を図っている．

（5） **パケット誤り率特性**　　上記の各復調技術を用いた実験回路[18]によるパケット誤り率特性を述べる．本実験では，FPGA（Field Programmable Gate Array）を用いて，1/5スケールモデルで動作している．実験に用いたマルチパスモデルは図7.45のように，独立した18波のレイリーフェージングの合成波である．本実験回路によるOFDM変調波の周波数スペクトルを図7.46に示す．(a) は送信スペクトルであり，(b) はマルチパス伝搬後の受信スペクトルである．

上記のマルチパス環境下の受信信号を受信部に入力し，シンボルタイミング検出やキャリヤ周波数偏差補正，キャリヤ推定・等化，パイロット信号による位相トラッキング処理などのすべての同期処理を行った上で，得られた復調信号を位相平面で観測した様子を図7.47に示す．各伝送速度において，

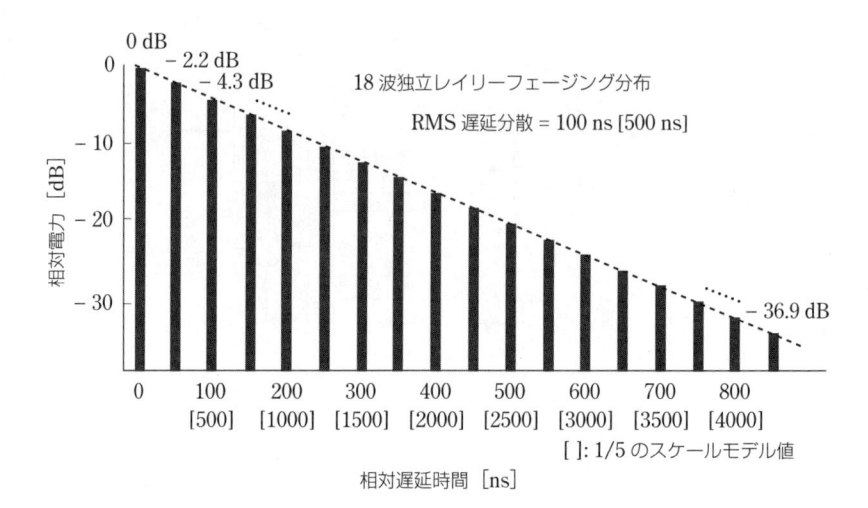

図7.45 マルチパス伝搬モデル

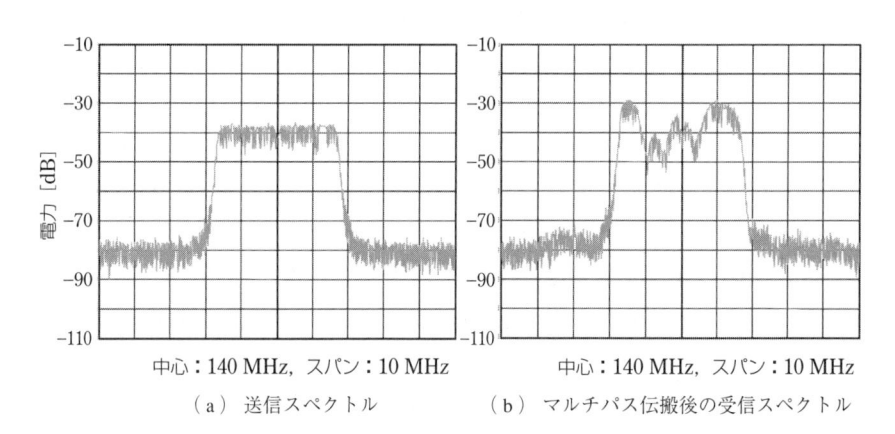

図7.46 OFDM変調波の周波数スペクトル

(a) 送信スペクトル
(b) マルチパス伝搬後の受信スペクトル

マルチパス干渉による信号点ひずみを補正し，正しい信号点に収束している様子が分かる．ここで，位相平面の原点に存在する輝点は，測定の都合により生じる無信号時の観測点である．すべての同期・復調処理を動作させた場合のマルチパス環境における総合的なパケット誤り率特性を**図7.48**に示す．PER = 10^{-2} を満足する C/N 値は，各伝送速度で計算機シミュレーション値

第7章　無線LANシステム技術

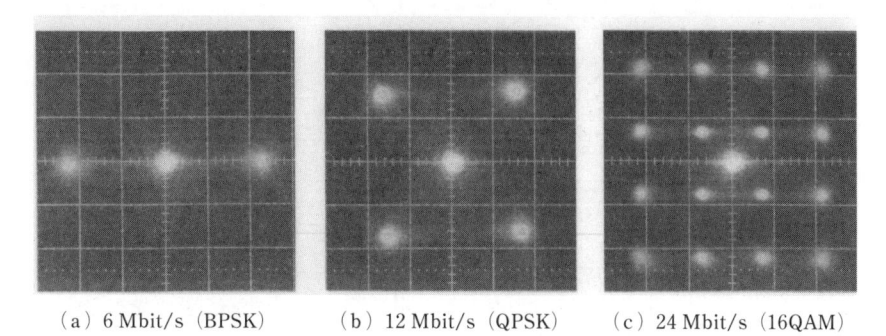

(a) 6 Mbit/s (BPSK)　　(b) 12 Mbit/s (QPSK)　　(c) 24 Mbit/s (16QAM)

図7.47　復調後の信号空間配置

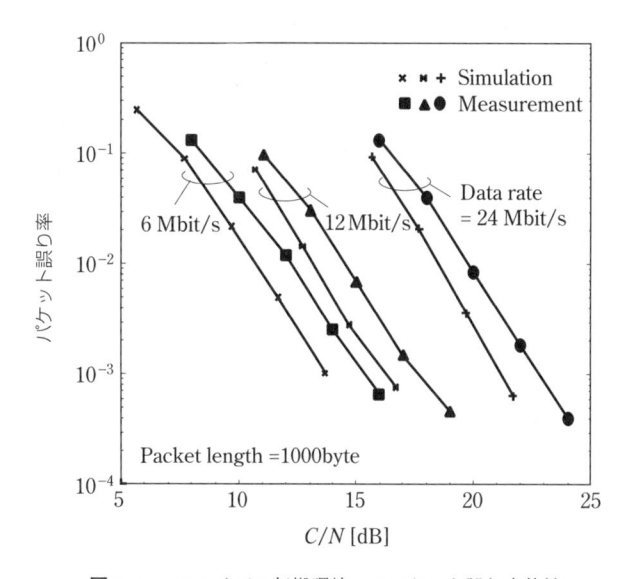

図7.48　マルチパス伝搬環境でのパケット誤り率特性

からの劣化が1.5 dB以内であり，マルチパス環境下での良好な特性が確認できる．

7.4.6　2.4 GHz帯への適用（IEEE 802.11g）

2.4 GHz帯において，IEEE 802.11b標準との後方互換を保ちながら20 Mbit/s以上の伝送速度を実現するIEEE 802.11gが制定された．IEEE 802.11gに至る適用技術の経緯を図7.49に示す．IEEE 802.11gには，必須

```
      2.4 GHz 帯                          11 g = 11a + 11b
                                          
      1997/6 成立      1999/9 成立         2003/6 成立
                                          ┌─────────────────┐
                      ┌──────────────┐    │    DSSS/CCK     │
  ┌──────────────┐    │   DSSS/CCK   │    │ 1, 2, 5.5, 11 Mbit/s │
  │ 1, 2 Mbit/s DS-SS │→│1, 2, 5.5, 11 Mbit/s│  │      標準       │
  └──────────────┘    │     標準      │    └─────────────────┘
                      └──────────────┘    ┌─────────────────┐
  ┌──────────────┐                        │      OFDM       │
  │ 1, 2 Mbit/s FH-SS │                    │ 6, 12, 24 Mbit/s 標準 │
  └──────────────┘    ┌──────────────┐    │9, 18, 36, 48, 54 Mbit/s オプション│
                      │    PBCC      │    └─────────────────┘
  ┌──────────────┐    │ 5.5, 11 Mbit/s│   ┌─────────────────┐
  │ 1, 2 Mbit/s IR  │   │   オプション   │    │   DSSS-OFDM     │
  └──────────────┘    └──────────────┘    │6, 9, 12, 18, 24, 36, 48, 54 Mbit/s│
                                          │     オプション     │
      IEEE 802.11         IEEE 802.11b    └─────────────────┘
                                          ┌─────────────────┐
                                          │      PBCC       │
                                          │5.5, 11, 22, 33 Mbit/s│
                                          │    オプション      │
                        1999/9 成立        └─────────────────┘
                      ┌──────────────┐       IEEE 802.11g
      5 GHz 帯        │    OFDM      │
                     │6, 12, 24 Mbit/s 標準│
                     │9, 18, 36, 48, 54 Mbit/s オプション│
                      └──────────────┘
                        IEEE802.11a
```

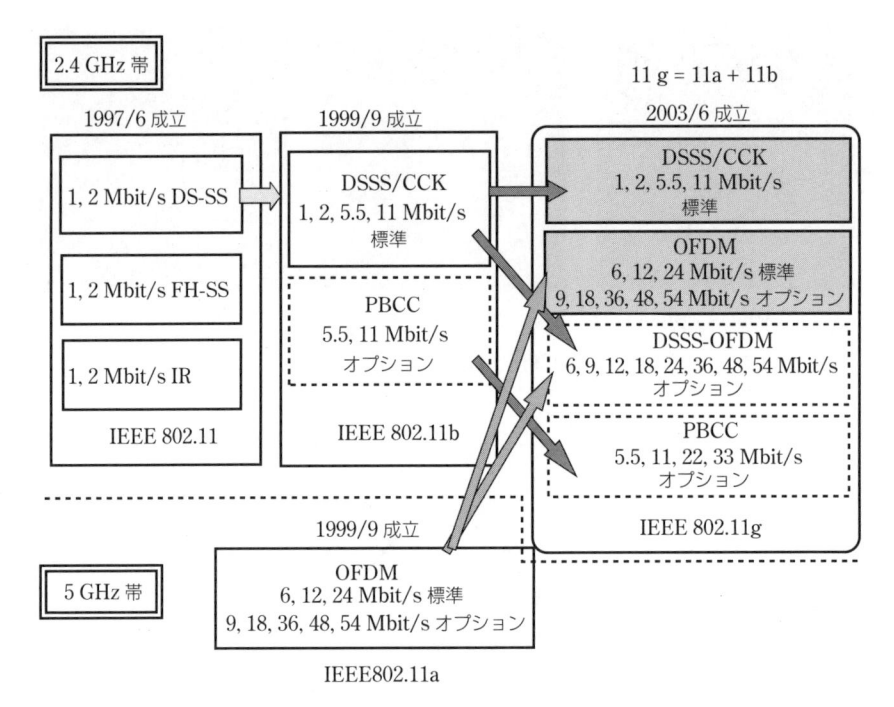

図 **7.49**　IEEE802.11 g 適用技術の経緯

方式として IEEE 802.11b の DSSS/CCK 方式及び IEEE 802.11a の OFDM 方式が規定され，オプションとして DSSS-OFDM 方式と PBCC （Packet Binary Convolutional Coding） 方式が規定されている．

（1） フレームフォーマット　図 **7.50** に IEEE 802.11g のフレームフォーマットを示す．(a) は，IEEE 802.11b で必須のロングフレームフォーマットである．ロングプリアンブルとヘッダの長さは 192 μs であり，PSDU 部分は 1, 2 Mbit/s の DSSS 方式，5.5, 11 Mbit/s の CCK 方式，6 ~ 54 Mbit/s の DSSS-OFDM 方式，5.5, 11, 22, 33 Mbit/s の PBCC 方式のいずれかが選択される．

(b) は，IEEE 802.11b でオプション規定であったショートフレームフォーマットである．ショートプリアンブルフォーマットは，IEEE 802.11g では必須である．ショートプリアンブルとヘッダの長さは 96 μs であり，PSDU 部

第7章　無線LANシステム技術　　247

```
|←——— 192 μs ———→|
| ロング PLCP    | PLCP ヘッダ |            |
| プリアンブル   |   48 bit   |   PSDU     |
|   144 bit     |            |            |
```
1 Mbit/sのDSSS　1 Mbit/sのDSSS　1 Mbit/s, 2Mbit/sのDSSS
　　　　　　　　　　　　　　　　5.5 Mbit/s, 11Mbit/sのCCK
　　　　　　　　　　　　　　　　5.5 Mbit/s, 11 Mbit/s, 22 Mbit/s, 33 Mbit/sのPBCC
　　　　　　　　　　　　　　　　6〜54 Mbit/sのDSSS-OFDM

（a）ロングフレームフォーマット

```
|←——— 96 μs ———→|
| ショート PLCP | PLCP ヘッダ |            |
| プリアンブル  |   48 bit   |   PSDU     |
|    72 bit    |            |            |
```
1 Mbit/sのDSSS　2 Mbit/sのDSSS　1 Mbit/s, 2Mbit/sのDSSS
　　　　　　　　　　　　　　　　5.5 Mbit/s, 11Mbit/sのCCK
　　　　　　　　　　　　　　　　5.5 Mbit/s, 11 Mbit/s, 22 Mbit/s, 33 Mbit/sのPBCC
　　　　　　　　　　　　　　　　6〜54 Mbit/sのDSSS-OFDM

（b）ショートフレームフォーマット

```
|←——— 20 μs ———→|
|              | OFDM Signal |          | 仮想信号   |
| PLCP プリアンブル | Field    |   PSDU   | 拡張部分   |
|              |   24 bit    |          |  (6 μs)   |
```
　BPSK-OFDM　　　　　　6, 9, 12, 18, 24, 36,　　　実際の信号
　　　　　　　　　　　　48, 54 Mbit/sのOFDM DATA symbol　伝送なし

（c）OFDM方式のフレームフォーマット

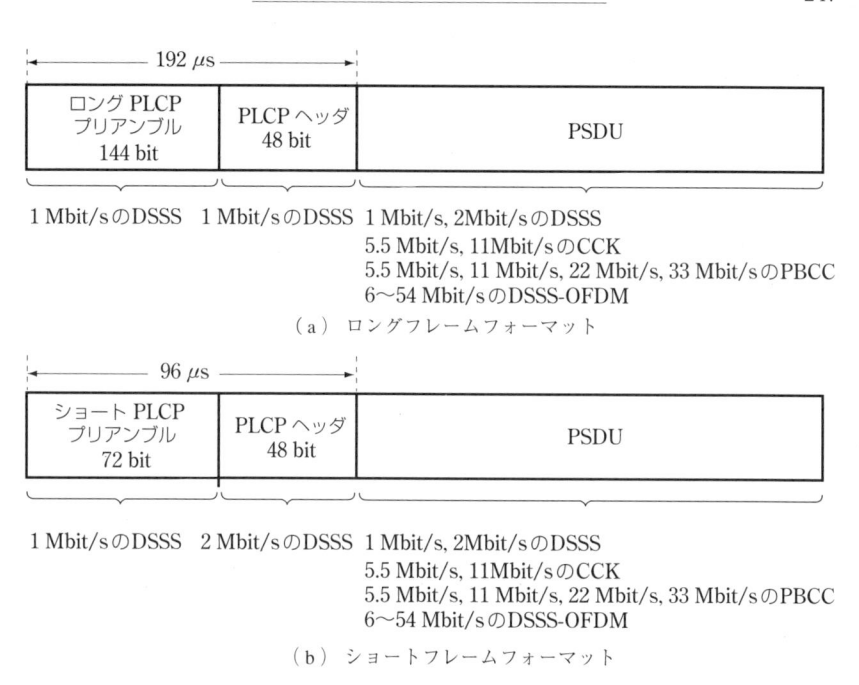

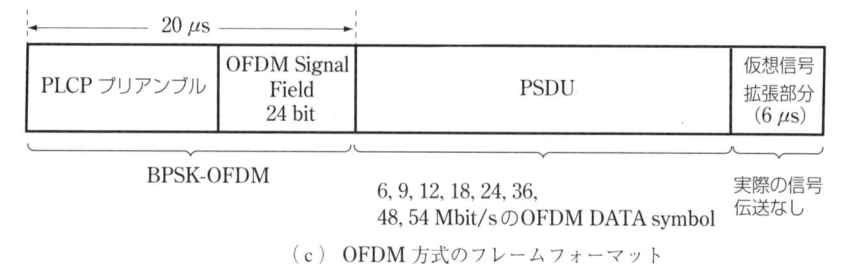

図7.50　IEEE 802.11g標準のフレームフォーマット

分は，2 Mbit/sのDSSS方式，5.5，11 Mbit/sのCCK方式，6〜54 Mbit/sのDSSS-OFDM方式，5.5，11，22，33 Mbit/sのPBCC方式のいずれかが選択される．1 Mbit/sのDSSS方式を除外し，プリアンブル及びヘッダ部を半分に短縮したため，特に最大54 Mbit/sの伝送速度をもつDSSS-OFDM方式において大きくスループットを改善できる．

（c）はIEEE 802.11aに適用されているフレームフォーマットで，最も短い

プリアンブルとヘッダをもつ．このプリアンブルは前述のショートプリアンブル，ロングプリアンブルに対してウルトラショートプリアンブルと呼ばれる．プリアンブルとヘッダの長さは20 μsであり，6〜54 Mbit/s のOFDM信号が後に続く．このフレームフォーマットでは，IEEE 802.11b標準との後方互換性をもたないが，プリアンブルとヘッダ部分の大幅な短縮によりスループットを大幅に向上できる．

図 7.51 に，IEEE 802.11g 各方式の IP レイヤにおけるスループットを示す．IEEE 802.11b 端末との後方互換性を確保するためには，ロングフレームフォーマットでしかも，プリアンブルに 1 Mbit/s，DSSS 方式を適用する必要があり，その場合，データ部分が 54 Mbit/s の伝送速度であってもスループットは 15 Mbit/s 程度にしかならない．しかし，DSSS-OFDM 方式にショートフレームフォーマットを適用すると，最大スループットは約 19 Mbit/s に改善する．全端末が IEEE 802.11g 端末で構成され，OFDM 方式において CTS 送信が必要ない場合には最大スループットを約 25 Mbit/s に向上させること

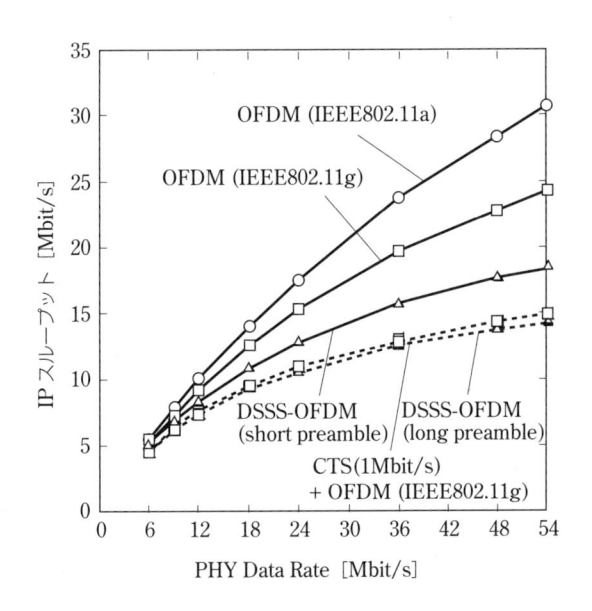

図 7.51　各方式のスループット比較

ができる．更にオプション規定により Slot time を 9 μs にした場合，最大スループットは IEEE 802.11a と同じ約 35 Mbit/s となる．以上より，IEEE 802.11g 端末は IEEE 802.11a 端末と同じ最大スループットを実現できるポテンシャルをもっているものの，IEEE 802.11b 端末が共存する場合には後方互換性を確保するために最大スループットを大きく低下させてしまうことが分かる．

7.5 IEEE802.11 系無線 LAN のセキュリティ

セキュリティに関する項目をまとめて図 **7.52** に示す．セキュリティに関する項目を大別すると，通信している内容を第三者に知られないようにする暗号と通信の相手が正し相手かどうかを確認する認証の二つである．また，それらに関連する項目としては，暗号及び認証のための鍵をどのように配送

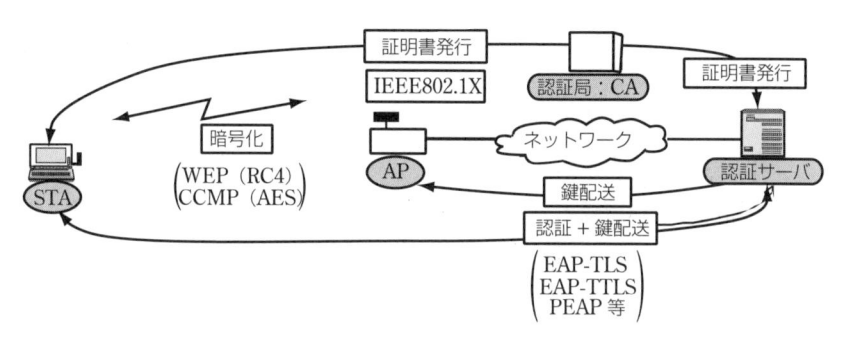

STA：Station，クライアント
AP：Access Point，アクセス・ポイント．基地局
WEP：Wired Equivalent Privacy, IEEE802.11 標準の暗号化方式
RC4：Rivest Cipher4, WEP のほか SSL（Secure Sockets Layer）などでも用いられている暗号アルゴリズム
CCMP：Count Mode Encryption with Cipher Block Chaining Message Authentication Code Protocol, AES で改ざんを検出するためのプロトコル
AES：Advanced Encryption Standard, 高度暗号標準
EAP：Extensible Authentication Protocol, 拡張可能な認証プロトコル
TLS：Transport Level Security, SSL（Secure Sockets Layer）3.0 を汎用化した暗号化通信プロトコル
TTLS：Tunneled TLS, トンネル化 TLS
PEAP：Protected EAP, 暗号によって保護された EAP

図 **7.52** 無線 LAN のセキュリティの概要

するかという鍵配送技術，また，第三者が偽のデータを送ることが想定されるが，それに対して検出する「改ざん検出」技術等がある[19]．以下にそれらの概要を述べる．

（1）暗　　号　　暗号の目的は通信している内容を第三者に知られないようにすること，といえる[20]．そのためには，通信する情報データX（これを平文という）に暗号鍵Kで暗号化処理を施した後（Cとする）に通信することになる．受信側ではこれと逆の操作を行ってもとの情報データを復号するものである．この様子を式で表すと以下のようになる．

$$C = E(K, X) \tag{7.9}$$

$$D(K, C) = D(K, E(K, X)) = X \tag{7.10}$$

ここでEを暗号化関数，また，Dを復号化関数という．

　暗号化する鍵の性質により2種類の暗号方式に大別される．一つ目はこの鍵を通信する相手であらかじめ共有し，鍵の配送を行わない方法を共有鍵暗号方式という．

　二つ目は通信する相手が互いに知っている鍵（これを公開鍵という）と個人のみが知る鍵（秘密鍵という）の2種類が用意されていて，それを組み合わせて使用する方法を公開鍵暗号方式という．利用方法によりそれぞれの特徴を生かした暗号化方式を採用することが重要となる．

（2）認　　証　　認証とは通信の相手が正し相手かどうかを確認すること，といえる．ネットワーク側から見ると，通信する相手が正しいかどうかを判定することは非常に重要であり，第三者に成りすましされないようにしなければならない．認証方法には，通信する相手がお互い共有する鍵で暗号化処理を行って認証する共有鍵認証方式と，公開鍵による公開鍵認証方式がある．

（a）共有鍵認証方式　　共有鍵認証方式では認証時に乱数を発生させて相手に送りつけ，受け取った側では送信側と同じ共有鍵で暗号化させて返送させ，送り側自ら共有鍵で暗号化して返送されたデータと合っているかどうかを確認する方法が一般的に行われている．この方法をチャレンジレスポンス

方式と呼ぶ場合がある．無線LANにおいても，現状この方法を用いている．

（b）公開鍵認証方式　　公開鍵を用いた認証方式では，認証局（Certificate Authority: CA）が通信ユーザに対して発行する「証明書」というデータをあらかじめ送っておき，その内容が本物かどうかを検証する．「証明書」には（1）ユーザID，MACアドレス等のユーザデータ，及び（2）認証局が発行した電子署名，の二つがある．

電子署名を作るにはユーザデータを認証局が秘密鍵を用いて暗号化して得られる．こうして得られた電子署名を認証するときに認証する相手に送り，受け取った相手は認証局からの公開鍵で復号するともとのユーザデータに復元されるので，直接送信されたユーザデータと復元されたユーザデータが一致しているかどうかを確認することで，本当に認証局が発行した証明書かどうかを判定できる．

次に，証明書が本物であると判断された後，証明書を送信したユーザが正しいユーザかどうかを判定する必要がある．一つの方法として，証明書に自分の公開鍵を入れておく．相手は少なくとも電子署名によって相手のユーザ名と公開鍵は本物であると分かっている．ユーザそのものが本物かどうかの確認には（a）で述べた方法を応用し，生成した乱数を相手に送信して相手の秘密鍵で暗号化させてそれを返送させ，受けた側では，証明書に含まれている相手の公開鍵で復号して，もとの乱数になるかどうかを検証するものである．

7.5.1　無線LANの認証

（1）　IEEE802.11の認証の現状　　現行IEEE802.11の認証では，図7.53に示すように共有鍵認証方式とオープン認証方式の2通りがある．

共有鍵認証方式は暗号化用の鍵と同一の鍵を使用し鍵配送は行わず，チャレンジレスポンス方式を採用している．暗号化用の鍵と同一の鍵がアクセスポイント（AP）とステーション（STA）に事前に設定されている．STAとAPは乱数を送ってそれを暗号化して返送させている．送り返された暗号化データを復号し，もとの乱数と一致するかを検証し，認証許可を判断する．この場合常に同じ暗号鍵を使用するため時間の経過とともにセキュリティは低下していくという問題点を有している．

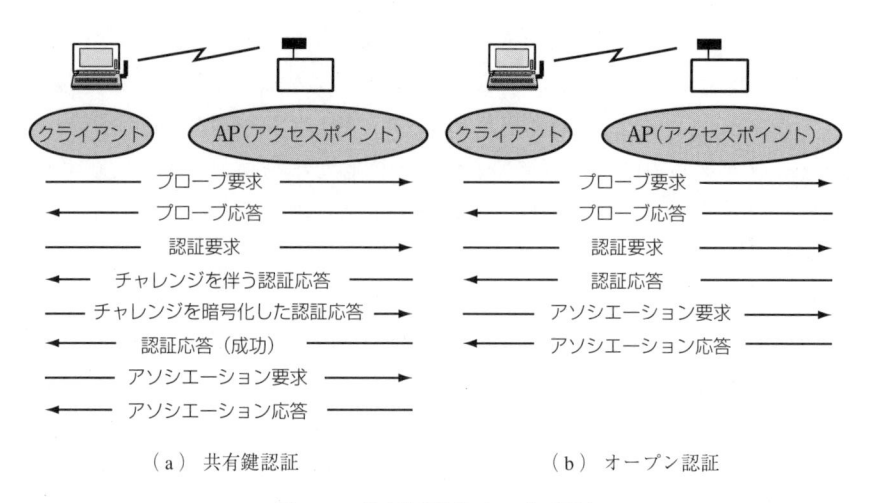

```
         クライアント    AP(アクセスポイント)          クライアント    AP(アクセスポイント)
         ──── プローブ要求 ────→          ──── プローブ要求 ────→
         ←──── プローブ応答 ────          ←──── プローブ応答 ────
         ──── 認証要求 ────→              ──── 認証要求 ────→
         ←── チャレンジを伴う認証応答 ──        ←──── 認証応答 ────
         ── チャレンジを暗号化した認証応答 →      ──── アソシエーション要求 ──→
         ←──── 認証応答（成功）────          ←──── アソシエーション応答 ──
         ──── アソシエーション要求 ──→
         ←──── アソシエーション応答 ──
                 (a) 共有鍵認証                    (b) オープン認証
```

図7.53 共有鍵認証とオープン認証

オープン認証方式は，すべての認証を許可するもので，何も行わないのと等価である．これまで家庭内，閉じたオフィス内等ではこのような認証でもある程度セキュリティ上十分であったが，無線LANを公衆ネットワークと接続して利用するような形態ではセキュリティ上不十分であり，何らかの強化策が必要である．

（2） IEEE802.1X認証へ　どのアクセスポイントからも参照できる認証情報データベースで認証鍵，鍵配送用鍵を一元管理し，セッションごとの鍵をダイナミックに更新できるようにすればセキュリティは格段に向上する．相互接続のためには標準的な方法を規定する必要がある．その一つにIEEE802.1Xという規格が規定されている．

IEEE802.1Xは，**図7.54**のようなネットワークを想定している．アクセスポイントで認証プロトコルを終端し，アクセスポイントと認証サーバが別プロトコルで認証に必要な情報を転送するものである．その結果，ユーザ側から見れば，アクセスポイントが，あたかも認証サーバとして働いているかのように機能する．一方，認証プロトコルをアクセスポイントで終端しておけば，未認証のユーザがネットワーク側（アクセスポイントより上流）に，ユーザパケットを送出してしまうことを容易に防止することもでき，大変有効

第 7 章　無線 LAN システム技術

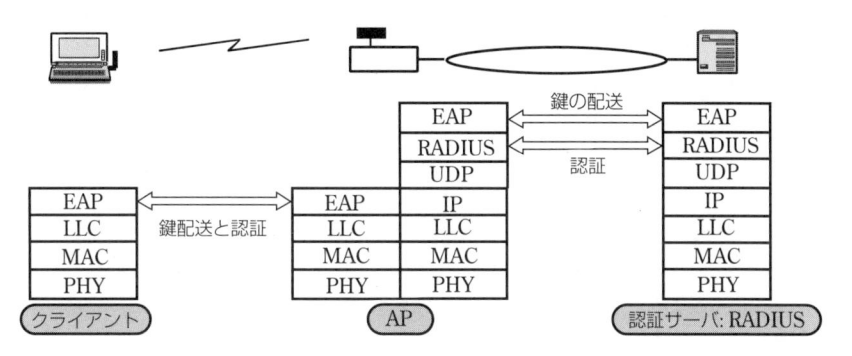

EAP: Extensible Authentication Protocol, 拡張可能な認証プロトコル
RADIUS: Remote Authentication Dial In User Service, ラディアス. リモート認証ダイヤルインユーザサービス

図7.54　IEEE802.1X 認証

である．

　IEEE802.1X では，認証を実際に行うのは，MAC ではなく上位のレイヤになるため，上位のレイヤが認証を完了した時点で，MAC レイヤが認証が完了したと認識させる必要がある．

　IEEE802.1X では，EAP（Extensible Authentication Protocol）というプロトコルを MAC の上で走らせて認証を行うことということだけが規定されており，具体的な認証手順，鍵の配送手順はすべて自由となっている．図7.55 に EAP のフレームフォーマットを示す．EAP パケットボディーの中のタイプフィールドで後述する TLS，TTLS 等の認証プロトコルを指定している．その部分は，実装に任されているが，実際には，以下に述べる方式が普及する可能性が高い．

　実際の認証手順，鍵の配送手順としては，以下のような三つの方法が想定される．

　（a）EAP-TLS（Extensible Authentication Protocol -Transport Layer Security）　EAP-TLS は，EAP フォーマットのパケットで TLS（SSL の別称）プロトコルを走らせるプロトコルである．このプロトコルは公開鍵認証アルゴリズムを使用する．具体的な方法を以下に示す．

　証明書には，ユーザ ID などのユーザデータと，認証局（CA）が発行した

254

```
MACヘッダ  [タイプ]
            ↑
         888E
        (EAPを指定)

EAPOLヘッダ  [プロトコル バージョン | パケット タイプ | ボディ 長]
                ↑              ↑
              1に固定

         1 EAPパケット (普通のパケット, EAP-TLS等はこれで送受)
         2 EAPOLスタート
         3 EAPOLログオフ
         4 EAPOL Key (4ウェイハンドシェークに利用)
         5 EAPOLカプセル化ASFアラート

EAPパケットボディ (パケットタイプ1)  [コード | ID | 長さ | タイプ | タイプデータ (TLS等の中身)]
                                              ↑
                                          TLS, TTLS, PEAP
                                          等を指定

EAPOL key (パケットタイプ4)  [識別子 タイプ | 鍵情報 | 鍵長 | 再送回線 | Nonce | IV | RSC | 鍵ID | MIC | データ長 | データ (RSNIE)]
```

(注) IV, 鍵IDは未使用. RSCはブロードキャスト/マルチキャスト時に用いられる再送カウンタ

図7.55 EAPのフレームフォーマット

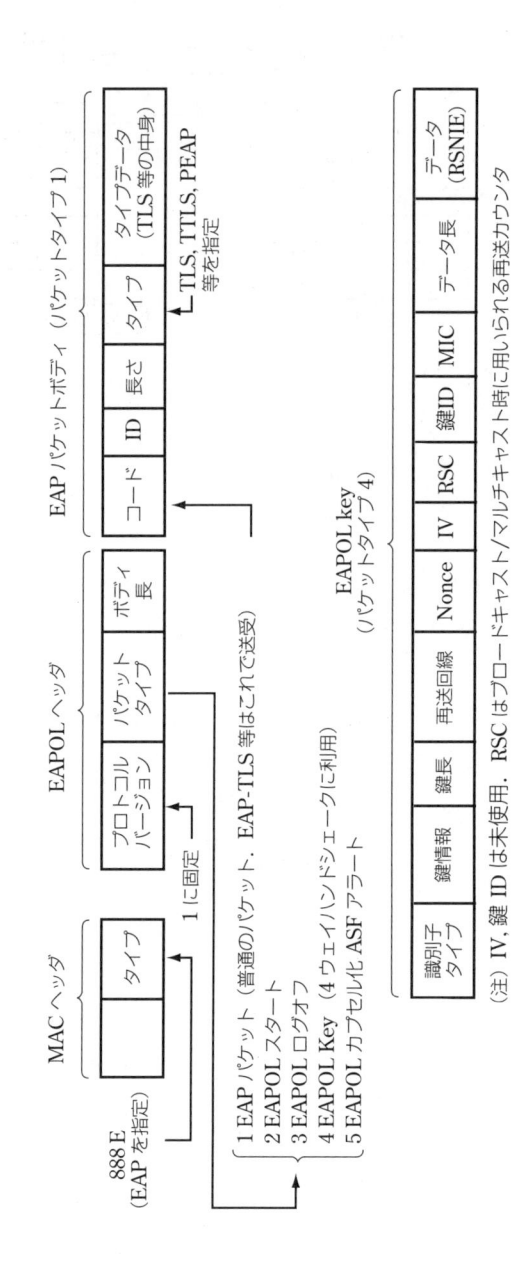

EAP: Extensible Authentication Protocol, 拡張可能な認証プロトコル
RSN IE: RSN Information Element, RSN情報要素

電子署名が記載されている．ユーザデータを，CAが秘密鍵で暗号化すると電子署名になる．

これを送られると，受け取った方は，CAの公開鍵で復号するとユーザデータに戻るので，送られてきたユーザデータと照合することにより，本当にCAが発行した証明書かどうかを検証することができる．

このようにして認証を行うユーザとサーバが証明書を交換したあと，(1)で説明した鍵配送方法を用いる．すなわち，CAが証明した，真正なIDに対応する暗号鍵を用いて鍵の配送をサーバ側から行って鍵の共有を行う．この場合は，証明書に記載されているユーザの公開鍵で暗号化に用いる鍵を暗号化して送る．ユーザは自分の秘密鍵で復号すればよい．なお，ユーザとアクセスポイントの間で鍵を共有するには，サーバからアクセスポイントへも鍵を配送しなければならず，この部分は実装に任されている．

この方法は，パスワードを用いない点で安全であるが，CAをセットアップしなければならない点，証明書を発行，管理しなければならない点が煩雑である．EAP-TLSの具体的なシーケンスについては他書を参照されたい．

(b) EAP-TTLS (Tunneled-TLS), PEAP (Protected EAP)　この二つは基本的には同様の認証手順であるので併せて説明する．

(a)で述べたように，EAP-TLSではCAをセットアップし，証明書を発行しなければならない点が若干煩瑣であった．そこで，パスワード方式と組み合わせた鍵配送方式が提案されている．

EAP-TTLS，PEAPでは，パスワードを暗号化して認証を行う相手に送信する．その際の暗号化は，

①まず，公開鍵配送方式という，認証相手以外には知られないように鍵を配送する技術を用いて鍵を配送する．具体的には，サーバが証明書をユーザに送る．

②ユーザは証明書を検証したあと，証明書に記載されているサーバの公開鍵を用いてパスワードを暗号化する

③サーバは，サーバ自身の秘密鍵を用いてパスワードを復号し，ユーザのIDと照合して合致するかどうかを確認する．

このようにして認証を行ったあとの鍵の配送はEAP-TLSの場合と同様で

ある．表7.6に三つのEAP認証手順の特徴をまとめて示す．EAP-TLSは安全性の点では他の方法と比べてよいが，その分，認証局を設定するためのコストがかかる．また，EAP-TTLS，PEAPではクライアントPCのWindows XPに組み込まれているため普及展開上有利である．

7.5.2 暗　　号

（1）現状の無線LANで使用されている暗号：WEP　　IEEE 802.11では，Wired Equivalent Privacy（WEP）[21]という暗号を用いることが規定されている．WEPの特徴は鍵の管理の仕方にある．鍵の配送はIEEE802.11 MACプロトコルとしては規定されていないため，通常の実装では，事前に鍵を共有しておく必要がある．しかし，毎回固定された暗号鍵を使用することには，次の二つの問題点がある．

第1点は，鍵そのものの安全性が低下することである．WEPでは，規格制定当時の米国の暗号製品輸出規制などの理由から，鍵の長さを40ビットとし

表7.6　各種EAP認証・鍵配送手順の特徴

	EAP-TLS	EAP-TTLS	PEAP
設定の煩雑性	× ステーション側にも証明書が必要	× ステーション側は証明書不要，Windows XP等に組み込むための追加作業が必要	○ ステーション側は証明書不要
安全性	○ パスワードなどに頼らないため，非常に高い	× PEAPと同様，パスワード方式であり，辞書攻撃に弱い	× EAP-TLSで設定した鍵によってパスワードを暗号化する．辞書攻撃に弱い
実績，普及可能性	○ Windows XPに組み込まれている	× Windows XPに組み込むために新たにクライアントソフトが必要	○ Windows XPに組み込まれている
コスト	× CA（認証局）を設置する必要があるためコスト高	× Windows XP組み込むためにクライアントソフトが必要	○ CAが不要，Windows XP組込みのためクライアントソフトも不要

ているため,総当りによって鍵を突き止められる危険も無視できない.毎回固定の鍵を使用するということは,鍵が判明した後は,平文で通信しているのと同じ状態になることを意味する.また,たとえ鍵自体は知られなくても,平文と暗号文のペアを知られてしまうと,次に送られた暗号文から平文が判明してしまうという問題がある.そこで,WEPでは,IV(Initialization Vector)という情報要素を送信側が生成し,図7.56のフレームフォーマットに組み込んで送信する.受信側では,送信されてきたIVをMIB(Management Information Base,情報管理ベース)に保持されている鍵に付加して64ビットの鍵として暗号化アルゴリズムの鍵として使用する.

暗号化アルゴリズムとしては図7.57に示すようにRC4(Rivest Cipher 4)[22]というアルゴリズムを使用する.RC4は1バイト単位で簡易な暗号化を行うブロック暗号アルゴリズムである.ブロック暗号では暗号鍵から拡張鍵という擬似乱数のブロック列を生成し,平文ブロックと拡張鍵から選択されたブロックの間で簡単な演算(排他的論理和など)を行って暗号文ブロックを出力する.暗号鍵自体は,64ビットまたは128ビットの限られた長さしかないが,それを頻繁に繰り返してデータ暗号化するのではなく,暗号鍵から擬似乱数的な拡張鍵の列を生成し,長い周期で繰り返してデータ暗号化に使用することで安全性が増すという考え方に基づいている.つまり容易に拡張

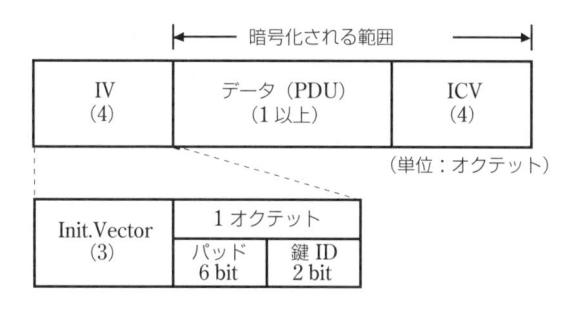

IV (4)	データ(PDU) (1以上)	ICV (4)

暗号化される範囲
(単位:オクテット)

| Init.Vector (3) | 1オクテット ||
| | パッド 6 bit | 鍵ID 2 bit |

IV: Initialization Vector, 初期化ベクトル
PDU: Protocol Data Unit, プロトコル・データ単位
ICV: Integrity Check Value, 完全性検査値
WEP: Wired Equivalent Privacy, IEEE802.11 標準の暗号化方式

図7.56 WEPのフレームフォーマット(IV:24ビット)

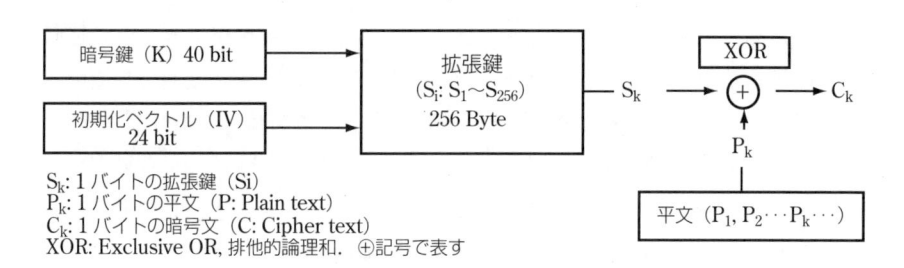

```
暗号鍵 (K) 40 bit
初期化ベクトル (IV) 24 bit
  → 拡張鍵 ($S_i: S_1 \sim S_{256}$) 256 Byte → $S_k$ → XOR ⊕ → $C_k$
                                                        ↑ $P_k$
                                                    平文 ($P_1, P_2 \cdots P_k \cdots$)
```

S_k: 1 バイトの拡張鍵（Si）
P_k: 1 バイトの平文（P: Plain text）
C_k: 1 バイトの暗号文（C: Cipher text）
XOR: Exclusive OR，排他的論理和．⊕記号で表す

図7.57　RC4暗号アルゴリズム

鍵の値が予想できるようではその暗号は安全とはいえない．良い拡張鍵は，良い擬似乱数列と同じ性質をもつ．このように，暗号の安全性は拡張鍵の生成方法にかかっている部分がある．

入力された鍵（WEPの場合は，IVが付加された後の鍵）を繰り返して256バイトのバイト列Kiを生成する．次に，拡張鍵と呼ばれるバイト列Siを生成する．平文Pは1バイトずつ前から順に拡張鍵Siとの排他的論理和をとって暗号文Cとして出力される．

（2）TKIP　WEPについては，コアとなっているRC4自体の安全性，及び，鍵長（鍵の秘密部分）が40ビットと短いことから，当初より，安全性が懸念されてきたが，2001年夏に，ShamirがWEPを解読したと発表した．

WEPの問題点は，鍵を交換できないこと，IVの中には解読に利用されやすいものがあるということ，の2点である．

そこで，鍵をセッションごと，また，周期的に変更し，解読に弱いIVは避けて使用するという解決策が考えられる．RC4自体が安全性に問題があるが，一方，別の暗号アルゴリズムを使用することになると，無線LANカードのハードウェアそのものを変更する必要があり，既存の無線LANカードが使えなくなるという不都合が生じるため，IEEE802.11では，既存のハードウェア，すなわち，暗号アルゴリズムはそのまま既存のものを活用し，ファームウェア（ソフトウェア）で対応する方策としてTKIP（Temporal Key Integrity Protocol，一時鍵を用いる暗号プロトコル）という規格が固まりつつある．また，無線LANの相互接続を推進する団体WiFi Allianceが，TKIPをWPAという規格として発行した．

第7章 無線LANシステム技術

TKIPでは，図7.58のような処理を行っている．Temporal Keyというのは，一時限りの鍵である．鍵混合（Key Mixing）という処理を2段階行うことによって，パケットごとに異なる鍵での暗号化をしている点が特徴である．IVは両方のKey Mixingのパラメータとして利用され，IVは毎回インクリメントされて同一のIVで暗号化されることはなくなった．これは，同一のIVを使用すると，同一の拡張鍵が生成されてしまうため，2度目以降のデータの安全性が低くなることと，WEPの解読方法の節で説明したように，同じIVで暗号化したデータを多数収集されると鍵自体の解読の危険性が高まるためである．

一方，24ビットではIVを使い切ってしまう可能性が高くなるので，IVは図7.59のように，従来の倍の48ビット使用することになった．また，改ざん検出として従来のICVに加え，MICという新たなフィールドを設けている．

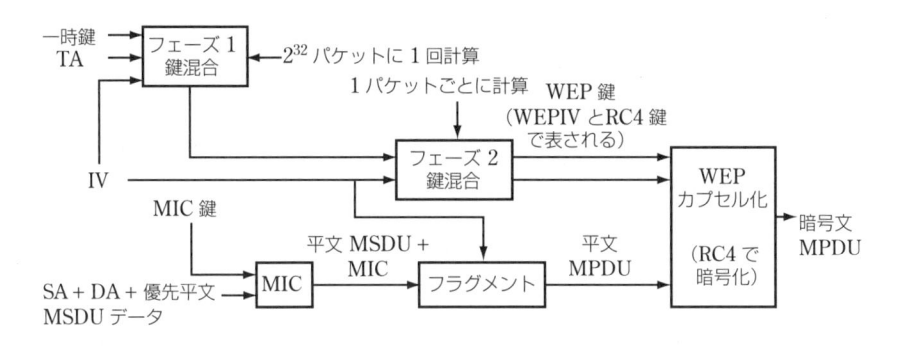

TKIP: Temporal key Integrity Protocol, 一時鍵を用いる暗号プロトコル
TA: Transmitter Address, 送信機の MAC アドレス
MIC: Message Integrity Check, メッセージの安全性検査
WEP: Wired Equivalent Privacy, IEEE 802.11 標準化の暗号化方式
IV: Initialization Vector, 初期化ベクトル
RC4: Rivest Cipher4, WEP のほか SSL（Secure Sockets Layer）などでも用いられている暗号化アルゴリズム
SA: Source Address, 送信元アドレス
DA: Destination Address, あて先アドレス
MSDU: MAC Service Data Unit, サービスデータ単位．LLC のフレーム
MPDU: MAC Protocol Data Unit, MAC プロトコルデータ単位．MAC のフレーム

図7.58　TKIPによるパケットごとの暗号鍵の生成

このMICは，MIC算出用の鍵を用いてデータをハッシュした値である．ICVとは異なり，第三者には知られていない鍵を用いて算出する値であるため，暗号化アルゴリズムが破られても，改ざん検出は，ほぼ確実に行える．WEPで暗号化される範囲としては，図7.59に示す部分である．すなわち，情報データ，メッセージの完全性検査部（Message Integrity Check: MIC）と完全性検査（Integrity Check Value: ICV）の三つのフィールドである．ICVでは，暗号化される前のデータについてCRC32符号化を行って改ざん検出を行っている．

（3） **AES（Advanced Encryption Standard）** IEEE802.11では，TKIPの次の暗号としてAES（Rijndael）[23]を使用することでほぼ合意されている．AESは，アメリカ政府が政府使用の暗号方式として標準化した暗号アルゴリズムであり，非常に安全性が高いアルゴリズムとされていて，ベルギー人が開発したRijndaelという方式が選ばれた．この暗号アルゴリズムを実現するにはハードウェアで処理を行う必要があり，そこで，既にユーザが購入した端末との互換性も考慮し，IEEE802.11では，TKIPを短期的な解として，また，AESをその次の世代の暗号方式として位置づけている．

（4） **CCMP（Count Mode Encryption with Cipher Block Chaining Message Authentication Code Protocol）** AESを採用した通信方法

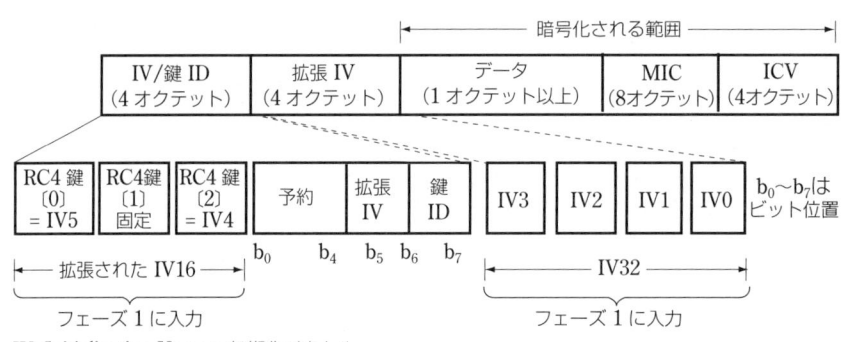

IV: Initialization Vector, 初期化ベクトル
MIC: Message Integrity Check, メッセージの完全性検査
ICV: Integrity Check Value, 完全性検査値

図7.59 WEPのフレームフォーマット（IV：48ビット拡張時）

第7章　無線LANシステム技術

PN: Packet Number, パケット番号
TA: Transmitter Address, 送信機アドレス
DLEN: Data Length, パケット長
MPDU: MAC Protocol Data Unit, MAC層のプロトコルデータ単位
CBC: Cipher-Block Chaining, 暗号化モードの一つ
MAC: Message Authentication Code, メッセージに付けられた電子署名
MIC: Message Integrity Check, メッセージの完全性検査
AES: Advanced Encryption Standard, 高度暗号標準
CCMP: CCM Protocol, AESで改ざんを検出するためのプロトコル
CCM: Counter Mode with CBC-MAC

図7.60　CCMP暗号化処理

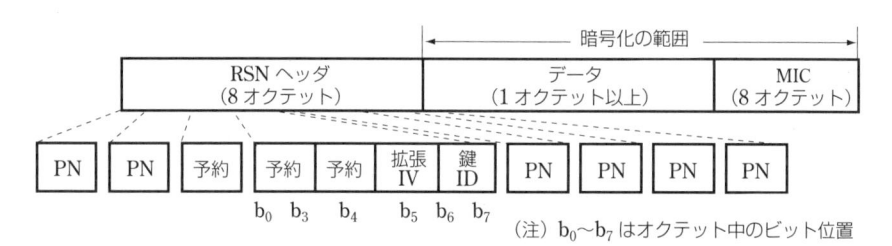

RSN: Robust Security Network, 認証と鍵管理に802.1Xを用いるLAN
MIC: Message Integrity Check, メッセージの完全検査
PN: Packet Number, パケット番号
IV: Initialization Vector, 初期化ベクタ
CCMP: Count Mode Encryption with Cipher Block Chaining Message Authentication
　　　 Code Protocol, AESで改ざんを検出するためのプロトコル

図7.61　CCMPフレームフォーマット

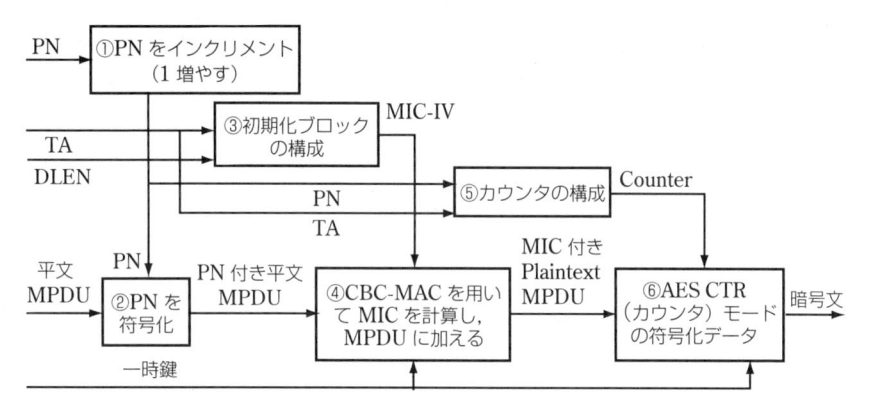

として，IEEE802.11iでは，CCMPという方式を用いる．CCMPでは，暗号化に使用するのとは別の鍵を用いて，暗号化と平行してCBC-MAC (Cipher Block Chaining Message Authentication Code Protocol) という方式で暗号化を行い，結果を8バイトのMICフィールドに出力する．処理の流れを図7.60に示す．すなわち，送信側では一つのデータを二つの違う鍵で2度暗号化し，受信側では二つの鍵で復号して，結果が一致するか確かめる，という考え方である．ただし，片方の暗号化の結果を8バイトに圧縮して送る．このMIC算出用の鍵の配送方法については，前項の認証と鍵配送の項の説明を参照のこと．

CCMPのフレームフォーマットを図7.61に示す．何番目のパケットかを示すシーケンス番号も上記の暗号化をされてMICの計算結果に反映されるので，パケットの順番も改ざんされないようになる．

参 考 文 献

[1] R. van Nee, G. Awater, M. Morikura, H. Takanashi, M. Webster, and W. Halford, "New high-rate wireless LAN standards," IEEE Commun. Mag., vol. 40, no. 12, pp. 82–88, Dec. 1999.
[2] H. Takanashi, M. Morikura, and R. van Nee, "OFDM physical layer specification for the 5GHz band," IEEE 802.11-98/072-r6.
[3] IEEE, "Supplement to IEEE standard for information technology– Telecommunications and information exchange between systems– Local and metropolitan area networks– Specific requirements Part11: Wireless LAN medium access control (MAC) and physical layer (PHY) specifications: High-speed physical layer in the 5 GHz band," IEEE Std 802.11a–1999.
[4] 守倉正博，松江英明，"IEEE 802.11準拠無線LANの動向，"信学論（B），vol. J84-B, no. 11, pp. 1918–1927, Nov. 2001.
[5] 齋藤一賢，井上保彦，佐藤明雄，近藤　彰，守倉正博，"他システム干渉存在時のIEEE 802.11b無線LANスループット特性，" 2002信学総大，B-5-255, 2002.
[6] FCC, "Amendment of the comission's rule to provide for operation of unlicenced NII devices in the 5-GHz frequency range," Memorandum Opinion and Order, ET Docket no. 96-102, June 1998.
[7] R. van Nee and R. Prasad, OFDM for Wireless Multimedia Communications, Artech House Publishers, 2000.
[8] R. W. Chang, "Synthesis of band-limited orthogonal signals for multi-channel data transmission," Bell Syst. Tech. J., vol. 45, no. 12, pp. 1775–1796, Dec. 1966.
[9] 飯塚正孝，溝口匡人，守倉正博，"IEEE 802.11 a準拠高速無線LAN装置の開発，" NTT技術ジャーナル，vol. 13, no. 6, pp. 83–87, 2001.

[10] 阪田　徹，飯塚正孝，溝口匡人，守倉正博，"IEEE 802.11 a 準拠高速無線 LAN 用チップセットの開発," NTT R&D, vol. 51, no. 7, pp. 588-595, 2002.
[11] P. Robertson and S. Kaiser, "Analysis of the effects of phase-noise in orthogonal frequency division multiplex (OFDM) systems," Proc. ICC'95, pp. 1652-1657, 1995.
[12] T. Onizawa, M. Mizoguchi, T. Sakata, and M. Morikura, "A new simple adaptive phase tracking scheme employing phase noise estimation for OFDM signals," IEICE Trans. Commun., vol. E86-B, no. 1, pp. 247-256, Jan. 2003.
[13] P. H. Moose, "A technique for orthogonal frequency division multiplexing frequency offset correction," IEEE Trans. Commun., vol. 42, no. 10, pp. 2908-2914, Oct. 1994.
[14] T. Onizawa, M. Mizoguchi, M. Morikura, and T. Tanaka, "A fast synchronization scheme of OFDM signals for high-rate wireless LAN," IEICE Trans. Commun., vol. E82-B, no. 2, pp. 455-463, Feb. 1999.
[15] 平　明徳，石津文雄，三宅　真，"周波数選択性フェージング環境における OFDM 通信システムのタイミング同期方式," 信学論 (B), vol. J84-B, no. 7, pp. 1255-1264, July 2001.
[16] 溝口匡人，鬼沢　武，熊谷智明，守倉正博，"OFDM 無線 LAN システム用シンボルタイミング検出回路の特性," 1999 信学ソ大（通信），B-5-61, Sept. 1999.
[17] T. Onizawa, M.Mizoguchi, and M. Morikura, "A novel channel estimation scheme employing adaptive selection of frequency-domain filters for OFDM systems," IEICE Trans. Commun., vol. E82-B, no. 12, pp. 1923-1931, Dec. 1999.
[18] 鬼沢　武，溝口匡人，榎本清司，熊谷智明，堀　哲，守倉正博，"IEEE802.11a 無線 LAN 用 OFDM 変復調器の実験的検討," 信学技報, RCS2000-91, Sept. 2000.
[19] 大田和夫，黒澤　肇，渡辺　治，情報セキュリティの科学，講談社ブルーバックス，1994.
[20] 岡本龍明，山本博資，現代暗号，産業図書，1997.
[21] A. Stubblefield, J. Ioannidios, and A. D. Rubin, "Using the fluhrer, mantin, and shamir attack to break WEP," AT&T Labs Tech. Rep. TD-4ZCPZZ, Aug. 2001.
[22] S. Fluhrer, I. Mantin, and A. Shamir, "Weaknesses in the key scheduling algorithm of RC4," http://www.drizzle.com/~aboba/IEEE/rc4_ksaproc.pdf, 2001.
[23] J. Daemen and V. Rijmen, The Design of Rijndael: AES – The Advanced Encryption Standard, Springer-Verlag, 2002.

第8章

IEEE802.11以外の無線LANシステム技術

　第7章においてIEEE802.11委員会で規格化された無線LANの概要を述べたが，本章ではそれ以外の無線LANについて，その技術概要を紹介する．

8.1　19 GHz帯無線LAN

　1990年代のはじめには，無線LANの伝送速度は最大2 Mbit/sであったが，オフィスでのPCの普及が急速に進み，無線LANの高速化の要求が高まりつつあった．そこで，ある程度十分な周波数帯域が確保可能な19 GHz帯に無線LAN用の80 MHzの帯域が割り当てられ，1993年にはシステムの規格がARIB-STD-34Aとして制定された．**表8.1**に主要諸元を，また，**図8.1**に周波数配置を示す．使用可能なチャネル数は7，送信電力は300 mW以下，伝送速度は10 Mbit/s以上である．なお，この周波数の利用には無線局免許が必要である．

　本規格に準拠した製品例（1997年発売）の主要諸元を**表8.2**に示す[1]，[2]．伝送速度としては，当時最高の25 Mbit/s，変調方式はQPSKとし，遅延検波方式を採用，また，技術的な課題であった多重波干渉の影響を避けるために，アンテナに12セクタアンテナを用いその方向をダイナミックに切り換える方式を採用した．本製品では当初，1ユーザに1台の無線端末装置を占有する方式ではなく，無線端末にHUB機能を有して複数のユーザ（ここでは最大8ユーザ）で共有する方式を特徴とした．その後，無線端末の小型経済化が図られ，かつ1ユーザで無線端末を専有したいというユーザニー

第8章　IEEE802.11以外の無線LANシステム技術

表8.1　19 GHz帯無線LAN（ARIB-STD34A）の主要諸元

項　目	規　格
通信方式	TDD，単信，半複信，複信
使用周波数帯	19.495〜19.555 GHz
空中線電力	〜300 mW
空中線電力の許容値	+20%〜-80%
周波数許容偏差	$\pm 10 \times 10^{-6}$
変調方式	QAM, 4値FSK, QPSK
変調信号送信速度	10 Mbit/s〜
スプリアス発射強度	〜100 μW
占有帯域幅	〜17 MHz
隣接チャネル漏れ電力	−30 dBc@20 MHz離れの±8.5 MHz帯域内

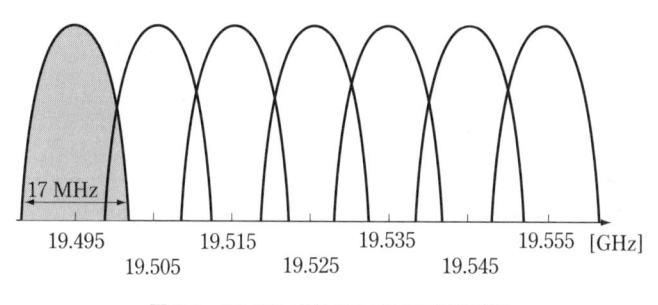

図8.1　19 GHz帯無線LANの周波数配置

ズが相まって，1ユーザ1無線端末のパーソナルユース環境も提供された．

8.2　Bluetooth

Bluetoothはエリクソン社が携帯電話とその周辺機器をワイヤレス接続するための検討を1994年に開始したことを発端とする．1998年に，この短距離型ワイヤレス接続技術はBluetoothと名づけられ，単に携帯電話とその周辺の接続から適用領域を広げ，モバイル端末全般を対象にパソコン業界と携帯電話業界とが連携して技術仕様が策定された[3]．その中心となったのは，東芝，IBM，エリクソン，ノキアとインテルであり，Bluetooth SIG

表 8.2 19 GHz 帯無線 LAN システムの仕様例

システム		WL-100	WL-100 II	JPLAN
搬送波周波数		19.495〜19.555 GHz 10 MHz 間隔 7 チャネル		
変復調方式		DOPSK（Differential Offset Phase Shift Keying）遅延検波		
無線伝送速度		25 Mbit/s		
通信距離		15 m		
インタフェース	CM	10 BASE-T		10 BASE-T/100BASE-T自動判別
	UM	10 BASE-T		PCMCIA
1 基地局当りの収容端末数		10 台		80 台
1 端末当りの収容PC数		8 台	2 台	1 台
1 基地局当りの収容PC数		80 台	20 台	80 台
端末容積		約 4000 cc	約 1000 cc	350 cc 程度（無線部）
端末消費電力		30 W	15 W	4 W
送信電力		40 mW		10 mW
アンテナ	基地局	オムニ（天井） 120 度ビーム（壁）		30 度ビーム 12 セクタ（天井） 6 セクタ（壁）
	端末	30 度ビーム 12 セクタ	60 度ビーム 6 セクタ	
アクセス方式		GSMA		RTMA

GSMA: Global Scheduling Multiple Access, 多重アクセス方式の一つで，時分割方式の高速データ伝送時の信号衝突を防ぐ
RTMA: Radio Token Multiple Access, 無線トークン多重アクセス
CM: Control Module, 制御モジュール
UM: User Module, ユーザモジュール

（Special Interest Group）を設立した．その後モトローラ，マイクロソフト等が加わり 1999 年には 2,400 社以上が Bluetooth SIG のメンバとなった．

（1）周波数ホッピング方式 表 8.3 に Bluetooth の物理レイヤにおける主な技術仕様を示す．周波数帯域は世界共通の 2.4 GHz 帯 ISM バンドを選定し，伝送速度は 1 Mbit/s，変調方式には GFSK（Gaussian filtered Frequency Shift Keying）を一次変調した信号を 79 波の周波数を次々に切り換える FH（Frequency Hopping）方式を採用した．

（2）時分割スロット多重方式 Bluetooth のスロット構成を図 8.2 に

第 8 章　IEEE802.11 以外の無線 LAN システム技術

表 8.3　Bluetooth の主な物理レイヤ仕様

項　目	仕　様
送信電力	クラス別に 3 種類定義される
通信周波数	2.4 GHz ISM バンド
通信方式	周波数ホッピング型スペクトル拡散方式（FHSS）
ホッピング速度	1600 hops/s
変調方式	GFSK（Gaussian-filtered Frequency Shift Keying）
BT（正規化帯域幅）値	0.5
変調指数	$0.28 < h < 0.35$
チャネル間隔	1 MHz
シンボル速度	1 Msymbol/s
受信感度	-70 dBm（BER= 0.1%）

（1）シングルスロットパケットの構成

（2）マルチスロットパケットの構成

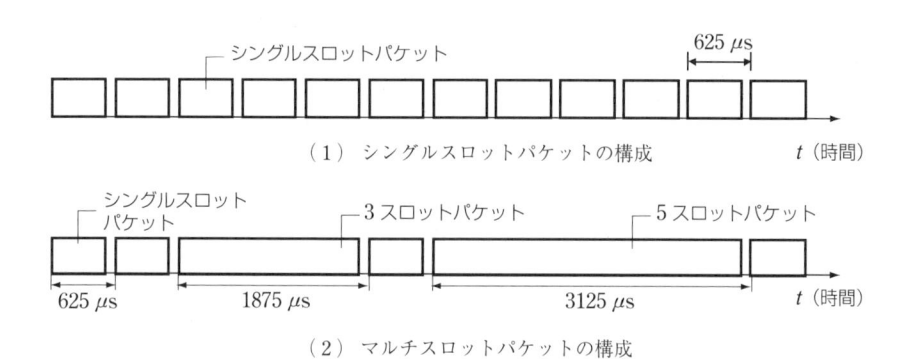

図 8.2　Bluetooth のスロット構成

示す．スロットの基本時間長は 625 μs であり，その 3 倍または 5 倍の長さが定義されている．すべてが 625 μs のスロットであるパケットをシングルスロットパケットといい，3，5 倍のスロット長を有するパケットをマルチスロットパケットという．

8.3　MMAC システムと HiSWANa 標準規格

1996 年 12 月に MMAC（マルチメディア移動アクセス）推進協議会が発足

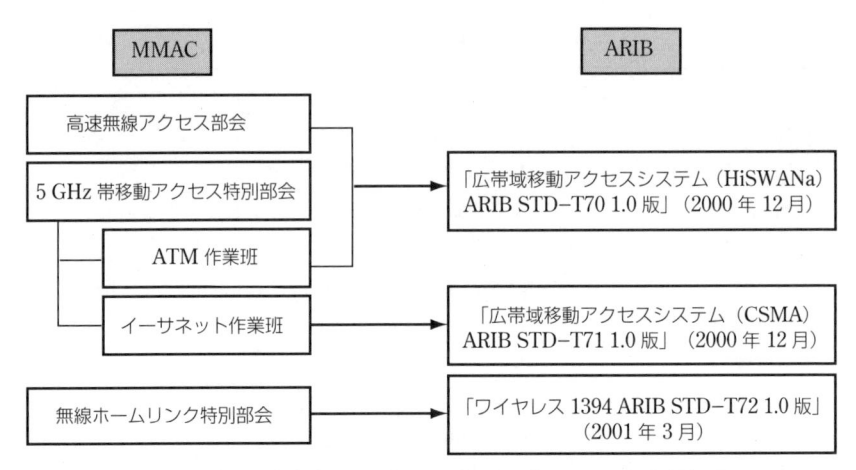

```
                    MMAC                              ARIB

         ┌─────────────────────┐
         │  高速無線アクセス部会    │──┐
         ├─────────────────────┤  │        ┌─────────────────────────────────┐
         │ 5 GHz 帯移動アクセス特別部会 │  ├────→│「広帯域移動アクセスシステム (HiSWANa)│
         │                     │  │        │ ARIB STD-T70 1.0 版」(2000 年 12 月) │
         │   ┌─────────────┐   │  │        └─────────────────────────────────┘
         │   │ ATM 作業班   │   │  │
         │   ├─────────────┤   │  │        ┌─────────────────────────────────┐
         │   │イーサネット作業班│   │──┼────→│「広帯域移動アクセスシステム (CSMA) │
         │   └─────────────┘   │  │        │ ARIB STD-T71 1.0 版」(2000 年 12 月) │
         └─────────────────────┘  │        └─────────────────────────────────┘
         ┌─────────────────────┐  │
         │  無線ホームリンク特別部会  │──┘        ┌─────────────────────────────┐
         └─────────────────────┘           └───→│「ワイヤレス 1394 ARIB STD-T72 1.0 版」│
                                                │         (2001 年 3 月)          │
                                                └─────────────────────────────┘
```

MMAC: Multimedia Mobile Access Communication System, マルチメディア
　　　移動アクセス推進協議会
ARIB: Association of Radio Industries and Businesses, 電波産業会
HiSWAN: High Speed Wireless Access Network, 高速無線アクセスネットワーク

図 8.3 5 GHz 帯 MMAC システムと ARIB 標準規格

し,「高速無線アクセス部会」と「超高速無線 LAN 部会」の活動を開始した. また, 1998 年には「5 GHz 帯移動アクセス特別部会」と「無線ホームリンク特別部会」が追加され, それぞれのシステムに関するエアインタフェースの標準化が検討された.

　MMAC 各部会の検討内容は, **図 8.3** に示すように, ARIB (電波産業会) 標準規格の策定に反映された. その一つは, 高速無線アクセス部会及び 5 GHz 帯移動アクセス特別部会の「ATM 作業班」が仕様化した高速無線アクセスネットワーク a (High Speed Wireless Access Network a: HiSWANa) であり, 2000 年 2 月に ARIB STD-T70 として標準化された [4], [5]. また, 5 GHz 帯移動アクセス特別部会の「イーサネット作業班」は IEEE802.11a 規格を完全に踏襲して CSMA 仕様を策定し, 2000 年 12 月に ARIB STD-T71 として標準化された. 無線ホームリンク特別部会が仕様化したワイヤレス 1394 についても ARIB STD-T72 として 2001 年 3 月に完成した.

　(1) HiSWANa の物理レイヤ　　**表 8.4** に物理レイヤの主要諸元を示

第8章 IEEE802.11以外の無線LANシステム技術

表8.4 HiSWANaの物理レイヤ規格

変調方式	OFDM方式 各サブキャリヤの変調方式 BPSK, QPSK, 16-QAM
サブキャリヤ数	52サブキャリヤ（4パイロット信号を含む） 64ポイントFFT
誤り訂正方式	畳込み符号化 $K = 7, R = 1/2$ ビタビ復号方式 シンボル内インタリーブ
復調方式	プリアンブルパターンとパイロット信号を用いた 同期検波方式
伝送レート	6 Mbit/s（BPSK, $R = 1/2$）　　R：符号化率 12 Mbit/s（QPSK, $R = 1/2$） 27 Mbit/s（16QAM, $R = 9/16$） 36 Mbit/s（16QAM, $R = 3/4$） 54 Mbit/s（64QAM, $R = 3/4$）
チャネル配置	4（100 MHz） 20 MHzチャネル間隔

す．変調方式は，マルチパス干渉問題を解決するためにOFDM変調方式を採用し，OFDMとの組合せにより高い効果を得る畳込み符号化ビタビ復号を適用する．伝送速度はOFDMの一次変調方式（BPSKからQPSK, 16QAM, 64QAM）及び誤り訂正の符号化率を変えることにより6 Mbit/sから54 Mbit/sまで可変できる．したがって，回線品質を常時モニタし，品質が悪くなった場合には伝送速度を下げ，品質が良くなれば伝送速度を最大54 Mbit/sまで上げることができる．

（2）**HiSWANaのMACレイヤ**　図8.4にMACフレームの構成を示す．2 ms周期のTDMAフレームである．下り回線は，該当する無線アクセスポイント範囲内にシステム情報を報知するBCH（Broadcast Channel），MACフレームに関する情報を子機に転送するFCH（Frame Channel），ランダムアクセスの結果を子機に転送するACH（Access feedback Channel），情報チャネルがある．

```
|BCH|FCH|ACH| Down-link (SCH, LCH) | Up-link (SCH, LCH) | RCH | 空き |
```
MAC フレーム（2 ms）

BCH（Broadcast Channel）：該当する無線セル全体に報知情報を転送
FCH（Frame Channel）：MAC フレームの構造に関する情報を転送
SCH/LCH（Short/Long transport Channel）：情報転送
RCH（Random access Channel）：ランダムアクセス時のリソース要求などを転送
ACH（Access feedback Channel）：ランダムアクセスの結果（成功/失敗）を転送

図 8.4　HiSWANa の MAC フレーム構成

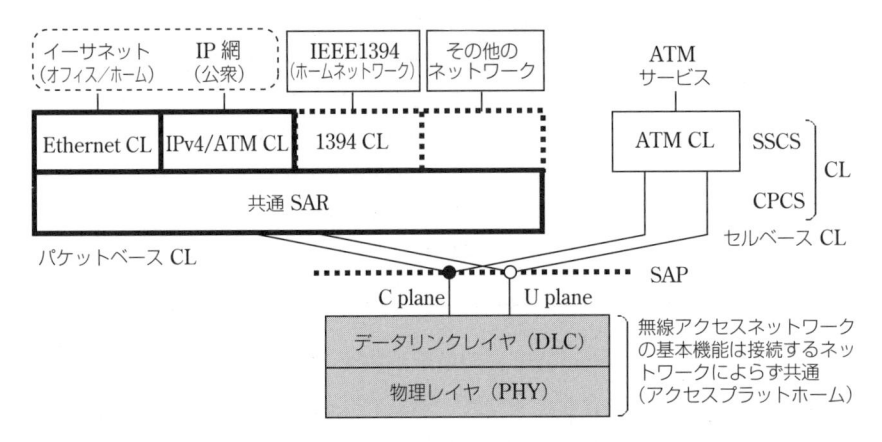

CL: Convergence Layer, SSCS: Service Specific Convergence Sublayer
CPCS: Common Part Convergence Sublayer

図 8.5　HiSWANa における SAR，CL の概要

　上り回線には，ランダムアクセス時の無線リソースを要求する RCH（Random access Channel）及び上り情報チャネルから構成される．
　このように，TDMA フレームを基本とするため，常に一定の帯域を保証するサービスに対応しつつ，残った帯域で複数の子機と無線リソースを共有するサービスも提供可能という特徴を有している．

（3）**HiSWANa のアダプテーションレイヤ**　図 8.5 に示すように，無線物理レイヤの上に無線 MAC レイヤが，その上には SAR（Segmentation

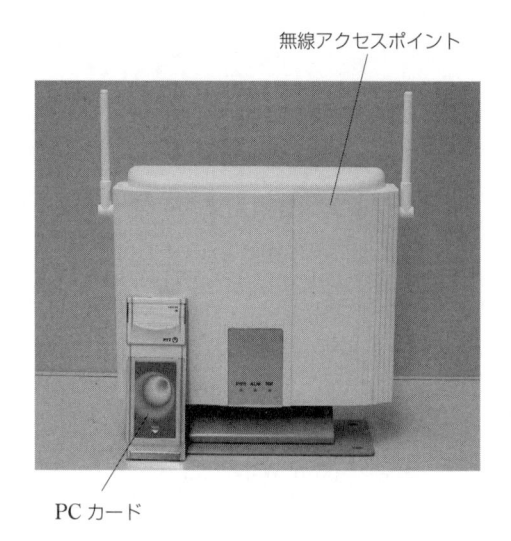

第 8 章　IEEE802.11 以外の無線 LAN システム技術

図 8.6　HiSWANa の製品化例

（無線アクセスポイント／PC カード）

and Re-assemble）と，更にその上にはCL（Convergence Layer）が定義され，イーサネットインタフェースのほかにワイヤレス1394対応，ATM対応等が用意されている．ただし，現状ハードウェア化されているのはイーサネット対応のインタフェースのみである．図 8.6 に製品の一例を示す．

参 考 文 献

[1] 白土　正，花澤徹郎，岡田　隆，丸山珠美，"19 GHz 帯高速無線 LAN 装置，" NTT R&D, vol. 45, no. 8, pp. 797-806, 1996.
[2] 大本隆太郎，三浦俊二，鈴木芳文，荒木浩二郎，"パーソナル化高速無線LANシステム「JPLAN」-10 Mbit/s クラスのモバイルマルチメディアワイヤレスアクセス，" NTT 技術ジャーナル, vol. 11, no. 6, pp. 48-51, June 1999.
[3] Bluetooth 技術仕様書，"Bluetooth specification version 1.1 core," Bluetooth SIG, Feb. 2001.
[4] 加々見修，太田　厚，北條博史，"5 GHz 帯 HiSWANa 準拠 AWA システム用小型無線アクセス装置の開発，" NTT 技術ジャーナル, vol. 14, no. 7, pp. 60-63, July 2002.
[5] 梅比良正弘，北條博史，真部利裕，田中公紀，"アドバンストワイヤレスアクセスシステムの開発，" NTT R&D, vol. 50, no. 2, pp. 66-75, 2001.

第 9 章

固定ワイヤレスアクセス（FWA）技術

　固定ワイヤレスアクセス（Fixed Wireless Access: FWA）は，回線開通が迅速でありしかも経済的で柔軟性に富んだ設置などのメリットから，アクセス網を構成する一つとして注目されている．本章では最初に，利用する周波数帯によって多様化する FWA システムの特徴について述べ，次に高品質な FWA システムを実現する技術について説明する．更に，FWA システムの基本的な回線設計の考え方について示し，最後に実際の各種 FWA システムの実現例を示す．

9.1　FWA システムと適用周波数

　FWA の周波数帯は，**表 9.1** に示すように，2.4 GHz 帯，5 GHz 帯，22 GHz 帯，26 GHz 帯，38 GHz 帯そして 60 GHz 帯に分類される．また，各周波数帯における無線システムの構成は，**表 9.2** に示すように，利用する周波数帯を考慮した設計とする必要がある．

　2.4 GHz 帯は，第 7 章で述べたようにある程度の見通し外通信も可能である．しかし，周波数帯域が狭いことから，限定したエリアにおいて利用するユーザ間で帯域を共用するベストエフォート的なサービスメニューに限られる．特にこの周波数帯は ISM（Industrial, Scientific and Medical, 産業科学医療）バンドであることから，免許不要で利用できる気軽さがあるものの他のシステムからの干渉を考慮した置局設計，回線設計を行う必要がある．以上から他のシステムからの干渉を抑圧するため，FH-SH（Frequency

第 9 章　固定ワイヤレスアクセス(FWA)技術

表 9.1　FWA 用周波数帯の特徴

周波数帯	帯域幅（括弧内は利用周波数）	適用領域	主なサービスメニュー	他国との共用周波数
2.4 GHz	97 MHz (2.4〜2.497 GHz)	免許不要 (5 GHz 帯は最大数 km まで、伝送距離は最大数 km まで、見通し外通信が可能である。2.4 GHz 帯は ISM (産業科学医療) バンドであることから他システムからの干渉を考慮する必要あり。加入者当りの伝送容量は 54 Mbit/s 以下。	インターネット接続、LAN 間接続など	米国、欧州：2.4〜2.4835 GHz
5 GHz	161 MHz (4.9〜5.0 GHz, 5.03〜5.091 GHz*2)	降雨減衰による影響があることから伝送距離は 4 km 以下の見通し内通信に限定。周波数帯域が広いことから加入者当りの伝送容量は最大 156 Mbit/s 程度まで可能。	—	
22 GHz	240 MHz (22.14〜22.38 GHz), 240 MHz (22.74〜22.98 GHz)：合計 0.48 GHz		専用線、高速インターネット接続、LAN 間接続など	米国：39 GHz 欧州：26 GHz
26 GHz	600 MHz (25.27〜25.87 GHz), 780 MHz (25.945〜26.725 GHz), 180 MHz (26.80〜26.98 GHz)：合計 1.56 GHz			
38 GHz	420 MHz (38.06〜38.48 GHz), 420 MHz (39.06〜39.48 GHz)：合計 0.84 GHz	降雨減衰と酸素吸収による影響あり、伝送距離は 10 m〜1 km 程度の見通し内通信。周波数帯域が非常に広いことから加入者当りの伝送容量は最大数 Gbit/s 程度まで可能。	インターネット接続、LAN 間接続、無線 CATV など	米国：59〜64 GHz
60 GHz	11.75 GHz (54.25〜66 GHz)：合計 11.75 GHz 免許必要帯域：54.25〜59 GHz 免許不要帯域：59〜66 GHz			
光無線	—	免許不要で伝送距離は 4 km 程度の見通し内通信が可能であるが霧・雨・雪による影響あり。加入者までの大容量伝送容量は 1 Gbit/s 程度可能、指向性が強く方向調整に難。	インターネット接続、LAN 間接続など	国内は主に 800 nm 帯、海外は主に 1550 nm 帯

*1　一部の高出力端末は必要
*2　平成 19 年度までの暫定使用

表 9.2 FWA システムの特徴

周波数帯		アクセス方式	変調方式	伝送距離	アンテナ特性	伝送容量/加入者
2.4/5 GHz帯	P-P システム	CSMA-CA など	FH-SS, DS-SS, OFDM など	最大 1 km 程度	基地局：広角ビーム，加入者局：広角ビーム	最高 54 Mbit/s
	P-MP システム			最大 5 km 程度	基地局，加入者局：広角ビーム	
22/26/38 GHz		FDD	4値 FSK, 4相以上の PSK, 16値以上の QAM	4 km 程度以下	基地局，加入者局：高利得	156 Mbit/s 程度以下
26/38 GHz		FDMA/TDMA FDD/TDD	GMSK, 4相以上の PSK, 16値以上の QAM	1 km 程度以下	基地局：広角ビーム，加入者局：高利得	10 Mbit/s 程度以下
60 GHz		FDD, TDD, 単向/同報通信など	AM, FM, PM あるいはこれらを組み合わせた方式	10 m ～ 1 km 程度以下	基地局：高利得，広角ビーム，加入者局：高利得	最大数 Gbit/s 程度
光無線		P-P システム	直接輝度変調	4 km 程度以下	—	最大 1 Gbit/s 程度

TDMA: Time Division Multiple Access（時分割多元接続方式）
FDMA: Frequency Division Multiplex Access（周波数分割多元接続方式）
TDD: Time Division Duplex（時分割複信方式）
FDD: Frequency Division Duplex（周波数分割複信方式）
QPSK: Quadrature Phase Shift Keying（直交位相変調）
FSK: Frequency Shift Keying（周波数偏位変調）
PSK: Phase Shift Keying（位相偏位変調）
QAM: Quadrature Amplitude Modulation（直交振幅変調）
P-P: Point to Point（対向）
P-MP: Point to Multi-Point（1対多方向）
GMSK: Gaussian filtered Minimum Shift Keying（ガウスフィルタ通過形最小偏位変調）

Hopping-Spread Spectrum，周波数ホッピングスペクトル拡散方式）あるいはDS-SS（Direct Sequence-Spread Spectrum，直接シーケンススペクトル拡散方式）等のスペクトル拡散を採用している．更に通信方式としてCSMA-CA（Carrier Sense Multiple Access with Collision Avoidance，衝突回避機能付き搬送波感知多重アクセス）を用いることにより，周波数帯域が狭い環境下で，他のシステムが通信していない時間内で通信を自律的に行っている．

5 GHz帯は，第7章で述べたように4.9～5.0 GHzの周波数において既存システムとの共存が困難なことから，5.03～5.091 GHzが暫定的に割り当てられている．端末は一部の高出力端末を除いて免許不要であるが，基地局は免許が必要となっている．このことから，2.4 GHz帯のように他システムからの干渉を考慮する必要はない．2.4/5 GHz帯の無線システムでは，多重反射波による伝送品質劣化の軽減，高品質で安定な伝送を実現するため，変調方式にOFDMを用いている．

22 GHz帯では合計で0.48 GHz，26 GHz帯では1.56 GHz，38 GHz帯では0.84 GHz，60 GHz帯では11.75 GHzの広大な周波数帯域幅を有している．このことから，映像伝送を中心とする今後のマルチメディアサービスを提供するにふさわしい周波数帯である．しかし，22 GHzを超える周波数帯は，見通し内での通信でかつ降雨，60 GHz帯では更に酸素吸収による受信信号の減衰が生じる．以上よりこれらの無線システムのシステム利得を向上させるには，ハードウェアの性能上送信電力の高出力化が難しいことから，アンテナ利得を上げる必要がある．伝送距離としては4 km以下での適用が有効である．22/26/38 GHz帯では，60 MHz単位での周波数の割当が行われているため[1]，大容量化には多値化が有効である．しかし，多値数が多くなることにより線形性を確保するための送信アンプのバックオフを多くとる必要がある．一方60 GHz帯は，周波数の割当単位の規定がないことから，多値数が低くかつボーレートの高い変調方式が主に用いられる．P-P（Point to Point：1対1）システムでは，高利得なアンテナを用いることができるため，送信アンプのバックオフに伴う送信出力低下を補うことができ156 Mbit/s（60 GHz帯では数Gbit/s）のような大容量伝送が可能となる．一方P-MP

(Point to Multi-Point：1対多）システムは，面的なサービス展開が可能となるが，基地局のアンテナ利得が小さく大容量伝送には不向きである．しかし，10 Mbit/s 程度の加入者へのいわゆるラスト1ホップへの適用に有効であり，多様なユーザニーズに対応できるいろいろな通信方式が用いられている．主なサービスメニューとしては，専用線，高速インターネット接続，LAN間接続等が挙げられる．特に 60 GHz 帯は，CATV の 770 MHz 全帯域をカバーできることから無線 CATV への適用も有効である．

光無線を用いたシステムでは，降雨のほかに霧や雪，更に風，振動などによる光軸ずれによっても品質が劣化する．しかし，電波免許が不要であること，ビーム幅を絞ることにより 1 Gbit/s を超える大容量伝送が可能であることから主に企業ビル間での LAN 間接続に用いられている．

以上の光無線を含めた各周波数帯に共通する FWA の特徴は，経済性，迅速性，柔軟性に優れている点である．経済性については，専用線アクセス回線として適用した場合でも，有線と比較し価格的に十分競争できる状況にある．迅速性については，基地局と加入者局のみの施設で済むため，土木工事が必要な有線と比較して，申込みから回線開通までを短期間でサービス提供できる．更に光ファイバが未整備なエリアへもすぐ回線を提供できる優位性をもっている．柔軟性については，いったん基地局を設置するとそのエリア内での通信ができるため，イベント等の一時的な用途にも適用できる．また，その後有線が敷設された場合，基地局，加入者局設備を他の地域で再利用することもできる．

9.2　FWA システムの高品質化に向けた技術

高品質で大容量伝送を実現するための FWA システムの技術として，ルートダイバーシチを適用したメッシュ型ネットワーク，面的展開を図るための干渉軽減策そして高信頼化システムとして異なる周波数帯を利用するハイブリッドシステムとリンクアダプテーションについて示す．

9.2.1　ルートダイバーシチを適用したメッシュ型ネットワークの例

従来の FWA システムは，図 9.1 に示すように無線局同士を P-P 型，あるいは P-MP 型に接続する構成が用いられていた．これに対してメッシュ型は，

第9章　固定ワイヤレスアクセス(FWA)技術

（a） P-P 型　　　　（b） P-MP型　　　　（c） メッシュ型

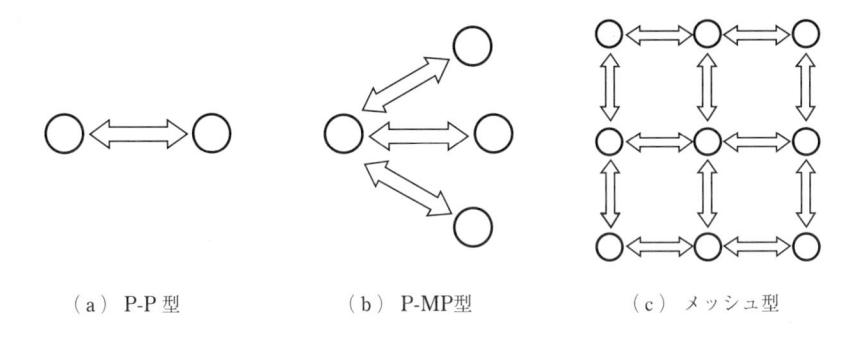

図9.1 メッシュ型無線アクセスの構成

複数の無線局同士を互いにP-P型リンクで接続する構成である．P-P型では，一方が加入者局で他方がバックボーンNWに接続する基地局，あるいは両局がLAN間接続のように加入者局の場合が存在する．またP-MP型は，一つの基地局とそれに接続する複数の加入者局から構成される．一方，メッシュ型では，一つの無線局が加入者局あるいは中継局若しくはバックボーンNWに接続する無線局等で構成されており，この点がP-P型，P-MP型と大きく異なる．

メッシュ型ネットワークによる有効性は，ルートダイバーシチを構成し伝送品質の劣化をネットワーク全体で改善できる，指向性アンテナを利用し更に送信電力の低減に伴う干渉が軽減できることから面的なネットワーク展開において周波数利用効率が向上する，更にこれらを適応的に制御することにより無線回線品質とネットワーク容量を最大化できる点にある．ここでは，一例としてメッシュ型ネットワークの有効性の一つであるルートダイバーシチの効果について以下に示す．

メッシュ型ネットワークについて，**図9.2**に示す基本モデルを例に検討する．無線局として，A，B，C，Dの四つのノードがあり，区間AB（D_{A-B}）及び区間AC（D_{A-C}）の二つの区間のみ降雨による受信レベルの減衰が発生し，区間BD（D_{B-D}），区間CD（D_{C-D}）には降雨による受信レベルの減衰がないと仮定する．ルートダイバーシチの効果を算出するためには，最初に二つの区間における相関係数ρと降雨減衰差Z (dB)との関係を明らかにする必

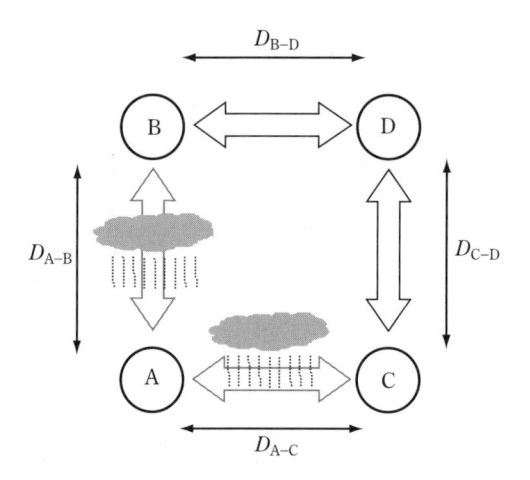

図 9.2 メッシュ型ネットワークの基本モデル

要がある．

二つの区間の降雨減衰差 Z の確率分布 $F(Z)$ [2]は次式で表される．

$$F(Z) = 1 - c \int_Z^\infty \exp(-pt)^{\nu - \frac{1}{2}} K_{\gamma - \frac{1}{2}}(qt) \, dt \quad (Z>0) \tag{9.1}$$

ここで, $K_\gamma(x)$ は変形ベッセル関数を表す．また, p, q 及び c はそれぞれ次式で表される．

$$\begin{aligned} p &= \frac{\beta_1 - \beta_2}{2(1-\rho)} \\ q &= \frac{1}{2(1-\rho)} \{(\beta_1 - \beta_2)^2 - 4\rho\beta_1\beta_2\}^{\frac{1}{2}} \\ c &= \frac{(q^2 - p^2)^\nu}{\sqrt{\pi} \, \Gamma(\nu)(2q)^{\nu - \frac{1}{2}}} \end{aligned} \tag{9.2}$$

なお, これ以外のパラメータは次のように表される．

$$\nu = \frac{0.0075 D^2}{\delta}$$

$\beta_1 = \beta_2 = \dfrac{0.0358 D}{\delta \gamma}$ （7月〜9月の降雨強度分布が 0.0075%, 90 mm/h のガンマ分布で近似され年間これと同じ降雨が4か月間ある場合の γ と β_1, β_2)

第9章　固定ワイヤレスアクセス(FWA)技術

$$\delta = \frac{4}{\alpha^2}\left[D + 2\left\{D + \frac{3}{\alpha}\left(\sqrt{D} + \frac{1}{\alpha}\right)\right\}\exp\left(-\alpha\sqrt{D}\right) - \frac{6}{\alpha^2}\right]$$

$\gamma = 0.0007733\,f^{1.676}$ [dB/km/mm/h] (17.7 ≦ f ≦ 21.2 GHz)
$D = D_{A-B} = D_{A-C} = 3$ （区間距離：km） (9.3)
$F = 20.2$ （周波数：GHz）
$\alpha = 0.25$

　以上により求めた二つの区間の相関係数 ρ と降雨減衰差の関係を**図9.3**に示す．二つの区間の相関係数と降雨減衰差とは反比例の関係にあり，確率分布すなわち不稼動率が大きいほど降雨減衰差は小さくなっている．

　ルートダイバーシチの効果は，例えば図9.2のネットワーク構成において区間 D_{A-C} から区間 D_{C-D} のルートと区間 D_{A-B} から区間 D_{B-D} のルートにおいて，一方のみの降雨による不稼動率に対して，二つのルートのうち不稼動率の小さい他方のルートに無瞬断で切り換えることによる不稼動率の差により求めることができる．すなわち，一方のみのルートにおいて降雨による減衰が発生した場合，他方のルートの降雨減衰量は図9.3の相関係数と累積分布の値により一方のルートよりも他方のルートの降雨減衰量が Z [dB] だけ少なくなるために不稼動率が小さくなる．

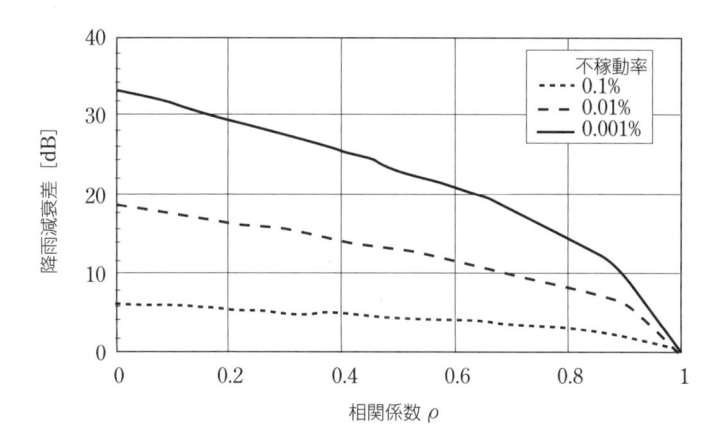

図9.3　相関係数と降雨減衰差の関係

メッシュ型ネットワークを構成するP-Pシステムは，表9.3に示す諸元とし，式（9.1）から不稼動率と伝送距離との関係を求めるためのパラメータとして以下の値を用いた．

$$\gamma = 0.0075 \frac{D^2}{\delta}$$
$$\beta_1 = \beta_2 = 0.0384 \cdot 0.0075 \frac{D}{\delta\gamma} \quad (9.4)$$
$$\rho = 0.9$$
$$f = 20.4$$

また，表9.3のシステムの不稼動率を求める式は，9.3節回線設計の式（9.8）により求めた．以上により求めた結果を図9.4に示す．ルートダイバー

表9.3　P-Pシステム諸元

送信出力	17 dBm
変調方式	32 QAM
最低受信レベル	-75.5 dBm（BER $= 1 \times 10^{-6}$）
アンテナ利得	37dBi
伝送速度	155.52 Mbit/s

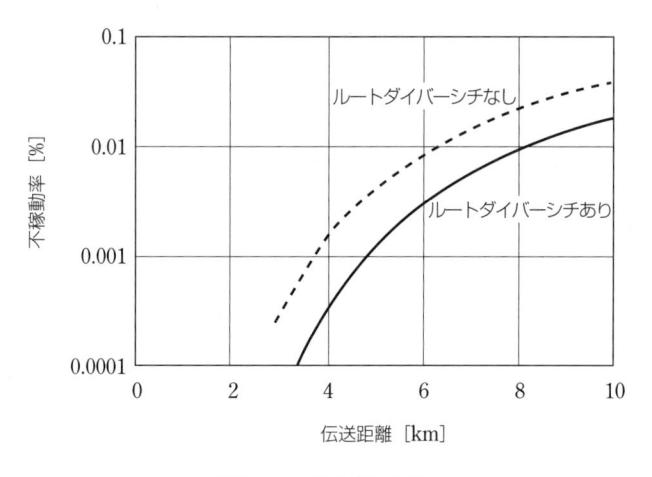

図9.4　不稼動率の比較

シチによる不稼動率の低減あるいは長距離化が実現できている．

9.2.2 面的展開を図るための干渉軽減策

FWAシステムのサービスエリアを面的にカバーするためには，4.7.1項で説明したように周波数繰返しを使用するセル設計が必要となる．このように，干渉問題を解決するためには繰返し周波数を必要数だけ確保する必要があるが，場合によっては十分な繰返し周波数がない場合もあり得る．この場合について，干渉を軽減するための技術について述べる．

図9.5に同一周波数干渉の発生メカニズムを示す．同図では，二つのセル間の例を示しているが，実際には自セルを中心にして同一周波数を用いている複数のセルからの干渉を考慮する必要がある．同一周波数干渉は，大きく分類してセル1内の基地局内と加入者局，同一の周波数を使うセル7内の基地局と加入者局間での四つのパターンが存在する．しかし，一般に基地局のアンテナ利得は小さく更に区間距離が離れていることから基地局間の干渉は，無視できるとされている．また加入者局間干渉は，加入者局のアンテナ設置高が低いため，見通し率が非常に悪くなることから無視できる．このため，問題となるのは，基地局と他セルの加入者局との間での干渉である．

ここではこの同一周波数干渉を軽減する対策例として，アダプティブアレーアンテナ，基地局間同期と干渉回避タイミング制御そして送信電力制御の四つの技術についてその概要を示す．

（1） アダプティブアレーアンテナ　図9.6は，基本的なアダプティブ

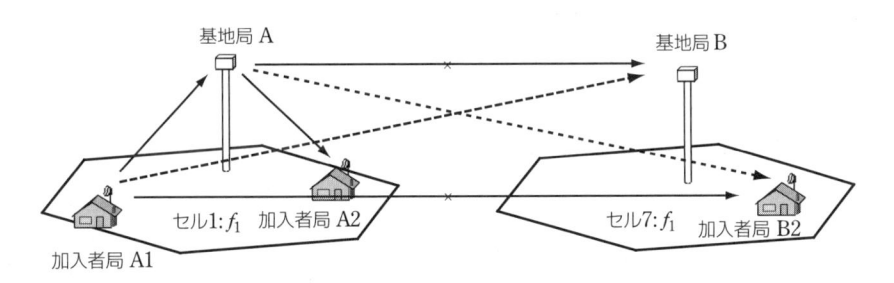

図9.5 同一周波数干渉の発生メカニズム

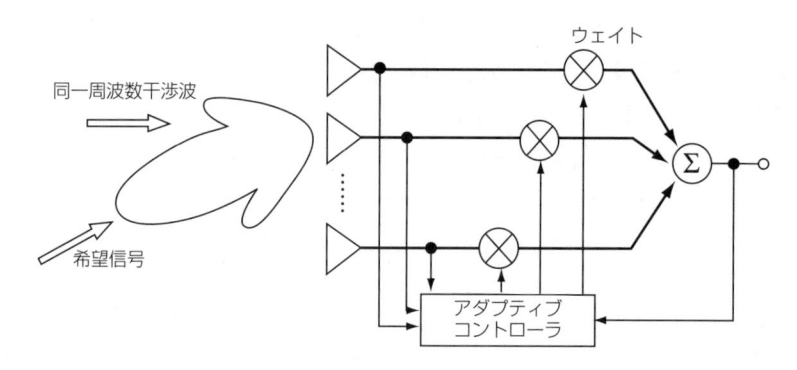

図9.6 アダプティブアレーアンテナの構成

アレーアンテナの構成を示す．一般にアンテナ間隔として$\lambda/2$のリニアアレー[3]が用いられ，干渉波を抑圧するための各ウェイトはウィーナー解等により求められている．アレー素子数が増えることにより，干渉波の抑圧効果は向上するが，それだけ構成規模が大きくなる．このため，実際には許容される回路規模と抑圧効果との関係によりアレー素子数が決定される．干渉波をアンテナ技術で抑圧するもう一つの手段として，ビーム走査がある．アダプティブアレーとビーム走査アンテナの特性を比較した場合，加入者局のアンテナ指向性がブロードなほどアダプティブアレーがビーム走査アンテナより干渉抑圧効果が大きい．これは，アダプティブアレーアンテナが干渉波に対して積極的にヌルを形成することにより干渉波を抑圧するためである．

（2）　**基地局間同期と干渉回避タイミング制御**　　ディジタル通信では，多元接続方式として無線周波数を時分割して使用するTDMAが広く用いられている．図9.7は，このTDMA通信時に基地局A，基地局B間でフレーム同期が取れている場合の例を示す．同図は，三つのタイムスロットの場合を示しているが，基地局間同期を図っているため，それぞれの基地局内での通信の影響が他方への通信に干渉を与えていない．しかし，基地局間同期がとれていない場合，多くの割合で一方の基地局の通信が他方の基地局内の二つのタイムスロットに影響を与えることになる．基地局間同期がとれている場合と比べ使用率の低下すなわち周波数利用効率の低下となる．基地局間同期を行うためには，直接基地局間で連絡をとることにより制御する方法や基地

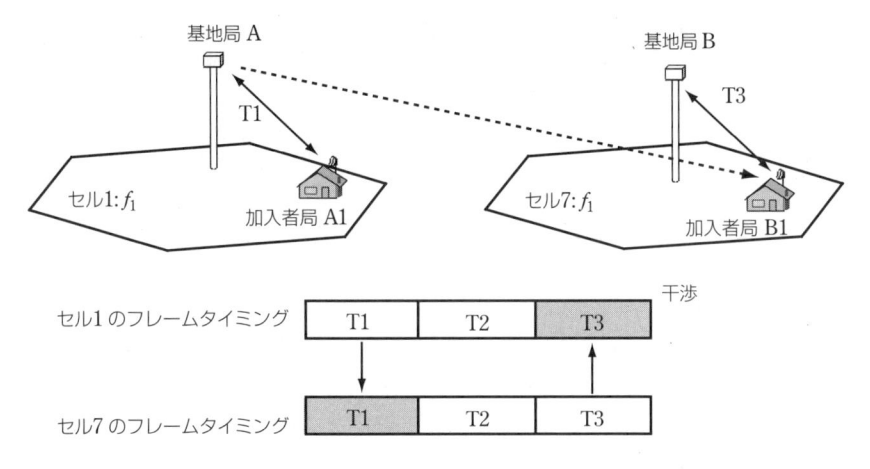

第9章　固定ワイヤレスアクセス(FWA)技術

図9.7　基地局間同期

局間で連絡をとり合うことなしに自律分散的にフレーム同期をとる方法が提案されている．移動通信では後者[4]を実現するため，周辺の基地局間とのフレームの送信タイミングのずれを監視して自局の送信タイミングを補正することにより自律的に基地局間同期を実現している．しかし特に準ミリ，ミリ波帯のFWAシステムの場合，基地局のアンテナ利得は低く更に区間距離が離れていることから，一般に同一周波数干渉を及ぼし合うセル間では互いの基地局の信号を監視することはできない．このため図9.8に示すように，例えば基地局Aが干渉2の影響によりフレームエラーレートが劣化した場合に，ランダムにフレームタイミングを変えてフレームエラーレートが少なくなるようなタイミング制御を行うことにより，干渉を回避することが提案[5]されている．

(3) 送信電力制御　　図9.9は，送信電力制御により干渉波の軽減を示している．一般に準ミリ，ミリ波帯のFWAでは，降雨による受信レベル低下が品質劣化に大きく影響している．このため，降雨時に最低品質を満足するようシステムマージンを設定しているため，晴天時においてはシステムマージン分良い品質となっている．このため定常時においては，ある程度のシステムマージン分，すなわち送信出力を低下させたとしても，品質上は全く影響がない．このため，図9.9に示すように，加入者局B1から基地局Bへの

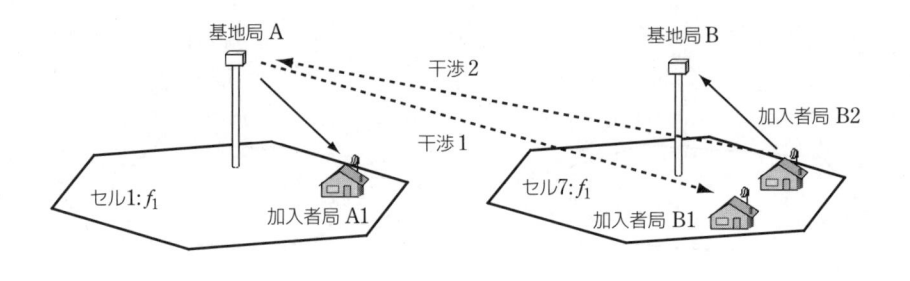

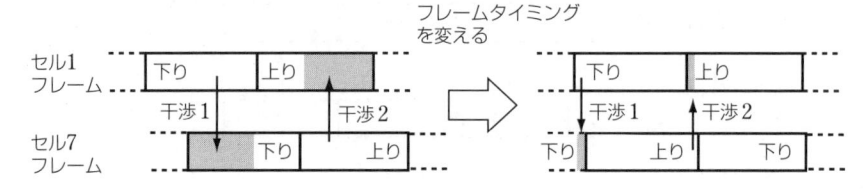

図 9.8 干渉回避タイミング制御

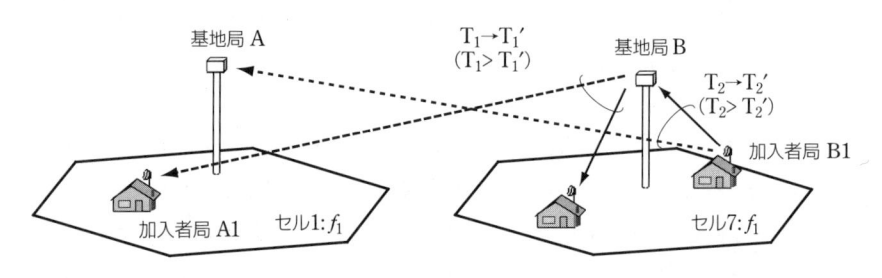

図 9.9 送信電力制御

送信出力,あるいは基地局Bから加入者局への送信レベルを低下させることができ,その結果としてセル1への同一周波数干渉を低減することができる.

9.2.3 高信頼化システム

準ミリ波帯より高い周波数を用いているシステムあるいは光無線システムに対して高信頼化を図る方法として,降雨あるいは霧等による受信レベル低下がない周波数帯を用い周波数ダイバーシチ効果をねらったハイブリッドシステムと,この受信レベル低下時に変調方式あるいはシンボルレートを可変することによりシステムマージンを向上させるリンクアダプテーションにつ

いて以下に示す．

（1） ハイブリッドシステム　　表9.4は提案されているハイブリッドシステムとして光無線を含めどの周波数帯との組合せが存在するかについてまとめたものである．60 GHz 帯あるいは光無線とマイクロ波帯のハイブリッドシステム[6], [7]は，特に降雨あるいは霧による受信レベル低下時にマイクロ波帯システムに切り換えることにより高信頼なシステムを実現している．回路構成は，60 GHz 帯システムの場合，中間周波数をマイクロ波帯システムの無線周波数と一致させることにより簡易な構成としている．しかし，60 GHz 帯と光無線システム[8]は大容量伝送が可能な反面，マイクロ波帯システムはこれらシステムと比べて非常に少ない伝送容量である．このため，伝送容量の不足分をバッファ等に蓄積して伝送時間は要するもののデータを消去させない手段が重要になってくる．また，60 GHz 帯と光無線システムのハイブリッドは，光無線システムが降雨より霧，雪等による影響が大きいのに対して，60 GHz 帯システムは霧，雪等より降雨による影響が大きい点に着目して高信頼なシステムを実現している．60 GHz 帯，光無線ともに1 Gbps を超える大容量伝送が可能なことから，マイクロ波帯とのハイブリッドのような伝送容量の不整合は生じない．

（2） リンクアダプテーション　　図9.10はリンクアダプテーションの例として，シンボルレートを可変する適応変調の原理[9]を示す．準ミリ波帯システムの性能は，主に熱雑音によって決定される．受信機熱雑音 N_{thermal} は，次式で与えられる．

表9.4　ハイブリッドシステムの組合せ

		マイクロ波		60 GHz 帯	光無線
		2.4 GHz 帯	5 GHz 帯		
マイクロ波	2.4 GHz 帯	−	−	○	○
	5 GHz 帯	−	−	○	○
60 GHz 帯		○	○	−	○
光無線		○	○	○	−

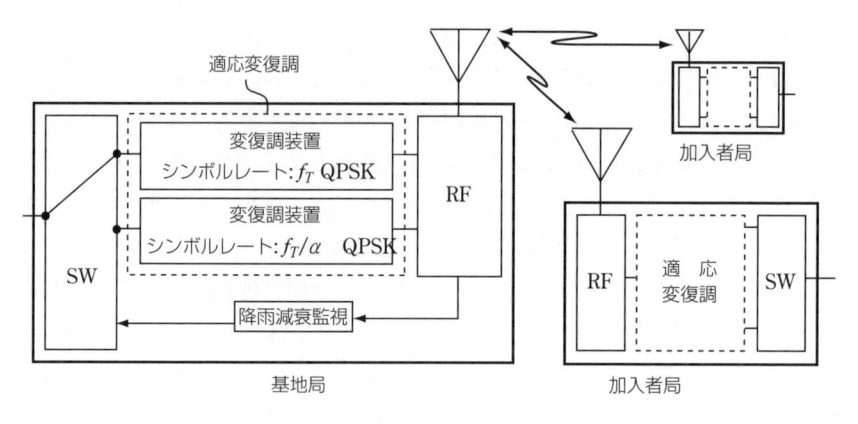

図 9.10 シンボルレートによる適応変調の原理

$$N_{\text{thermal}} = 10\log_{10}(kTB) + NF \text{ [dB]} \tag{9.5}$$

ただし，k：ボルツマン定数
　　　　T：雑音温度 [K]
　　　　B：等価雑音帯域幅 [Hz]
　　　　NF：受信機雑音指数 [dB]

シンボルレートを $1/\alpha$ に低下させることで，N_{thermal} は $10\log_{10}(\alpha)$ [dB] だけ小さくすることができ，システムマージンを大きくすることができる．図 9.10 はシンボルレート f_T [baud] と f_T/α [baud] を適応的に使用する構成例である．基地局，及び加入者局はシンボルレートの異なる変復調装置をもっている．例として，異なるキャリヤ周波数を用いて，それぞれの信号を送出する構成が挙げられる．晴天時にはシンボルレートの高い変復調装置を用いて通信を行い，回線断となるような強雨時には，シンボルレートの低い変復調装置を用いる．これにより，従来では回線断となっていた強雨時においても，通信速度は低下するものの回線断は発生せず，通信を継続することが可能である．

図 9.11 は適応変調有無によるスループットと受信レベルの変化を示した

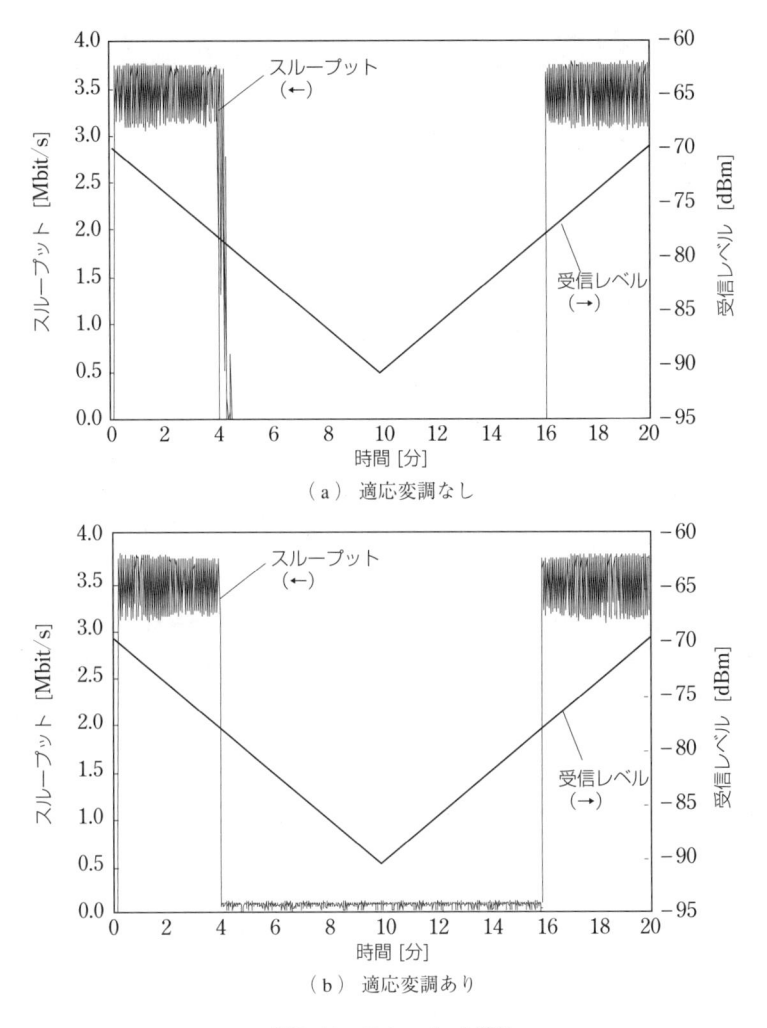

第9章　固定ワイヤレスアクセス(FWA)技術

（a）適応変調なし

（b）適応変調あり

図9.11　スループット特性

シミュレーション結果である．シミュレーションモデルは，シンボルレートを1/100に変更することが可能な適応変調機能を備え，基地局側にFTPサーバ，各加入者局にクライアント端末を設置し，サーバからクライアントへの連続ファイル転送（ファイルサイズ：1 Mbit/s）を行った例である．同図

表9.5 システム諸元

項 目	諸 元
変調方式	QPSK
アンテナ利得	16 dBi（基地局）/33 dBi（加入者局）
給電線損	2 dB（基地局）/0 dB（加入者局）
送信出力	22 dBm
標準受信入力レベル	−58.6 dBm
シンボル速度	16 Mbaud
受信フィルタ	50%ロールオフフィルタ
チャネル間隔	24.0 MHz
受信機雑音指数	8 dB
固定劣化	3 dB

(a) では，降雨減衰により回線に多数の誤りが生じ，スループットが0になる領域（4〜16分）が確認される．しかし，同図 (b) では，低スループットではあるが，回線断とはなっておらず，回線断を軽減し，不稼動時間を小さくすることが確認できる．なお，このときのシステム諸元は，ARIB STD T-59の標準モデルとして例示されている表9.5の値を用いている．

9.3 回線設計の考え方

無線通信は，不確定な自然現象と密接に結び付いた熱雑音，干渉雑音そして伝搬ひずみに対して確率的な統計量を用いて回線設計している点が有線通信と大きく異なっている．これらの伝送品質に与える影響は，散発的に生じるため伝送品質劣化について時間率で評価している．ここでは，その方法について概説する．

9.3.1 設計方針

FWAシステムを設計するにあたって考慮すべき事項は以下の項目である．

(1) 見通し内通信か，見通し外通信か FWAシステムは，見通し内通信が基本であるが，マイクロ波帯のシステムは，見通し外通信にも適用できる周波数である．一方，準ミリ波帯より高い周波数帯及び光無線システム

は，見通し内での通信に限定される．

（2） **伝送距離，伝送容量**　　一般に伝送品質を一定にした場合，伝送距離と伝送容量との関係は反比例の関係にある．また，利用する周波数帯が高いほど利用できる帯域は広がるものの，伝送距離は送信出力レベルが低下しかつ自由空間伝搬損あるいは降雨減衰が大きいことから，短くなる傾向にある．

（3） **同一周波数干渉**　　P-MPシステムによる面的展開を実現するためには，特に他セルからの同一周波数干渉を許容値以下となるように方式パラメータを決定する必要がある．

（4） **波形ひずみ対策**　　基地局，加入者局の設置高が低いFWAシステムでは，特にマルチパスフェージングによる波形ひずみの影響を受けることから，この補償対策が必要となる．

9.3.2　基本設計

（1） **変調方式**　　マイクロ波からミリ波帯のFWAシステムにおいて，変調の多値数を増加させて周波数利用効率を増大させることは可能であるが，以下の点を考慮して設計する必要がある．

（ⅰ）多値化に伴う所要C/Nの増加，耐フェージング，耐干渉信号に対する許容値が減少する．

（ⅱ）多値化により，送信増幅器の線形性が必要となる．これに伴い，バックオフ値が大きくなり送信出力が低下する．

（ⅲ）所要C/Nの増加により，隣接チャネル干渉あるいは交差偏波干渉等からの影響が厳しくなり，周波数配置においてチャネル間隔を広げる必要がある．また，面的展開時に他セルからの同一周波数干渉の影響が厳しくなり，周波数繰返し数を大きくする必要がある．このような場合，総合的な周波数利用効率はあまり増加しない．

（2） **回線規格**　　どのようなサービスにFWAシステムを適用するかでその回線規格が決定される．9.4節の実現されているシステムを例に規格値例を示すと，専用線，インターネットアクセスへの適用の場合の不稼動率は0.004～0.0004%以下，無線CATVの場合は0.1%以下，FPU（Field Pick-up Unit）の場合は0.3%以下となっている．

（3） 雑音配分　　ここでは，準ミリ波帯FWAシステムを例に雑音配分の基本となる要素の熱雑音，干渉雑音について述べ，更に具体的な雑音配分例についても示す．

（a）熱雑音　　熱雑音による影響は，一般に次式で与えられる信号対雑音電力比C/Nで表される．

$$\frac{C}{N} = P + Gt + Gr - L_1 - L_2 - Zp - kTBF \tag{9.6}$$

ここで　P：送信電力　　　　　[dBm]
　　　　Gt：送信アンテナ利得　[dB]
　　　　Gr：受信アンテナ利得　[dB]
　　　　L_1：給電系損　　　　　[dB]
　　　　L_2：自由空間損　　　　[dB]
　　　　Zp：降雨減衰量　　　　[dB]
　　　　k：ボルツマン定数
　　　　T：絶対温度
　　　　B：雑音帯域幅　　　　[Hz]
　　　　F：雑音指数　　　　　[dB]

また，L_2, Zp（年間不稼動率P%に対応した降雨減衰）[10]は，それぞれ次式で与えられる．

$$L_2 = 92.4 + 20 \log_{10} d + 20 \log_{10} f \tag{9.7}$$

$$Zp = \gamma_1 \cdot R_{0.0075\%} \cdot d \cdot Tp \cdot Kp \tag{9.8}$$

ここで　d：伝送距離　　[km]
　　　　f：周波数　　　[GHz]
　　　　$R_{0.0075\%}$：1.66（東京における1分間雨量累積分布の0.0075%
　　　　　　　　[mm/min]
　　　　γ_1：降雨減衰係数を求めるパラメータ
　　　　　　$\gamma_1 = 0.0422 \times f^{1.676} \times 1.1$

Tp ：ガンマ分布の P ％値を 0.0075 ％で正規化した値

P ：当該区間の年間回線不稼動率（％）

Kp ：瞬間的に見た雨量が伝送路上で一様でないための補正係数

$$Kp = \exp\left(-fp \cdot d^{\frac{1}{2}}\right)$$

$$fp = 10^{-2} \cdot (4.285 - 5.689u - 1.258u^2 - 0.1018u^3)$$

$$u = \log(4P)$$

なお，参考に 60 GHz 帯と光無線システムの減衰量を以下に示す．
60 GHz 帯の降雨減衰量 Zr [11] は，次式により求められる．

$$Zr = 0.642 \cdot \gamma^{0.824} \cdot d \ [\text{dB}] \tag{9.9}$$

ここで γ ：降雨強度 [mm/h]

降雨強度 γ は，ITU-R Rep.563-4 に示されている日本の降雨時間率から，その回線に必要な不稼動率＝降雨時間率として算出する．ちなみに，ITU-R Rep.563-4 の日本南部の年間降雨時間率 0.1％時降雨強度は 22 mm/h，年間降雨時間率 0.01％時降雨強度は 63 mm/h，年間降雨時間率 0.001％時降雨強度は 120 mm/h である．また，光無線システム [12] においては，降雨による減衰量が霧及び雪による減衰と比較するとはるかに小さいことから，霧及び雪による減衰量 Zo のみを対象としている．東京における霧及び雪による減衰特性は，図 9.12 から，不稼動率 1％で 17〜18 dB，不稼動率 0.3％で 28〜29 dB [13] である．

（b）干渉雑音　　開空間による無線通信では，図 9.13，表 9.6 に示す各種の干渉が発生する．これらの干渉の抑圧は，周波数利用効率の向上に大きく関係する．隣接チャネル間干渉，交差偏波間干渉，送受信間干渉等は，周波数軸でどれだけスペクトルを近接または重畳して伝送できるかという線的利用効率に関係する．また，反射波干渉，オーバリーチ干渉，衛星干渉等はどれだけ面的に密度濃くリンクを構築できるかという面的利用効率に関係する．

（c）雑音配分例　　表 9.7 に示す基本仕様をもつ準ミリ波帯システムにつ

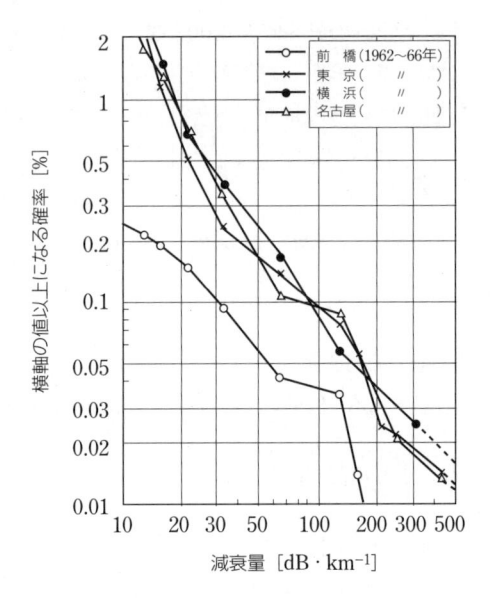

図 9.12　光波の減衰量の累積分布曲線の推定値
　　　　（気象台の観測データに基づく）

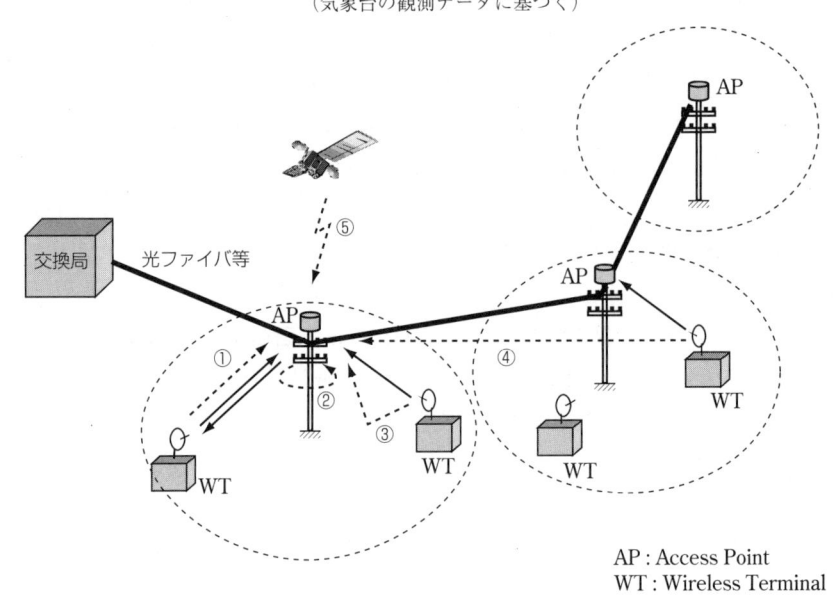

図 9.13　各種干渉経路

表9.6　各種干渉と発生要因

番号	干渉の種類	発生要因
①	交差偏波間干渉	アンテナの交差偏波識別度
	隣接チャネル間干渉	送受信フィルタ特性
②	送受信間干渉	送受信アンテナ結合度及び送受信フィルタ特性
③	反射波干渉	アンテナの指向性の近軸指向性に入射される大地あるいは建物等の反射波,あるいは他セルからの同一周波数干渉
④	オーバリーチ干渉	
⑤	衛星干渉	FWAと周波数を共用している衛星通信のダウンリンク回線あるいはスプリアス

表9.7　基本仕様

周波数帯	26 GHz帯
シンボル速度	20 Mbaud
変調方式	QPSK（同期検波）
誤り訂正方式	リードソロモン (141,131), BCH (31, 16)
送信出力	17 dBm
雑音指数	8 dBm以下
フィルタ系	ロールオフ率0.5（フィルタ均等）
アンテナ利得	AP：オムニアンテナ（6 dBi） WT：25 cmϕ カセグレンアンテナ（31.5 dBi）

いて，伝送距離500 mの区間に対する雑音配分例[14]を図9.14に示す．本例では，降雨マージンを約15 dBとしている．波形ひずみによる影響は，統計的平均量で所要C/Nを求める際の固定劣化とみなすことが一般的であるが，ここではこの劣化を考慮していない．

9.4　FWAシステムの実現例

準ミリ，ミリ波帯更に光無線の代表的なFWAシステムのシステム諸元を紹介するとともに，各システムの伝送距離と不稼動率及び伝送容量との関係について示す．

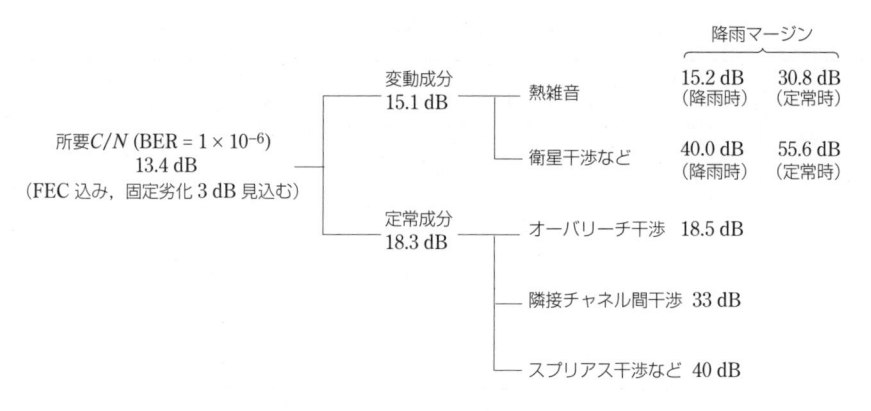

294 高速ワイヤレスアクセス技術

```
                                                      降雨マージン
                         ┌ 変動成分 ─┬ 熱雑音        15.2 dB    30.8 dB
                         │  15.1 dB │                (降雨時)   (定常時)
所要C/N (BER = 1×10⁻⁶)   │          └ 衛星干渉など  40.0 dB    55.6 dB
        13.4 dB          ┤                          (降雨時)   (定常時)
(FEC込み,固定劣化3dB見込む) │
                         │          ┌ オーバリーチ干渉   18.5 dB
                         └ 定常成分 ┤
                            18.3 dB ├ 隣接チャネル間干渉  33 dB
                                    │
                                    └ スプリアス干渉など  40 dB
```

図9.14 雑音配分例

9.4.1 システム諸元

実用化更に実験システムとして代表的な各種FWAシステムの主要諸元を**表9.8**に示す．P-P方式であるシステムA[15]は，32QAMの多値変調を用いても高利得なアンテナを用いることができるため，送信出力の低下を補うことができ，155.52 Mbit/sのような大容量伝送が可能となっている．一方，P-MP方式であるシステムB[14]，C[16]は，面的なサービス展開を可能とするため，基地局アンテナの指向性がブロードな特性となっている．このことから，基地局アンテナ利得の向上が望めないため，送信バックオフの低いQPSK変調等が主に用いられているとともに，伝送容量もP-P方式と比べて少なくなっている．特にシステムBについては，伝搬路の見通し率をある程度確保することが必要になることから伝送距離はたかだか1 km程度に抑えている点が大きな特徴である．その結果，装置の低コスト化，小型化を実現している．本システムを面的に展開している例を**図9.15**に示す．

準ミリ波帯のP-MP方式のアクセス方式は，IP通信，専用線等の多様なユーザニーズに対応できるように多元接続方式としてTDMA方式が用いられている．ミリ波帯のシステムD，E[17]は，無線CATV用に開発された非再生中継システムであり，64QAMのディジタル伝送を想定したものである．実際には，1チャネル当り6 MHz帯域の信号を113チャネル伝送するシステ

表9.8 各種FWAシステムの主要諸元

	準ミリ波帯			ミリ波帯		光無線
	P-P方式	P-MP方式		P-P方式	P-MP方式	P-P方式
	システムA	システムB	システムC	システムD	システムE	システムF
周波数(GHz)	26			64〜65		λ(波長)：780 nm/830 nm
送信出力(dBm)	17	17	基地局：18 加入者局：15	10	10	11.7
雑音指数(dB)	—	8以下				—
変調方式	32QAM	QPSK		64QAM		強度変調
所要C/N	最低受信レベル： −75.5 dBm (BER=1×10⁻⁶)	13.8 dB (BER=1×10⁻⁶)	基地局：15.3 dB (BER=1×10⁻¹⁰)	26 dB (BER=1×10⁻⁴)		Si-APD 最低受光感度： −40 dBm
アンテナ利得(dBi)	37	基地局：6 加入者局：31.5	基地局：10 加入者局：33	33	基地局：15 加入者局：33	受光レンズ径 130 mm
アクセス方式	FDD	TDD-TDMA	FDD-TDMA	FDD		波長分割
伝送速度(Mbit/s)	155.52	40 (無線伝送速度)	上り：10 max 下り：24 max	31.644		221.4

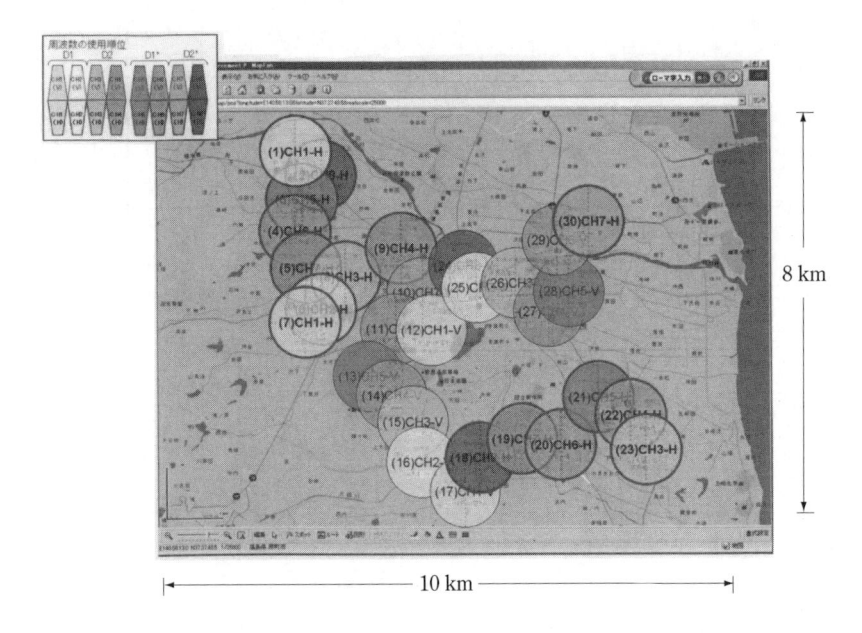

図 9.15　セル設計例

ムとして報告されているが，ここでは他の FWA 方式と比較するため 1 チャネルのみ伝送した場合と比較した．

　装置概観の一例として，システム B の基地局及び加入者局装置を図 9.16 に示す．基地局は，同図に示すようにアンテナ部と無線送受信部からなる RFU（Radio Frequency Unit）と変復調部とベースバンド部からなる IFU（Interface Unit）の二つからなる．そして，ビル屋上や鉄塔上などのほかに電柱上への設置も可能なように小型化されている．また，加入者局はアンテナ部，無線部，変復調部，ベースバンド部をすべて一つにまとめ小型化されている．

　ハードウェアの性能上送信電力の高出力化が難しい準ミリ，ミリ波帯システムでは，送信出力値をいくらに設定するかが方式実現に向けた重要な項目である．図 9.17 に準ミリ，ミリ波帯増幅器の性能[18]を示す．同図の特性は，モノリシックマイクロ波 IC（Monolithic Microwave IC: MMIC）単体以外の特性も含まれているが，26 GHz 及び 60 GHz 帯での最大出力は約 30

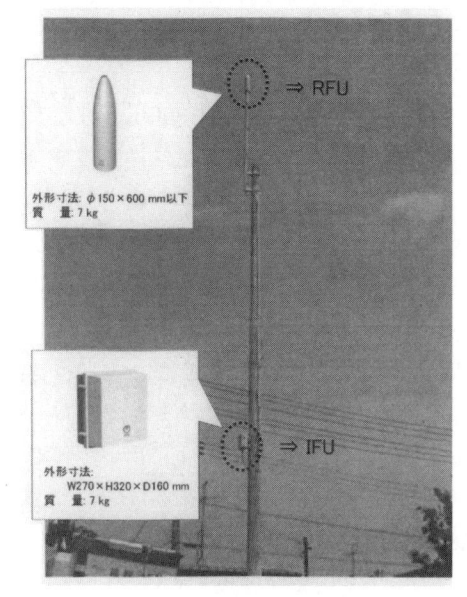

第9章 固定ワイヤレスアクセス(FWA)技術

(a) 基地局
外形寸法: φ150×600 mm以下
質　量: 7 kg
⇒ RFU

外形寸法: W270×H320×D160 mm
質　量: 7 kg
⇒ IFU

(b) 加入者局
屋外装置
屋内装置

図9.16　装置概観例

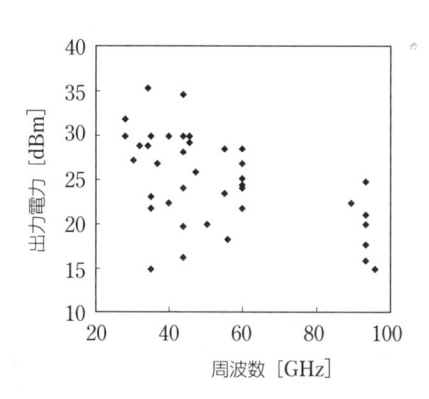

図9.17　準ミリ，ミリ波帯増幅器の性能

dBm を実現している．しかし実際のシステムでは，これより 10～20 dB 以上低い送信出力となっている．これはトップ性能の分布が広い，いわゆる歩留りが悪いために性能の分布のばらつきが小さい出力値を選んでいるためで

ある．実際のシステム設計を行う場合，このような装置コストを意識した設計が重要となる．

国内ベンダの光無線システム[19]の多くは表9.8に示す800 nm付近の波長が用いられ，変調方式は主に強度変調が用いられている．伝送距離を向上させるためには，発光素子出力に安全上の上限があることから発光出力をレンズ等によりビーム幅を絞ることにより実現している．このため，長距離伝送を図るためには装置全体が物理的に大きくなる傾向にある．システムF[12]では，更に誤り訂正効果等によりシステムマージン25 dBを得ている．伝送速度としては表9.8の221.4 Mbit/s，更に1 Gbit/sを超える大容量伝送システムが実現されている．なお国外では，800 nmと比較して空間減衰が少なく，目に対する安全性が高い1550 nm[20]の波長が主に用いられている．

9.4.2 伝送距離と不稼動率及び伝送容量との関係

伝送距離と不稼動率との関係を求める上で必要な各種FWAシステムの降雨あるいは霧及び雪による減衰量について，9.3節の回線設計の考え方をも

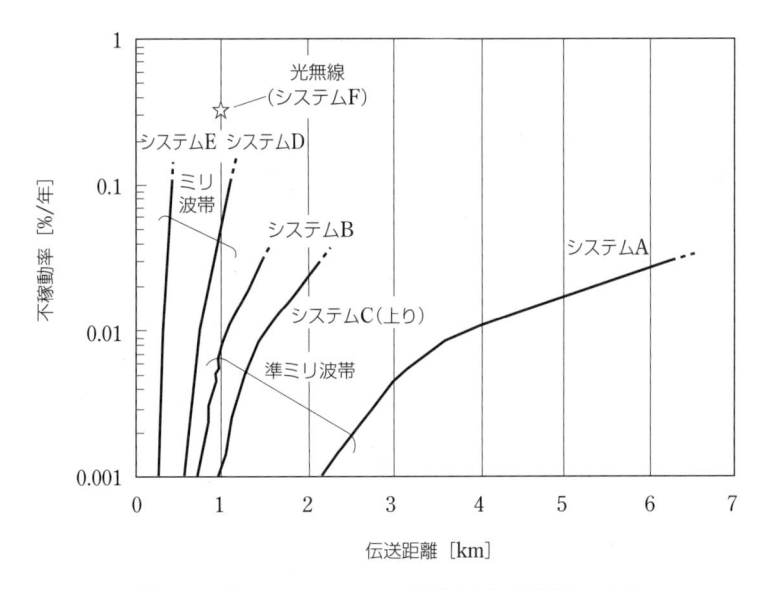

図9.18 各FWAシステムの不稼動率と伝送距離との比較

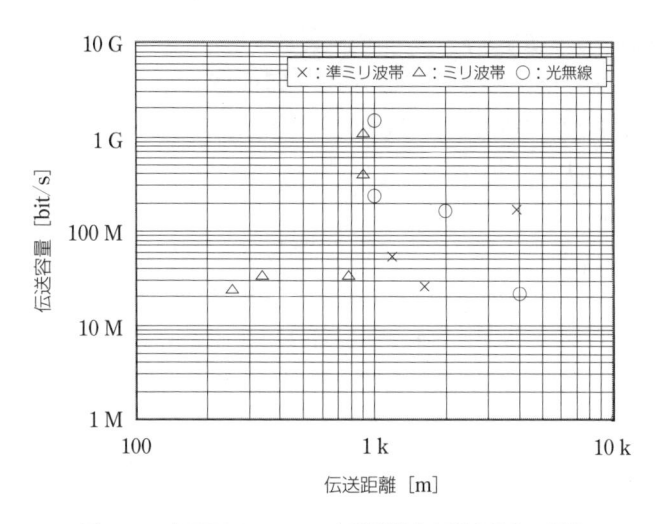

第9章　固定ワイヤレスアクセス(FWA)技術

図9.19　各FWAシステムの伝送距離と伝送容量との関係

表9.9　22/26/38 GHz帯システムの技術基準

		P-Pシステム	P-MPシステム
周波数帯		22 GHz帯, 26 GHz帯, 38 GHz帯	26 GHz帯, 38 GHz帯
アクセス方式	複信方式	FDD	FDDまたはTDD
	多元接続方式	—	FDMAまたはTDMA
変調方式		4値以上の多値変調方式 (4PSK, 4FSK, 16QAM等)	GMSK, 4相以上のPSKまたは16値以上のQAM
空中線電力		0.5 W以下	0.5 W以下
伝送容量（目安）		156 Mbit/s以下	10 Mbit/s程度以下
伝送距離（目安）		最大4 km程度	半径1 km程度

FDD: Frequency Division Duplex（周波数分割複信方式）
TDD: Time Division Duplex（時分割複信方式）
FDMA: Frequency Division Multiple Access（周波数分割多元接続方式）
TDMA: Time Division Multiple Access（時分割多元接続方式）
P-Pシステム: Point to Point（対向システム）
P-MPシステム: Point to Multi-Point（1対多方向システム）
PSK: Phase Shift Keying（位相偏位変調）
FSK: Frequency Shift Keying（周波数偏位変調）
QAM: Quadrature Amplitude Modulation（直交振幅変調）
GMSK: Gaussian filtered Minimum Shift Keying（ガウスフィルタ通過形最小偏位変調）

とに東京における値を求めた．この減衰量を用い，表9.8の各FWAシステムに対する伝送距離と不稼動率との関係を図9.18に示す．また，表9.8に示す以外に検討されている他のFWAシステムを含めた伝送距離と伝送容量との関係を図9.19に示す．

準ミリ波帯のシステムは，伝送容量として155.52 Mbit/sが最大であるが，伝送距離，不稼動率ともに他のFWAシステムより優れたシステムである．ミリ波帯システムは，伝送速度として室内利用で最大1 Gbit/sを超えるシステムも提案されているが，不稼動率を小さくするためには1 km以下でのアクセスとなる．このため，広い帯域を利用した無線CATV以外にビルの縦系問題の解決あるいはホームリンク系システムへの検討が行われている．光無線システムは，不稼動率についてここで挙げたFWA中最も悪いシステムである．しかし，伝送容量としては，Gbitアクセスまで実現できているFWAシステムであり，企業のビル間におけるLAN間接続に威力を発揮している．

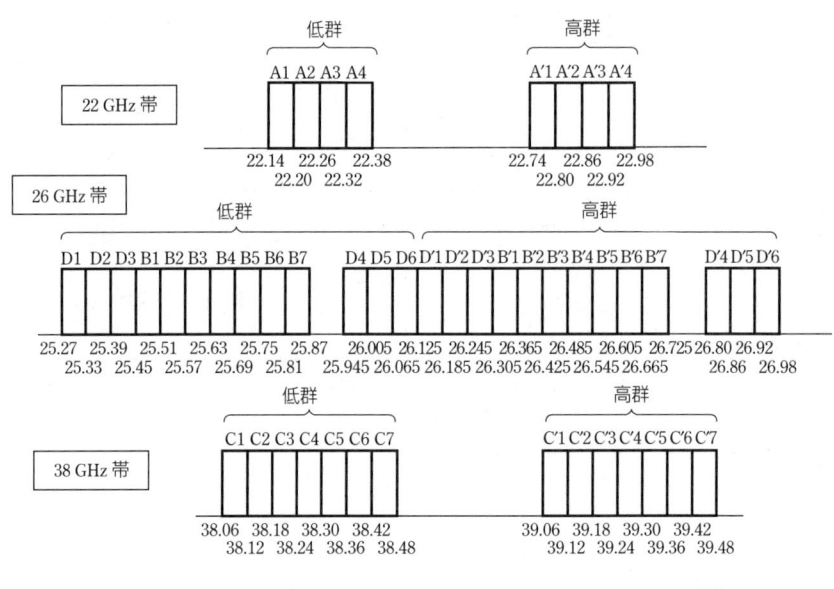

図9.20 22/26/38 GHz帯システムの周波数ブロック

第9章　固定ワイヤレスアクセス(FWA)技術

(参考)

参考1　22/26/38 GHz帯システムの技術的基準[1]

本周波数帯は，1998年から地域通信市場の競争を促進するため，通信事業者に広く周波数を開放されたものである．**表9.9**に開放された周波数におけるシステムの技術的基準を示す．P-PシステムとP-MPシステムに大別される．

周波数ブロックを**図9.20**に示す．通信事業者は，60 MHz幅の低群と高群の合計120 MHz幅を単位に異なる周波数帯を使用する．

参考2　60 GHz帯を使用する無線システムの技術的条件[21]

60 GHz帯は，広帯域伝送や機器の小型化が可能という特徴をもっている．

表9.10　60 GHz帯を使用する無線システムの技術的条件

種　別	免許を要する無線局		免許を要しない無線局
	陸上移動局，基地局	陸上移動局，携帯局等	特定小電力無線局
周波数帯	54.25 GHzを超え59 GHz以下		59 GHzを超え66 GHz以下
技術的条件	通信方式 ・単向通信方式[*1] ・FDD ・TDD ・同報通信方式 変調方式 　AM，FM若しくはPMまたはこれらを組み合わせた方式 空中線電力100 mW以下	通信方式 ・単向通信方式[*1] ・単信方式[*2] ・複信方式[*3] ・半複信方式[*4] ・同報通信方式 変調方式 　AM，FM若しくはPMまたはこれらを組み合わせた方式 空中線電力100 mW以下	筐体の条件 　送信機は，一つの筐体に収められており，かつ，容易に開けることができないこと． 空中線電力10 mW以下
主な用途	高速無線回線システム	番組素材中継システム	画像伝送，データ伝送など

[*1] 一方向のみにデータが流れる通信（プレストーク）
[*2] 片方向ずつの通信（半2重通信）
[*3] 双方向を同時に通信（全2重通信）
[*4] 複信方式において，片方向を単信方式とした通信

また，雨による受信電力の減衰以外に酸素吸収による減衰も発生することから遠くまで到達せず，干渉が起こりにくい特性をもっている．22/26/38 GHz帯と比較した場合，伝送容量で10倍以上と飛躍的に向上するものの，伝送距離は1/4以下と短くなる．**表9.10**に，60 GHz帯を使用する無線システムの技術的条件を示す．

参 考 文 献

[1] 郵政省（現総務省），"準ミリ波帯・ミリ波帯周波数を利用した新たな加入者系無線アクセスシステムの導入に関する基本的方針等の公表—地域電気通信市場の競争推進に向けた新たな無線システムの導入に向けて，" 1998.12.24．（http://www.soumu.go.jp/joho_tsusin/pressrelease/japanese/denki/981224j602.html）
[2] 細矢良雄，佐々木収，白土　正，森田和夫，"20 GHz帯降雨時伝搬特性の推定，" 研実報，vol. 33, no. 6, pp. 1221-1231, 1984.
[3] 伊藤晋明，尾林秀一，床木裕樹，"加入者無線アクセスシステム用アダプティブアレーのオーバーリーチ干渉低減効果，" 2000信学総大，B-5-276, March 2000.
[4] 赤岩芳彦，安藤英浩，小浜輝彦，"TDMAセルラーシステムにおける自律的基地局相互同期方式，" 信学技報，RCS 90-46, 1990.
[5] 松田充敏，中村宏之，渡邊和二，"準ミリ波帯，FWAシステムにおけるオーバーリーチ干渉回避方法に関する一検討，" 2003信学総大，B-5-244, March 2003.
[6] V. Brankovic, T. Dölle, T. Konschak, D. Krupezevic, and M. Ratni, "High data rate wireless system solution: 60 GHz/5 GHz dual frequency operation," PIMRC2000, vol. 1, pp. 196-199, London, UK, Sept. 2000.
[7] 森日出樹，福家直樹，杉山敬三，篠永英之，"無線アクセス併用ネットワークにおける回線品質向上に関する実験，" 2003信学総大，B-5-291, 2003.
[8] http://www.airfiber.com/products/HFR.pdf
[9] M.Matuda and K.Watanabe, "Long-span quasi-millimeter-wave-band wireless access system employing link adaptation by symbol rate," WCNC2003, TS-04 (Antenna Design), March 2003.
[10] 総務省，"電波法関係審査基準，" 電気通信振興会，2000.
[11] 財団法人マルチメディア振興センター，"ミリ波固定無線アクセス技術の調査検討報告書，" March 2000.
[12] 若森和彦，林　武史，北村国広，神田賢一，真島恵吾，星野良春，"ディジタル光PFU装置の開発，" 映情学誌，vol. 52, no. 11, pp. 1630-1636, 1998.
[13] 森田和夫，吉田不二夫，"大気中伝ぱんにおける光波の減衰特性，" 研実報，vol. 18, no. 5, pp. 1165-1185, 1969.
[14] 馬場光浩，白水哲也，佐藤明雄，斉藤利生，"ワイヤレスIPアクセスシステムの試作機の設計と構成，" NTT R&D, vol. 51, no. 11, pp. 909-918, 2002.
[15] http://www.marubeni.se/telecom/pasoplus.pdf
[16] 熊谷　昇，鈴木康一，酒井静磨，小原則和，"加入者系無線アクセスシステム用26GHz帯PMP無線装置，" 信学技報，ED2000-184, MW2000-141, Nov. 2000.

[17] 都竹愛一郎, "横須賀無線通信研究センター特集 3-5 放送システム 3-5-1 無線CATV技術," 通信総合研究所季報, vol. 47, no. 4, pp. 119-124, 2001.
[18] ミリ波・サブミリ波デバイスの技術とその応用調査専門委員会（編）, "最新のミリ波,サブミリ波デバイスの技術とその応用," 電気学会技術報告第811号, Aug. 2000.
[19] http://www.canon-sales.co.jp/indtech/canobeam/dt55.html
[20] H.J.Hofman, "空間での高速データネットワーキングを実現する, ルーセント・テクノロジーの最新技術 WAVESTAR^{TM} OPTICAIR^{TM} OLS," Optronics, no.10, pp. 146-150, 1999.
[21] 60 GHz帯を使用する無線システムの実現に向けて（http://www.soumu.go.jp/joho_tsusin/pressrelease/japanese/housou/00714j707.html）

付　　　録

1. 多層誘電体の反射・透過特性Ⅰ：漸化式を用いる方法

　誘電体の反射・透過特性は次に定義する反射係数及び透過係数で評価できる．

$$R_N = \frac{E_N^r}{E_N^i}, \quad R_P = \frac{E_P^r}{E_P^i}, \quad T_N = \frac{E_N^t}{E_N^i}, \quad T_P = \frac{E_P^t}{E_P^i} \quad (\text{A}\cdot 1\text{a}) \sim (\text{A}\cdot 1\text{d})$$

　ここで，E は電界の複素振幅で，添字 i，r，t はそれぞれ入射，反射，透過を表す．添字 N と P は電界成分が反射面に垂直及び平行であることを表す．反射面は入射レイと反射レイで張られる面である．入射電界と反射電界は反射平面の同じ側，透過電界はこれらと反対側に存在する．E_P，E_N の方向は伝搬方向に対して右回り系で定義する．また，E_N の方向は入射，反射，透過電界で同じと定義する．

　複素誘電率 η を用いて，反射係数は次式で表せる．

$$R_N = \frac{\cos\theta - \sqrt{\eta - \sin^2\theta}}{\cos\theta + \sqrt{\eta - \sin^2\theta}} \quad (\text{電界が入射面に垂直}) \quad (\text{A}\cdot 2\text{a})$$

$$R_F = \frac{\cos\theta - \sqrt{\dfrac{\eta - \sin^2\theta}{\eta^2}}}{\cos\theta + \sqrt{(\eta - \sin^2\theta)\eta^2}} \quad (\text{電界が入射面に平行}) \quad (\text{A}\cdot 2\text{b})$$

　ここで，θ は反射平面の法線ベクトルと入射波のなす角度である．特別な場合として，円偏波の場合の反射係数 R_C は R_N と R_P を用いて次式で計算できる．

$$R_C = \frac{R_N + R_P}{2} \quad (\text{円偏波}) \quad (\text{A}\cdot 2\text{c})$$

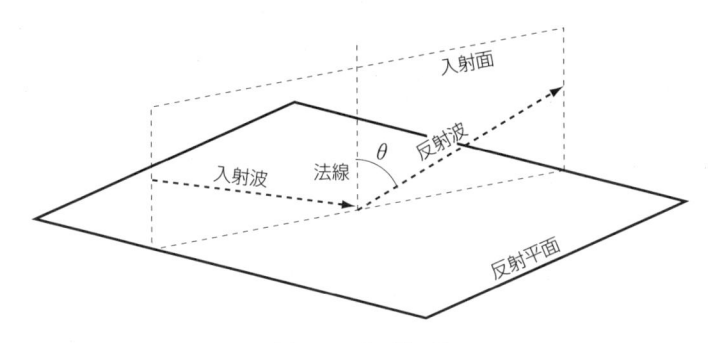

図A・1 座標系

上式は例えば透過損が比較的大きな材質に対してはそのまま適用できるが，一般に壁面は有限幅であり，いったん入射した電波が反対側の境界面で反射されて戻ってくるような場合はその影響も考慮する必要がある．

壁面をN層のそれぞれ厚みをもつ板の層（多層誘電体板）と考え，m番目（$m = 1, 2, \cdots, N$）の複素誘電率をη_m，厚さをd_mとすると，反射係数と透過係数は次式で計算できる．

$$R_N = \frac{B_0}{A_0}, \quad R_P = \frac{G_0}{F_0}, \quad T_N = \frac{1}{A_0}, \quad T_P = \frac{1}{F_0}, \quad \text{(A·3a)} \sim \text{(A·3d)}$$

ここでA_0，B_0，F_0及びG_0は以下の漸化式で計算される．

$$A_m = \frac{\exp(\delta_m)}{2}[A_{m+1}(1+Y_{m+1}) + B_{m+1}(1-Y_{m+1})] \quad \text{(A·4a)}$$

$$B_m = \frac{\exp(-\delta_m)}{2}[A_{m+1}(1-Y_{m+1}) + B_{m+1}(1+Y_{m+1})] \quad \text{(A·4b)}$$

$$F_m = \frac{\exp(\delta_m)}{2}[F_{m+1}(1+W_{m+1}) + G_{m+1}(1-W_{m+1})] \quad \text{(A·4c)}$$

$$G_m = \frac{\exp(-\delta_m)}{2}[F_{m+1}(1-W_{m+1}) + G_{m+1}(1+W_{m+1})] \quad \text{(A·4d)}$$

$$A_{N+1} = 1, \quad B_{N+1} = 0, \quad F_{N+1} = 1, \quad G_{N+1} = 0 \quad \text{(A·5a)} \sim \text{(A·5d)}$$

$$W_{m+1} = \frac{\cos\theta_{m+1}}{\cos\theta_m}\sqrt{\frac{\eta_m}{\eta_{m+1}}}, \quad Y_{m+1} = \frac{\cos\theta_{m+1}}{\cos\theta_m}\sqrt{\frac{\eta_{m+1}}{\eta_m}},$$

$$\eta_0 = \eta_{N+1} = 1 \qquad (\text{A·6a}) \sim (\text{A·6c})$$

$$\delta_m = jk_m d_m \cos\theta_m, \quad k_m = \frac{2\pi}{\lambda}\sqrt{\eta_m}, \quad k_0 = k_{N+1} = \frac{2\pi}{\lambda} \quad (\text{A·7a}) \sim (\text{A·7c})$$

ここで，λ：波長，θ_m：m 番目の層における屈折角

θ_{N+1}：最終層から出射するレイの屈折角

単層の場合（$N=1$），式（A·3a）～（A·3d）は以下のようにかける．

$$R = \frac{1 - \exp(-j2\delta)}{1 - R'^2 \exp(-j2\delta)} R' \qquad (\text{反射係数}) \qquad (\text{A·8a})$$

$$T = \frac{(1 - R'^2)\exp(-j\delta)}{1 - R'^2 \exp(-j2\delta)} \qquad (\text{透過係数}) \qquad (\text{A·8b})$$

ここで

$$\delta = \frac{2\pi d}{\lambda}\sqrt{\eta - \sin^2\theta} \qquad (\text{A·9})$$

d は層の厚みである．

　式（A·8a）及び（A·8b）で，R' は入射電界の偏波により R_N または R_P から求まる．

　一般的に入射電界は入射面に対して垂直または平行な成分に分離でき，R_N 及び T_N または R_P 及び T_P は反射及び透過電界を決定するためにそれぞれの成分に対して適用される．

2. 多層誘電体の反射・透過特性Ⅱ：ABCDマトリックス法

　多層誘電体の反射・透過特性を計算する手法として，漸化式を用いる方法以外にマトリックスを用いる方法があり，コンピュータ計算に向いているといわれている．通常，「ABCDマトリックス法」と呼ばれ，以下の手順で計算できる．上式（A·1）～（A·8）で計算した反射・透過係数は以下のように計算できる．多層誘電体の両側は自由空間と仮定している．

$$R_N = \frac{\dfrac{B}{Z_N} - CZ_N}{2A + \dfrac{B}{Z_P} + CZ_N}, \tag{A·10a}$$

$$R_P = \frac{\dfrac{B}{Z_P} - CZ_P}{2A + \dfrac{B}{Z_P} + CZ_P}, \tag{A·10b}$$

$$T_N = \frac{2}{2A + \dfrac{B}{Z_N} + CZ_N}, \tag{A·10c}$$

$$T_P = \frac{2}{2A + \dfrac{B}{Z_P} + CZ_P} \tag{A·10d}$$

ここで A, B, 及び C は以下で与えられる $ABCD$ マトリックスの要素である.

$$\begin{bmatrix} A & B \\ C & D \end{bmatrix} = \begin{bmatrix} A_1 & B_1 \\ C_1 & D_1 \end{bmatrix} \cdots \begin{bmatrix} A_m & B_m \\ C_m & D_m \end{bmatrix} \cdots \begin{bmatrix} A_N & B_N \\ C_N & D_N \end{bmatrix} \tag{A·11a}$$

ここで

$$A_m = \cos(\beta_m d_m), \tag{A·11b}$$

$$B_m = jZ_m \sin(\beta_m d_m) \tag{A·11c}$$

$$C_m = \frac{j \sin(\beta_m d_m)}{Z_m}, \tag{A·11d}$$

$$D_m = A_m \tag{A·11e}$$

$$\beta_m = k_m \cos(\theta_m) = k_m \left[1 - \left(\frac{\eta_0}{\eta_m} \sin \theta_0 \right)^2 \right]^{\frac{1}{2}} \tag{A·11f}$$

$$k_0 = \frac{2\pi}{\lambda}, \tag{A·11g}$$

$$k_m = k_0 \sqrt{\eta_m} \tag{A·11h}$$

式 (A・11b) 〜 (A・11h) において，λ は自由空間波長，k_0 は自由空間における波数，η_m 及び k_m は第 m 層における複素誘電率及び波数，β_m は誘電体層に垂直な方向に対する伝搬定数，d_m は第 m 層の厚さである．反射面に対して垂直及び平行な電界の波動インピーダンス Z_N 及び Z_P はそれぞれ以下の式で与えられる．

$$Z_N = \frac{\chi_m}{\cos\theta_m} \tag{A・12a}$$

$$Z_P = \chi_m \cos\theta_m \tag{A・12b}$$

ここで χ_m は第 m 層の複素インピーダンスで次式で与えられる．

$$\chi_m = \frac{120\pi}{\sqrt{\eta_m}} \tag{A・12c}$$

また，ここでは $\eta_0 = \eta_{N+1} = 1$，$\theta_0 = \theta_{N+1} = 0$ 及び $Z_0 = Z_{N+1}$ の関係がある．

3. フーリエ変換について

時間領域における関数 $g(t)$ とそれをフーリエ変換してできる周波数領域における関数 $G(f)$ の関係は次式で定義されている．

$$G(f) = \int_{-\infty}^{\infty} g(t) \exp(-j2\pi ft)\, dt \tag{A・13}$$

また，周波数領域における関数 $G(f)$ をフーリエ逆変換してできる時間関数 $g(t)$ は以下のように表される．

$$g(t) = \int_{-\infty}^{\infty} G(f) \exp(j2\pi ft)\, df \tag{A・14}$$

図 A・2 によく使用される典型的な関数のフーリエ変換対を示す．

付　　　録

$g(t) = A \quad |t| \leq T_0$
$\quad\quad = 0 \quad |t| > T_0$

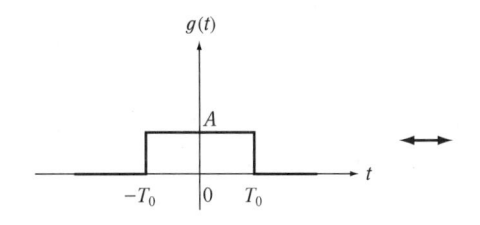

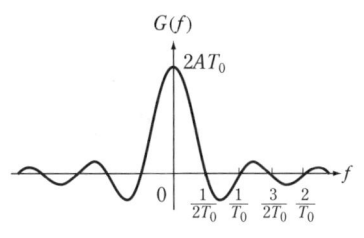

$G(f) = 2AT_0 \dfrac{\sin(2\pi T_0 f)}{2\pi T_0 f}$

（a）方形の時間波形　　　　　　　（b）$\sin x/x$ の周波数スペクトル

$g(t) = 2Af_0 \dfrac{\sin(2\pi f_0 t)}{2\pi f_0 t}$

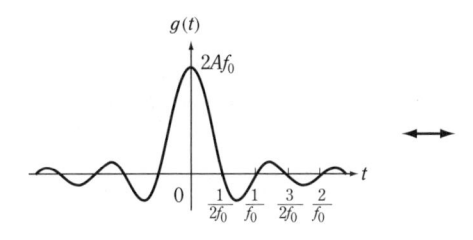

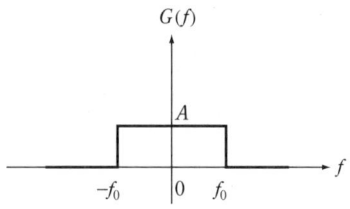

$G(f) = A \quad |f| \leq f_0$
$\quad\quad = 0 \quad |f| > f_0$

（c）$\sin x/x$ の時間波形　　　　　　（d）方形の周波数スペクトル

$g(t) = A$

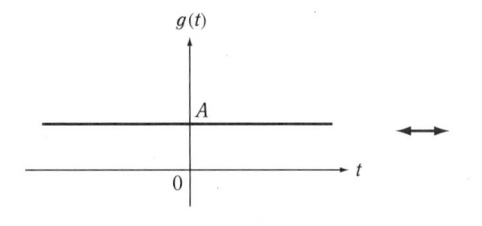

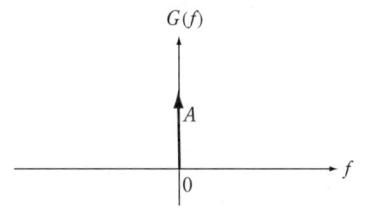

$G(f) = A\delta(f)$

（e）直流の時間波形　　　　　　　（f）インパルスの周波数スペクトル

図 A・2　主な関数のフーリエ変換対

$g(t) = A\delta(t)$ $G(f) = A$

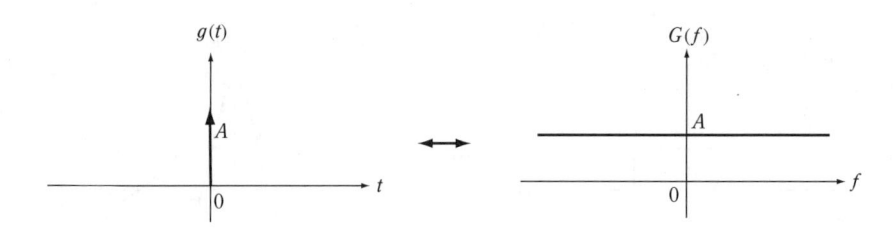

（g）インパルスの時間波形　　（h）ホワイトな周波数スペクトル

$g(t) = A \sum \delta(t - nT)$ $G(f) = \dfrac{A}{T} \sum \delta\left(f - \dfrac{n}{T}\right)$

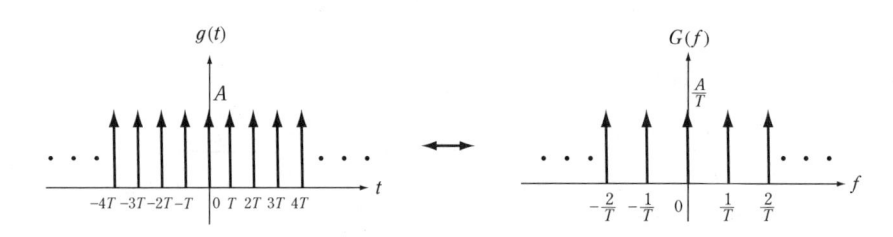

（i）無限周期インパルスの時間波形　（j）無限周期インパルスの周波数スペクトル

$g(t) = A\cos(2\pi f_0 t)$ $G(f) = \dfrac{A}{2} \cdot \delta(f - f_0) + \dfrac{A}{2} \cdot \delta(f + f_0)$

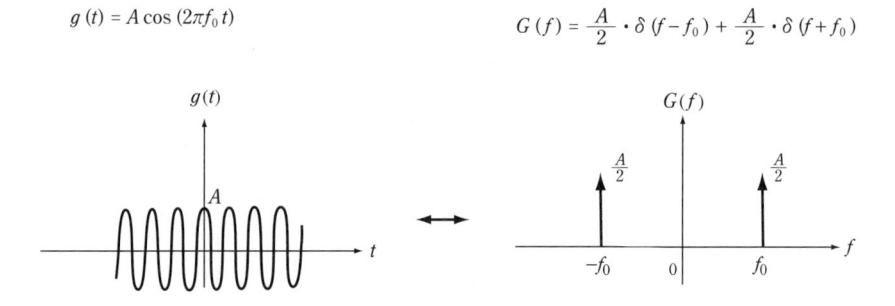

（k）無限周期の余弦時間波形　　（l）双対のインパルス状周波数スペクトル

図 A·2（つづき）

$g(t) = A\cos(2\pi f_0 t) \quad |t| \leq T_0$
$\quad\quad = 0 \quad\quad\quad\quad\quad |t| > T_0$

$G(f) = A^2 T_0 \dfrac{\sin(2\pi T_0(f-f_0))}{2\pi T_0(f-f_0)}$
$\quad\quad + A^2 T_0 \dfrac{\sin(2\pi T_0(f+f_0))}{2\pi T_0(f+f_0)}$

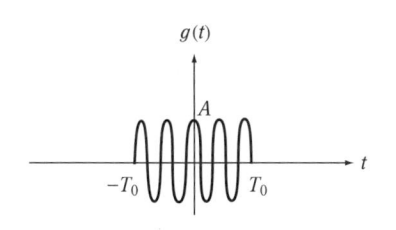

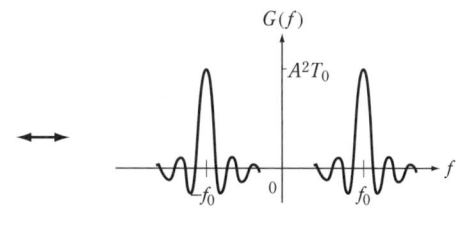

（m）有限周期の余弦時間波形　　　（n）双対の $\sin x/x$ の周波数スペクトル

$g(t) = A\sin(2\pi f_0 t)$

$G(f) = \dfrac{-jA}{2} \cdot \delta(f-f_0) + \dfrac{jA}{2} \cdot \delta(f+f_0)$

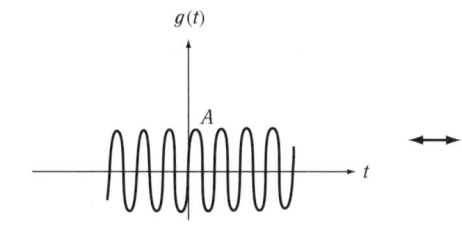

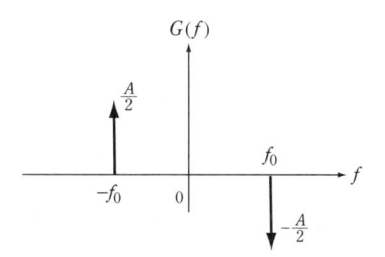

（o）無限周期の正弦時間波形　　　（p）双対のインパルス状周波数スペクトル

図 A・2（つづき）

索　引

あ

アイドル状態 …………………… 176
アクセス方式 …………………… 168
アダプティブアレー …………… 282
アダプティブアレーアンテナ
　………………………… 147, 281, 282
アドホックモード …………… 190, 191
誤り訂正 …………………… 112, 298
誤り訂正技術 …………………… 113
暗　号 …………………………… 250
アンテナアレー ………………… 154

い

位相シフト変調 ………………… 70
位相定数 ………………………… 10
1-persistent CSMA方式 ………… 177
移動通信 ………………………… 3
インタリーブ …………………… 228
インタリーブ処理 ……………… 225
インフラモード ………………… 190

う

雨　域 …………………………… 51
雨滴による電波の散乱，吸収 …… 51

え

衛星干渉 ………………………… 291
エバネッセント波 ……………… 16

エリアス ………………………… 69
円形開口 ………………………… 157
円偏波 …………………… 14, 23, 24

お

オーバラップ …………………… 50
オープン認証方式 ……………… 251
屋内伝搬環境 …………………… 22
奥村・秦式 ……………………… 57
折返し …………………………… 69
折返し雑音（エリアス効果） …… 110

か

カーソンの法則 ………………… 74
ガードインターバル
　………………… 108, 109, 221, 225, 240
開口面 …………………………… 151
回　折 …………………………… 17
ガウスフィルタ …………… 83, 87
角錐ホーンアンテナ …………… 157
角度スプレッド ………………… 28
隠れ端末問題 …………… 179, 198
カセグレンアンテナ …………… 162
干　渉 …………………………… 57
干渉回避タイミング制御 … 281, 282, 284
干渉雑音 ………………………… 288
干渉補償 ………………………… 112
ガンマ分布 ……………………… 278

索　　引

き

基地局 …………………………… 192
基地局間同期 …………… 281, 282, 283
逆変調法 …………………………… 96
キャリヤ周波数偏差補正 ……… 238, 239
キャリヤセンス ………………… 176, 193
吸収線 ……………………………… 54
供給トラヒック …………………… 171
強度変調 …………………………… 295
共有鍵認証方式 ………………… 250, 251
近傍効果 …………………………… 57

く

空間ダイバーシチ ………………… 128
グレー符号配置 …………………… 229

け

建材の透過・反射特性 …………… 22
減衰定数 …………………………… 10

こ

降雨強度 …………………………… 51
降雨減衰 ………………… 51, 273, 279, 289
降雨減衰係数 ……………………… 51
降雨減衰差 ……………… 277, 278, 279
降雨マージン ……………………… 293
交差偏波干渉 ……………………… 289
交差偏波干渉補償器 ……………… 143
高速周波数ホッピング変調 ……… 105
拘束長 ……………………………… 227
高速ワイヤレスアクセス ………… 2
コスタス法 ………………………… 96
コセカント2乗 …………………… 162
固定劣化 …………………………… 293
固定ワイヤレスアクセス ………… 3
コリニアアンテナ ………………… 160

コンテンション方式 ……………… 169

さ

最小二乗誤差法 …………………… 121
最小位相推移形フェージング …… 116
最小位相推移状態 ………………… 117
最大比合成 ………………………… 128
最長周期系列（m系列） ………… 101
最適受信系 ………………………… 90
サイドローブ ……………………… 152
サイドローブレベル ……………… 152
最ゆう系列推定等化器 ……… 118, 125
最ゆう復号法 ……………………… 141
雑音配分 …………………………… 290
差動符号化 ………………………… 99
サブキャリヤ ……………………… 224
三次元ディジタルデータベース …… 48
3乗則 ……………………………… 40
酸素吸収 ……………………… 271, 275
酸素の減衰係数 …………………… 53

し

時間ダイバーシチ ……………… 131, 180
軸比 ………………………………… 13
指向性 ……………………………… 152
指向性アンテナ …………………… 28
指向性利得 ………………………… 153
自己相関特性 …………………… 101, 213
システム劣化要因 ………………… 112
実効面積 …………………………… 156
自動再送方式 ……………………… 180
時不変フィルタ …………………… 83
時分割多元接続方式 ……………… 168
シャドウイング継続時間 ………… 29
シャノン-ハートレーの容量定理 … 65
遮へい発生確率 …………………… 32
遮へい発生間隔 …………………… 32

索引

自由空間伝搬損 …………… 47, 289
集中制御方式 ……………… 195, 201
周波数シフト変調 ………………… 70
周波数ダイバーシチ ………… 131, 284
周波数分割多元接続方式 ………… 168
周波数弁別検波方式 ……………… 90
周波数ホッピング方式
　　　　　　…… 101, 103, 187, 211, 266
周波数利用効率 …………… 282, 289
16QAM ……………………………… 90
19 GHz 帯無線 LAN …………… 264
受信ダイバーシチ ……………… 128
樹木等の影響 ……………………… 47
巡回符号の種類 ………………… 136
瞬時標本化 ………………………… 66
衝　突 …………………………… 171
ショートフレーム形式 ………… 213
植　生 ………………………… 34, 54
真空中の透磁率 ……………………… 12
真空中の誘電率 ……………………… 12
真空の固有インピーダンス ……… 13
信号空間配置 ………………… 75, 79
振幅シフト変調 …………………… 69
シンボル間隔等化器 ……… 118, 121
シンボルタイミング検出回路 …… 240
シンボル長 ………………………… 26

す

水蒸気含有量 ……………………… 53
水蒸気の減衰係数 ………………… 53
酔歩のモデル ……………………… 30
ステーション …………………… 170
ストリートマイクロセル ………… 36
スペースダイバーシチ ………… 147
スペクトル拡散 …………… 112, 113
スペクトル拡散変調 …………… 100
スペクトル拡散変調方式 ……… 211

スループット ……………… 171, 205
スロット ALOHA 方式 ……… 172, 174

せ

正規反射 …………………………… 60
正規反射波 ………………………… 59
成形ビーム ……………………… 153
赤外線 …………………………… 211
赤外線通信方式 ………………… 187
セクタ化 ………………………… 147
絶対利得 ………………………… 153
セル設計 …………… 112, 139, 281
ゼロフォーシングアルゴリズム …… 121
漸化式 …………………………… 304
　―― を用いる方法 …………… 306
線形時不変フィルタ ……………… 83
線形等化 ………………………… 118
扇形ビーム ……………………… 153
線形フィルタ ……………………… 83
線形変調方式 ………………… 65, 66
前後比 …………………………… 153
線状電流 ………………………… 151
選択合成 ………………………… 128
線の利用効率 …………………… 291
全反射 ……………………………… 16
前方誤り訂正符号化技術 ……… 133
全方向性 ………………………… 153

そ

相関検波 …………………………… 90
相互相関特性 …………………… 101
送信ダイバーシチ ……………… 128
送信電力制御 ……… 189, 281, 283, 284
相対屈折率 ………………………… 15

た

第 1 種 n 次ベッセル関数 ……… 73

索　　　引

大気ガス減衰 ……………………… 51
大気による減衰 …………………… 37
待時型CSMA方式 ……………… 176
対数正規分布 ……………………… 29
ダイバーシチ ………… 112, 113, 128
楕円偏波 …………………………… 13
多重スクリーン …………………… 42
多重スクリーン回折モデル ……… 41
多重波干渉フェージング ……… 115
多重波遅延特性 …………………… 25
多層誘電体板 ………………22, 24, 303
畳込み符号 ………………… 133, 225
多値変調方式 …………………… 65, 90
建物侵入損 ………………………… 57
建物高さ分布 ……………………… 49
建物分布パラメータ ……………… 49
建物密度 …………………………… 49
単層誘電体 ………………………… 22
単方向性 ………………………… 153
端末局 …………………………… 192

ち

チェビシェフフィルタ …………… 83
遅延検波方式 ……………………… 90
遅延スプレッド ………………… 26, 45
遅延プロファイル ……………… 26, 45
逐次最小二乗法 (RLS) ……… 118, 124
地上ディジタルテレビ放送 …… 222
チップ時間 ……………………… 101
チップ速度 ……………………… 132
チャネル推定・等化回路 ……… 242
直接拡散 ………………………… 211
直接拡散変調方式 ……………… 101
直接拡散方式 (DSSS) ………… 187
直接輝度変調 …………………… 274
直線偏波 …………………………… 13
チルト …………………… 147, 162

通信容量の限界 …………………… 65

て

定常成分 ………………………… 292
低速周波数ホッピング変調 …… 106
逓倍法 …………………………… 96
データリンク層 ………………… 184
適応変調 ……………… 285, 289, 287
デマンドアサイン方式 ………… 169
電圧定在波比 …………………… 158
電磁波の反射・透過特性 ……… 16
伝送路 …………………………… 171
電波産業会 ……………………… 268
伝搬損距離特性 ………………… 24
伝搬ひずみ ……………………… 288
伝搬路クリアランス …………… 48
伝搬路遮へい …………………… 21
伝搬路のインパルス応答 ……… 26
電力増幅（非線形ひずみ補償）…… 112

と

同一周波数干渉 …………… 281, 112
等価位相比較特性 ……………… 99
等化器 …………………………… 118
等価的な見通し率 ……………… 50
同期検波方式 …………………… 90
到来角度分布 …………………… 28
動的周波数選択機能 …………… 189
導波管スロットアンテナ ……… 164
等方性 …………………………… 153
等利得合成 ……………………… 128
透磁率 …………………………… 12
ドップラーシフト ……………… 34
トムソンフィルタ ……………… 83
トランスバーサルフィルタ …… 118
トレリス線図 …………………… 138

な

ナイキスト速度 ……………………… 69
ナイキストフィルタ ………………… 83
ナイフエッジ回折 ……………… 18, 32
仲上-ライス分布 …………………… 131

に

二重ナイフエッジ …………………… 19
26 GHz 帯加入者無線方式 …… 48, 162
入射面 ………………………………… 16
2波干渉フェージング ……………… 115
認　証 ………………………………… 250

ね

熱雑音 …………………………… 112, 288

の

ノマディックワイヤレスアクセス …… 3
ノンコンテンション方式 …… 169, 179

は

ハイトゲイン ………………………… 56
ハイトパターン ……………………… 56
ハイブリッドシステム
　　……………………… 274, 284, 285
配列係数 ……………………………… 155
波形等化 ……………………………… 112
波形等化技術 …………………… 113, 115
波形ひずみ …………………………… 112
パケットの生成 ……………………… 169
箱形モデル …………………………… 22
バタワースフィルタ ………………… 83
バックオフ …………………………… 289
バックオフ制御 ……………………… 195
波動インピーダンス ………………… 149
ハミング符号 ………………………… 136

パンクチャード処理 ………………… 227
反射係数 ……………………………… 22
反射板 ………………………………… 164
反射板利得 …………………………… 165
搬送波再生 …………………………… 96
判定帰還形等化器 ……………… 118, 124
半波長ダイポール …………………… 154
半波長ダイポールアンテナ ………… 160

ひ

ビーム走査 …………………………… 282
ビーム幅 ……………………………… 152
光無線システム …………… 284, 285, 288
非最小位相推移形フェージング …… 116
非最小位相推移状態 ………………… 117
非再生中継 …………………………… 294
ビジー状態 …………………………… 176
微小ダイポール ……………………… 148
非線形等化 …………………………… 118
非線形ひずみ ………………………… 113
非線形ひずみ補償技術 ……………… 113
非線形変調方式 ……………………… 66
ビタビ復号 ……………………… 139, 228
ピュア ALOHA 方式 ………………… 172
標本化 ………………………………… 66
標本化定理 …………………………… 68
表面の凹凸による散乱 ……………… 22

ふ

フェージング ………………………… 29
不稼動率 …………………… 279, 280, 289
複素誘電率 …………………………… 22
符号誤り率特性 ……………………… 91
符号化率 ……………………………… 225
符号間干渉 …………………………… 120
符号分割多元接続方式 ……………… 168
フラウンホーファー領域 …………… 150

プリアサイン方式 …………………… 168
ブルースター角 …………………… 16, 24
ブレイクポイント …………………… 37
フレーム間隔 ………………………… 193
フレネルゾーン ……………………… 17
フレネルの反射・透過係数 ………… 16
フレネル領域 ………………………… 151
ブロック符号 ………………………… 133
分散アクセス制御 …………………… 184
分数間隔等化器 ……………… 118, 121

へ

平均伝送遅延 ………………………… 172
平均見通し距離 ……………………… 49
平面波 ………………………………… 10
壁面反射係数 ………………………… 62
ベクトルポテンシャル ……………… 148
ペンシルビーム ……………………… 153
変動成分 ……………………………… 294

ほ

ボアサイト …………………………… 152
ポアソン過程 ………………………… 30
ポアソン分布 ………………………… 31
ポインティングベクトル …………… 14
方形開口 ……………………………… 157
放射強度 ……………………………… 152
包絡線検波方式 ……………………… 90
ホームリンク系システム …………… 300
ポーリング方式 ……………… 169, 179, 180
ホッピングパターン ………………… 103

ま

マクスウェルの方程式 ……………… 8
マッチドフィルタ ………………… 90, 91
マルチキャリヤ ……………… 106, 112, 113
マルチパス …………………………… 26

マルチパス干渉 ……………………… 62, 220
マルチメディア移動アクセス推進協議会
　………………………………………… 267

み

見通し外通信 ………………… 273, 288
見通し状態 …………………………… 32
見通し内通信 ………………… 271, 286
見通し率 ……………………………… 47, 61

む

無線LAN ……………………………… 3

め

メッシュ型ネットワーク
　………………………… 276, 277, 278, 280
面的利用効率 ………………………… 291

も

モノリシックマイクロ波IC ………… 296

や

八木・宇田アンテナ ………………… 154
屋根越え伝搬 ………………………… 41

ゆ

誘電率 ………………………………… 12
ゆう度関数 …………………………… 118
床面積 ………………………………… 27

よ

予約方式 ……………………… 169, 179, 180

ら

ラストワンホップ問題 ……………… 2
ランダムアクセス方式 ……………… 169
ランダムな方向 ……………………… 30

り

リードソロモン符号 ………………… 136
両側波帯搬送波抑圧変調 …………… 71
リンクアダプテーション
　………………………… 276, 284, 285
隣接チャネル干渉 …………………… 289

る

ルートダイバーシチ ………………… 277

れ

レイリーの粗さ規準 ………………… 17
レイリーフェージング ………… 128, 243
レイリー分布 ………………………… 62

ろ

64QAM ………………………………… 90
ロープ ………………………………… 152
ロールオフ率 ………………………… 85
ロングフレーム形式 ………………… 213
ワイヤレスアクセス ………………… 2

A

ABCDマトリックス法 ……………… 306
Access Point (AP) ………………… 192
ACK ………………………… 192, 194
ADSL ………………………………… 2
AES (Advanced Encryption Standard)
　………………………………… 189, 260
AES (Rijndael) …………………… 260
AFC (Automatic Frequency Control)
　回路 ………………………………… 239
ALOHA方式 ………………… 169, 172
Altairシステム ……………………… 161
AM …………………………………… 274
amplitude shift keying ……………… 69

ARIB ………………………………… 268
ARQ (Automatic Repeat Request)
　……………………………………… 180
ASK …………………………… 78, 90
ASK変調 ……………………………… 74
AWA ………………………………… 162

B

Barker符号 ………………………… 215
BCH符号 …………………………… 136
Bluetooth ………………………… 265
Bluetooth SIG (Special Interest Group)
　……………………………………… 265
BPSK ………………………… 76, 78
BSS (Basic Service Set) ………… 190

C

C/I …………………………………… 58
C/N …………………………………… 93
carrier sense ……………………… 176
CATV ………………………………… 276
CCK方式 …………………… 215, 216
CCMP (Count Mode Encryption with Cipher Block Chaining Message Authentication Code Protocol)
　……………………………………… 260
Code Division Multiple Access (CDMA) …………………………… 168
CSMA (Carrier Sense Multiple Access) 方式 ………………… 169, 176
CSMA/CA (Carrier Sense Multiple Access with Collision Avoidance)
　………… 178, 187, 189, 192, 193, 275
CSMA/CD (Carrier Sense Multiple Access with Collision Detection)
　……………………………………… 177

D

DCF（Distributed Coordination Function） 188, 195, 201
DFE（Decision Feedback Equalizer）
.... 124
Direct Sequence（DS） 211
DMT（Discrete Multi-Tone） 222
Double Sideband Suppressed Carrier（DSB-SC） 71
DS-SS 275
DSB-SC 変調 76
DSSS 方式 215
Dynamic Frequency Selection（DFS）
.... 189

E

EAP（Extensible Authentication Protocol） 253
EAP-TLS（Extensible Authentication Protocol -Transport Layer Security）
.... 253
EAP-TTLS（Tunneled-TLS） 255
EAPOL（Extensible Authentication Protocol over LAN） 189
E_b/N_0 93
ESS（Extended Service Set） 191
ETSI-BRAN 223

F

FCC（Federal Communications Commission） 218
FDD 274
FDMA/TDMA 274
FFT 107
FH-SH 272
Fixed Wireless Access（FWA）

.... 3, 47, 55, 272, 289
FM 274
Frequency Division Multiple Access（FDMA） 170
Frequency Hopping（FH） 211
FSK 70, 90, 274
—— の変調波形 79
FSK 変調 78, 80

G

GMSK 88, 89, 274
Go Back N 方式 181
Gold 符号 101

H

HCF（Hybrid Coordination Function）
.... 188
HIPERLAN/2 223
HiSWANa（High Speed Wireless Access Network a） 267, 268

I

IBSS（Independent BSS） 191
IEEE 802.11b 248
IEEE 802.11g 245
IEEE（Institute of Electrical and Electronics Engineers）802 委員会
.... 186
IEEE802.1X 189
IEEE802.1X 規格 189
IEEE802.1X 認証 252
IFS（Inter Frame Space） 193
Infra-Red（IR） 211
Inter-Symbol Interference（ISI） ... 122
IP 205
ISM（Industrial, Scientific and Medical applications）バンド

················· 187, 216, 266, 272

J

JPLAN システム ·················· 162

L

LMS 法 ··························· 118
LMS（Least Mean Square, 最小2乗平均）······················· 122

M

MAC（Medium Access Control）レイヤ
································ 186
Maximum Likelihood Sequence Estimation（MLSE）··············· 125
MMAC 推進協議会 ················ 267
Monolithic Microwave IC（MMIC）
································ 296
MSK（Minimum Shift Keying）······ 81

N

Nomadic Wireless Access（NWA）
······························ 3, 34
non-persistent CSMA ············· 176
NRZ 信号 ···················· 75, 78
NRZ パルス ······················ 84

O

OFDM ····················· 224, 274
OFDM シンボル ·················· 229
OFDM 変調 ················· 107, 218
OFDM 変調方式 ············ 220, 269
OFDM 方式 ················· 188, 221
OQPSK（Off-set Quadri Phase Shift Keying）························ 81

P

P-MP ················ 274, 275, 276, 289
P-P ················· 274, 275, 276, 280
p-persistent CSMA ················ 177
PBCC 方式 ······················· 188
PCF（Point Coordination Function）
··························· 188, 201
PEAP（Protected EAP）·········· 255
PHY（Physical）レイヤ··········· 187
PM ····························· 274
Point Coordination Function（PCF）
································ 195
PSK ··················· 70, 90, 274
PSK 変調 ························· 76

Q

QAM ··························· 274
QoS（Quality of Service）······ 188, 189
QPSK ······················· 76, 78

R

r.m.s.遅延スプレッド ··········· 26, 27
RAKE 合成 ······················ 112
RAKE 合成受信 ·················· 132
RAKE 受信技術 ·················· 113
ray-tracing ······················ 28
RC4（Rivest Cipher 4）·········· 257
RLS（Recursive Least Square）
··························· 118, 124
RS（Reed-Solomon）符号 ········ 136
RTS/CTS 制御 ··················· 192

S

Selective Repeat 方式 ············ 182
SHF 伝搬 ························ 38
S/N ····························· 93

索　　引

Snellの法則 ……………………… 15
Special Internet Group …………… 266
Station（STA）………………………192
Stop and Wait方式 …………………180

T

TCP …………………………………205
TDD …………………………………274
TE波 ……………………………… 16
Time Division Multiple Access
　（TDMA）………………………168
TKIP（Temporal Key Integrity
　Protocol）方式……………… 189, 258
TM波 ……………………………… 16
Transmission Power Control（TPC）
　……………………………………189

U

UDP…………………………………205
U-NII（Unlicensed National Information Infrastructure）……………218

V

visibility …………………………… 47
VJシステム ………………………161
VSWR ………………………………159

W

W-CDMA（Wide-band CDMA）…132
Walfish–Ikegami法 ………………… 57
WEP ………………………………256
WiFi Alliance………………………258
WIPAS ……………………………162
Wired Equivalent Privacy（WEP）
　……………………………………256
WPA ………………………………258

Z

Zero-Forcing（ZF）…………118, 122

著者略歴

松江　英明（まつえ　ひであき）
　昭和53年電気通信大学電気通信学部電子工学科卒業．同年日本電信電話公社（現日本電信電話株式会社）電気通信研究所入所．以来，主に16QAM，256QAMディジタルマイクロ波方式，無線LAN及び固定ワイヤレスアクセス方式の研究開発に従事．平成5年通信網総合研究所ネットワーク企画推進室，ワイヤレスシステム研究所，情報流通基盤総合研究所企画部を経て，平成12年よりNTTアクセスサービスシステム研究所，プロジェクトマネジャー，担当部長で現在に至る．工博．電子情報通信学会昭和60年度篠原記念学術奨励賞，平成3年度論文賞，平成10年度業績賞各受賞．著書『802.11高速無線LAN教科書』（IDGジャパン，監修）．電子情報通信学会，IEEE会員．

守倉　正博（もりくら　まさひろ）
　昭和54年京都大学工学部電気第二工学科卒業．昭和56年同大学院工学研究科了．同年日本電信電話公社（現日本電信電話株式会社）電気通信研究所入所．以来，衛星通信用地球局TDMA端局装置並びに無線LANに関する研究開発に従事．この間昭和63年～平成元年，カナダ政府通信研究所にて移動体衛星通信用16QAM符号化変復調器の研究を担当．現在NTT情報流通基盤総合研究所企画部担当部長．工博．平成11年度電子情報通信学会論文賞，平成14年電波功績賞（ARIB）受賞．著書『モバイル・グローバル通信』（コロナ社，共著）．『802.11高速無線LAN教科書』（IDGジャパン，監修）．電子情報通信学会，IEEE会員．

佐藤　明雄（さとう　あきお）
　昭和54年九州大学工学部電気工学科卒業．昭和56年同大学院工学研究科電気工学専攻修士課程了．同年日本電信電話公社（現日本電信電話株式会社）電気通信研究所入所．以来，26GHz帯加入者無線方式伝搬特性，マイクロ波帯長距離中継方式回線設計，ネットワークオペレーション及び各種ワイヤレスアクセス方式電波伝搬の研究実用化に従事．総務省情報通信審議会電波伝搬委員会委員．工博．電子情報通信学会，IEEE会員．

渡辺　和二（わたなべ　かずじ）
　昭和57年東京電機大学工学部電子工学科卒業．同年日本電信電話公社（現日本電信電話株式会社）電気通信研究所入所．以来，ディジタルマイクロ波方式，高速ワイヤレスアクセスシステムの研究開発に従事．通信網総合研究所ネットワーク企画推進室等を経て現在，NTTアクセスサービスシステム研究所主幹研究員．工博．電子情報通信学会平成2年度篠原記念学術奨励賞，平成3年度論文賞各受賞．電子情報通信学会会員．

高速ワイヤレスアクセス技術
High-speed Wireless Access Technologies

平成16年3月 5日 初版第1刷発行	編　　　者　一般社団法人 電子情報通信学会
平成24年5月25日 初版第3刷発行	発　行　者　　木　暮　賢　司
	印　刷　者　　山　岡　景　仁
	印　刷　所　　三美印刷株式会社
	〒116-0013　東京都荒川区西日暮里5-9-8
	制　　　作　　（有）編集室 なるにあ
	〒113-0033　東京都文京区本郷3-3-11

© 電子情報通信学会　2004

発行所　一般社団法人　電子情報通信学会
〒105-0011　東京都港区芝公園3丁目5番8号　機械振興会館内
電話03-3433-6691（代）　振替口座 00120-0-35300
ホームページ　http://www.ieice.org/

取次販売所　株式会社コロナ社
〒112-0011　東京都文京区千石4丁目46番10号
電話03-3941-3131（代）　振替口座 00140-8-14844
ホームページ　http://www.coronasha.co.jp

ISBN 978-4-88552-200-0　　　　　　　　　　　　Printed in Japan

無断複写・転載を禁ずる